普通高等教育“十二五”规划教材

地下水开发与利用

戴长雷　付强　杜新强　李治军　高淑琴　谷洪彪　编著

中国水利水电出版社
www.waterpub.com.cn

内 容 提 要

本书主要阐述地下水开发过程中需要注意和解决的相关问题以及常用的地下水开发利用工程和特殊类型地下水的开发，共7章。主要内容包括地下水调查、地下水动态监测、地下水允许开采量评价、地下水水质评价、地下水开发利用工程、中国水文地质区划、地下水专论。

本书可供水文地质、水文水资源等专业的高等院校师生及工程技术人员参考。

图书在版编目（CIP）数据

地下水开发与利用 / 戴长雷等编著. -- 北京 : 中国水利水电出版社, 2015.10
普通高等教育“十二五”规划教材
ISBN 978-7-5170-3689-0

Ⅰ. ①地… Ⅱ. ①戴… Ⅲ. ①地下水资源－水资源开发－高等学校－教材②地下水资源－水资源利用－高等学校－教材 Ⅳ. ①P641.8

中国版本图书馆CIP数据核字(2015)第236993号

书 名	普通高等教育“十二五”规划教材 **地下水开发与利用**
作 者	戴长雷 付强 杜新强 李治军 高淑琴 谷洪彪 编著
出版发行	中国水利水电出版社 （北京市海淀区玉渊潭南路1号D座 100038） 网址：www.waterpub.com.cn E-mail：sales@waterpub.com.cn 电话：(010) 68367658（发行部）
经 售	北京科水图书销售中心（零售） 电话：(010) 88383994、63202643、68545874 全国各地新华书店和相关出版物销售网点
排 版	中国水利水电出版社微机排版中心
印 刷	北京嘉恒彩色印刷有限责任公司
规 格	184mm×260mm 16开本 14印张 332千字
版 次	2015年10月第1版 2015年10月第1次印刷
印 数	0001—2000册
定 价	**28.00**元

前言

地下水资源作为我国北方地区及许多城市的重要供水水源，对当地经济社会发展、城市居民生活用水起着十分重要的作用。由于水量稳定、水质好，地下水是农业灌溉、工矿和城市的重要水源之一，甚至是唯一水源，要根据水文地质条件和工农业建设各方面的需要，经济合理地开发利用地下水。

本书共分7章，第1章主要介绍地下水调查的工作内容、步骤、工作方法及成果的处理；第2章主要介绍地下水动态监测网的布设、监测数据的获取及处理；第3章主要介绍地下水资源量的分类，以及地下水允许开采量的计算方法；第4章主要介绍地下水供水水质评价、矿泉水水质评价及地下水环境质量评价的内容、水质分类标准；第5章介绍常用的地下水开发利用工程，主要讲述管井、渗渠、辐射井的特点、工艺以及在实际中的应用；第6章主要介绍中国的水文地质区划及各分区的水文地质特征；第7章主要介绍几种特征类型地下水的调查及开发利用情况。

本书由黑龙江大学水电学院的戴长雷副教授、李治军副教授，东北农业大学的付强教授，吉林大学的杜新强教授，太原科技大学的高淑琴副教授以及防灾科技学院的谷洪彪副教授合作编写完成。编写分工为，第1章：谷洪彪；第2章：高淑琴；第3章：李治军；第4章：付强、戴长雷；第5章：杜新强、戴长雷；第6章：戴长雷、付强；第7章：戴长雷、杜新强。最后由戴长雷、李治军进行全书统稿。

本书有些材料引自相关院校、生产和科研单位编写的教材、技术资料以及公开发表的论文，尽管各位编者已对所引材料进行了认真标注，但仍或有标注失当的地方，在此谨致诚挚的谢意并期待相关专家学者的进一步指导。感谢在书稿整理过程中提供帮助的黑龙江大学寒区地下水研究所历届研究生和本科生李欣欣、孙思淼、吕雅洁、郭成、齐鹏、伍根志等同学。感谢中国水利水电出版社的魏素洁编辑为本书编辑和出版付出的辛苦劳动。

由于编者水平有限，书中或有不少欠妥甚至错误的地方，敬请读者批评指正。

戴长雷（daichanglei@126.com）
李治军（lizhijun78@163.com）

2014年12月

目 录

第1章　地下水调查

1.1　水文地质测绘

水文地质测绘是指通过对调查区内的地质、地貌、地下水露头和地表水状况的观察分析，从宏观上认识地下水埋藏、分布和形成条件的一种调查手段。水文地质测绘是整个水文地质调查工作的开始，是整个水文地质调查工作的基础。该项工作一般安排在除遥感解译地质工作以外的其他水文地质勘探之前进行，为了更有针对性地进行测绘工作，必须了解测区内已有地质、水文地质的研究程度和存在的问题，且掌握有相同比例尺的地质图、地形图作为底图。

1.1.1　水文地质测绘的主要任务

水文地质测绘的主要目的是找出地下水天然或人工露头及与其有关的自然地理、地质现象间的内在联系，用以评价测绘区水文地质条件，为地区规划或者专门性生产建设提供水文地质依据。其主要任务如下。

(1) 观察地层的空隙发育规律及其含水性，确定含水层与隔水层的岩性结构、厚度、分布、破碎情况及其变化特征等。

(2) 掌握测绘区内的主要含水层、含水带、隔水层及其埋藏分布条件；弄清测绘区内地下水的基本类型及各类型地下水的分布状态、相互联系等情况。

(3) 查明地形地貌、地层岩性、构造等对地下水的补给、径流、排泄等条件的影响。

(4) 研究区域内地下水的化学成分、水文地球化学特征及其动态变化规律。

(5) 掌握区域内地下水开发利用现状，以及对比开采前后水文地质、环境地质条件的变化情况。

1.1.2　水文地质测绘的主要内容

水文地质测绘主要内容主要包括：基岩地质调查、地下水露头调查、地表水体调查、气象资料调查及与地下水、地表水相关的环境地质状况的调查，现分述如下。

1.1.2.1　基础地质调查

基础地质调查包括岩性调查、地层调查、构造调查、地貌调查等内容。

1. 岩性调查

岩性特征往往决定了地下水的介质类型，从而决定了地下水类型，并影响地下水的水质和水量。如第四纪松散介质往往赋存丰富的孔隙水；火成岩、碎屑岩地区往往赋存相当水量的裂隙水，而碳酸岩地区则主要分布岩溶水。对于岩土而言，影响地下水水量丰富与否的关键在于岩土介质的空隙特征，而岩土的化学成分和矿物成分则在一定程度上影响着地下水的水质。因此，在水文地质测绘中要求对岩石岩性观察的内容如下。

（1）对松散地层，要重点观察地（土）层的粒径大小、排列方式、颗粒级配、组成矿物及其化学成分、胶结物等。

（2）对于非可溶性坚硬岩石，对地下水赋存条件影响最大的是岩石的裂隙发育情况，因此需着重调查和研究裂隙的成因、分布、张开程度、延展长度、切割深度和充填情况等。

（3）对于可溶性坚硬岩石，对地下水赋存条件影响最大的是岩溶的发育程度，因此需着重调查和研究岩石的化学、矿物成分、溶隙的发育程度及影响岩溶发育的因素等。

2. 地层调查

地层是构成地质图和水文地质图的最基本要素，也是识别地质构造的基础，也是地下水赋存运移的空间所在。在水文地质测绘中，关于地层的调查方法如下。

（1）若手头无测区地质图，则需要在野外实测并绘制调查区的标准剖面；若手头已备测区地质图，首先完成现场校核和充实标准剖面工作。

（2）在测绘或校核完成标准地层剖面的基础上，准确确定出水文地质测绘时所采用的地层填图单位，即必须填绘出的地层界限。野外测绘时，根据已确定地层的界限，并对其作描述。

（3）根据测区内地层的分布及其岩性，判断区内地下水的形成、赋存等水文地质条件。

3. 构造调查

地质构造不仅对地层的分布产生影响，它对地下水的赋存、运移等也有较强的控制作用。在基岩地区，构造裂隙和断裂带是最主要的储水空间、集水廊道。在水文地质测绘中，对地质构造的调查和研究的重点如下。

（1）对于断裂构造，调查其成因、规模、产状、断裂的张开程度、构造岩的岩性结构、厚度、断裂的填充情况及断裂后期的活动特征，需根据野外证据和前人研究资料，判断断层的性质（正断层、逆断层、平移断层）；查明各个部位的含水性以及断层带两侧地下水的水力联系程度；研究各种构造及其组合形式对地下水的赋存、补给、运移和富集的影响。

（2）对于褶皱构造，应查明其形态、规模及其在平面和剖面上的展布特征与地形之间的关系，尤其注意两翼的对称性和倾角及其变化特点，主要含水层在褶皱构造中的部位和在轴部中的埋藏深度；研究褶皱构造和断裂、岩脉、岩体之间的关系及其对地下水运动和富集的影响。

4. 地貌调查

地貌与地下水的形成和分布有着密切的联系，在野外进行地貌调查时，通常采取形态分析法、沉积物相关分析法、遥感技术等方法，要着重研究地貌的成因类型、形成的地质年代、地貌景观与新地质构造运动的关系、地貌分区等。同时，还要对各种地貌的各个形态进行详细、定性的描述和定量测量，并把野外调查所获的第一手资料编制成地貌图。

1.1.2.2 地下水调查

1. 地下水天然露头调查

对地下水露头点进行全面的调查研究是水文地质测绘的核心工作。在测绘中，要正确地把各种地下水露头点绘制在地形地质图上，并将各主要水点联系起来分析调查区内的水文地质条件。还应选择典型部位，通过地下水露头点绘制出水文地质剖面图。

泉是地下水的天然露头，是极为重要的水文地质点，对泉水的调查主要有以下内容。

(1) 泉水出露处的位置和地形、高程。

(2) 泉水出露的地质构造条件，分析判断泉的成因。

(3) 泉水的补给、径流、排泄条件。包括大气降水渗入、地表水体漏失、岩溶水运动特征、泉水的排泄特点等。

(4) 判断泉水类型。目的是区分出断层泉、侵蚀泉及接触泉等类型。根据补给泉水的含水层位、地下水类型、补给含水层所处的构造类型、部位以及泉水出口处的构造特征等来分析泉的出露条件。

(5) 调查泉水的动态特征。测量泉的涌水量和水温，并根据泉流量的不稳定系数分类来判断泉的补给情况。

(6) 采取水样，可利用同位素及水化学分析方法，分析其循环模式，并可进行水质分析研究。

地下水的人工露头，主要是指民用的机井、浅井以及个别地区少数的钻孔、试坑、矿坑、老窑等。地下水人工露头调查内容包括以下内容。

(1) 调查水井或钻孔所处的地理位置、地貌单元、井的深度、结构、形状、孔径、井孔口的高程、井使用的年限和卫生防护情况。

(2) 调查水井或钻孔所揭露的地层剖面，选择有代表性的机井、民井标在图上。搜集机井、民井的卡片资料，其中包括井内所揭露的地层和井的结构，确定含水层的位置和厚度。

(3) 测量井水位、水温，并选择有代表性的水井进行取水样分析。通过调查访问，搜集水井的水位和涌水量的变化情况。

(4) 调查井水的用途和提水设备的情况，了解当地地下水开发利用情况。

2. 地表水调查

对于无观测的较小河流、湖泊等，应在野外测定地表水的水位、流量、水质、水温和含沙量，并通过走访相关部门和当地群众了解地表水的动态变化。对于设有水文站的地表水体则应搜集有关资料进行分析整理。

1.1.3 水文地质测绘的工作阶段

水文地质测绘共包括准备工作、野外工作和室内工作 3 个阶段，分述如下。

1. 准备工作阶段

收集调查区以前的调查资料；现场踏勘；编写设计书。

2. 野外工作阶段

实测控制（标准剖面）；进行航空照片判读，研究和确定次日的具体工作路线和工作方法，布置观测点、观测线；实施野外调查计划，进行必要的轻型勘探和抽水试验；做好野外时期的内业整理工作，主要为检查、补充和修正野外记录簿和草图，并进行着墨。检查地质点在图幅内的坐标位置，修正地质草图，编制各种综合图及辅助的地质剖面。对野外所拍摄的照片或录像资料进行编号和附文字说明。整理试验结果，并进行有关的计算，按规定绘制相关的图表。整理和登记所采集的各种样品及标本。对各种标本、样品应按统一的编号进行登记和填写标签，并分别进行包装。与邻区进行接图，进行路线小结，以及时发现问题并找出补救办法。

另外，在野外工作期间，应每隔10～15d进行一次阶段性的资料整理，其主要内容包括以下几点：综合整理各种野外原始资料，编制各种草图（包括实际材料图），检查野外记录本及各种取样登记本，清理并选送各种鉴定分析的标本和样品；讨论研究存在的各种问题，确定下一阶段的工作计划和工作重点；编写野外阶段性小结。

3. 室内工作阶段

资料整编和综合研究。

1.2 水文地质钻探

水文地质钻探为查明地下水的埋藏条件、补给、径流、水化学特征等水文地质条件，以获取合理开发及利用地下水所需资料而采用的一种主要技术手段，简称水文钻探。该手段不仅可以直接揭露地下水（含水层），还可以兼做取样、试验、开采和治理地下水污染之用。

水文地质钻探的主要目的与任务如下。

(1) 探明地层剖面及含水层岩性、厚度、埋藏深度和水位。

(2) 采取岩土样和水样，确定含水层的水质，测定岩土的物理与水理性质。

(3) 进行水文地质试验，确定含水层的各种水文地质参数。

(4) 查明水文地质边界条件，确定各含水层之间以及地表水与地下水之间的水力联系。

(5) 利用钻孔监测地下水动态或建成开采井。

1.2.1 水文勘探钻孔的布置原则

布置钻孔时要考虑水文钻探的主要任务，应明确是查明区域水文地质条件，还是确定含水层水文地质参数、寻找基岩富水带、评价地下水资源或进行地下水动态观测；布置钻孔时要考虑“一孔多用”，并考虑其代表性和控制意义。

就区域水文地质调查和供水水文地质调查任务而言，可将上述原则理解如下。

(1) 为查明区域水文地质条件布置的钻孔，一般都布置成勘探线的形式。主要勘探线应沿着区域水文地质条件（含水层类型、岩性结构、埋藏条件、富水性、水化学特征等）变化最大的方向布置。对区内每个主要含水层的补给、径流、排泄和水量、水质不同的地段均应有勘探钻孔控制。如在山前冲洪积平原地区，主要的勘探线应沿着冲洪积扇的主轴方向布置；在河谷地区和山间盆地，主要勘探线应垂直河谷和山间盆地布置；在裂隙岩溶地区，主要勘探线应穿过裂隙岩溶水的补给、径流、排泄区和主要的富水带。

(2) 为地下水资源评价布置的勘探孔，其布置方案必须考虑拟采用的地下水资源评价方法。勘探孔所提供的资料应满足建立正确的水文地质概念模型、进行含水层水文地质参数分区和控制地下水流场变化特征的要求。

当水源地主要依靠地下水的侧向径流补给时，主要勘探线必须沿着流量计算断面布置。对于傍河取水水源地，为计算河流侧向补给量，必须布置一条平行与垂直河流的勘探线。

当采用数值模拟方法评价地下水资源时，为正确地进行水文地质参数分区、正确给出预报时段的边界水位或流量值。勘探孔布置一般呈网状形式，并能控制边界的水位或流量变化。

(3) 以供水为勘查目的的勘探孔的布设，应考虑勘探与开采结合。钻孔一般应布置在含水层（带）富水性最好、经济技术条件可行、成井几率最大的地段。

1.2.2 水文地质钻孔的结构和钻孔设计

勘探孔布置要求必须满足查明水文地质条件、地下水资源评价和专门任务需要，尽可能做到一孔多用，钻孔主要技术要求见表1.1。要求所有钻孔均编制单孔设计书，钻孔施工采用机械回转钻进，一径到底。设备选用SPJ-300型钻机。采用肋骨合金小口径取芯钻进，测井完成后，采用六翼式钻头扩孔成井。钻探取样、孔内试验完成后，钻孔应按设计书要求建成地下水开采井或地下水动态观测孔。钻孔设计书的内容包括：孔深根据钻探任务来确定，一般要求达到揭露或打穿主要含水层。开孔、终孔的直径及孔身变径位置、不同口径井管的下置深度及所选用的井管材料、钻孔中止水段的位置和止水方法、过滤器的类型和过滤器下置深度、对水井中的非开采含水层段，提出井壁与井管之间隙的回填封堵段的位置、使用材料及要求以及钻进方法及技术要求，包括对冲洗液质量、岩芯采取率、岩上水样采集、洗孔及孔斜等的要求，以及对观测和编录方面的技术要求。设计书应附有设计钻孔的地层岩性剖面、井孔结构剖面和钻孔平面位置图。具体参照《水文地质钻探规程》(DZ/T 0148—1994)。

表1.1　钻孔主要技术要求

项目	技术要求
孔深	钻孔深度应钻穿主要含水层或含水构造带
孔径	终孔直径，松散层应满足ϕ325mm过滤器安装需要；泵室段直径应比抽水设备外径大ϕ50mm
钻进冲洗介质	根据地层性质、水源条件、施工要求、钻进方法、设备条件等正确选择空气、泡沫作为钻探冲洗介质
岩芯	①探钻孔都采取岩芯，一般黏性土和完整基岩平均采取率应大于70%，单层不少于60%；砂性土、疏松砂砾岩平均采取率应大于40%，单层不少于30%。无岩芯间隔，一般不超过3m。对取芯特别困难的巨厚（大于30m）卵砾石层、流沙层无岩芯间隔，一般不超过5m，个别不超过8m。当采用物探测井验证时，采取率可以放宽。②岩芯应填写回次标签并编号，装入岩芯箱保管。③岩芯应以钻进回次为单元，进行地质编录。④终孔后，岩芯按设计书要求进行处理
取样	按单孔设计书要求采取地下水、岩、土等测试样品
孔位	勘探钻孔均测量坐标和孔口高程
止水	分层或分段抽水试验钻孔，均应按设计书和技术要求进行止水，并应进行止水效果检查
洗孔与试抽	水文地质试验孔均应进行洗孔与试抽对比。用活塞洗孔时，活塞的提拉，一般自下而上进行，每段提拉时间根据含水层岩性与水文地质条件而定，一般不小于0.5h。洗孔试抽对比，即洗孔试抽两次，每次试抽时间应不少于2h，在同一降深时，前后两次单位出水量变化不超过10%；且在试抽结束时，用含砂量计测定泥浆沉淀物不大于0.1‰，即可认为洗孔合格，否则，应重新洗孔和捞砂。在水文地质条件清楚的地区，当进行洗孔试抽之后出水量达到预计出水量要求或与附近水井出水量相一致时，可不进行洗孔试抽之对比

续表

项目	技术要求
孔深与孔斜	每钻进100m和钻进至主要含水层及终孔时、钻孔换径、扩孔结束和下管前，均应使用钢卷尺校正孔深。孔深校正最大允许误差为2‰
	每钻进100m和终孔时，必须测量孔斜。孔斜每100m不得超过1°，可以递增计算。采用深井水泵抽水井，泵管段不得大于1°
简易水文地质观测	所有钻孔在钻进过程中必须做好简易水文地质观测：①观测孔内水位、水温变化；②记录冲洗液漏失量；③记录钻孔涌水的深度，测量自流水头和涌水量；④记录钻进中出现的异常现象

1.2.3　钻进过程中的水文地质观测工作

钻进过程中的主要观测项目如下。

（1）观测冲洗液的消耗量及其颜色、稠度等特性的变化，记录其增减变化量及位置；及时发现孔底地层岩石的变化，并进行记录，以弥补岩芯采取率的不足。

（2）钻孔中水位的变化，当发现含水层时，要测定初见水位和天然稳定水位，以确定其埋藏深度、厚度。

（3）及时描述岩芯，统计岩芯采取率，测量其裂隙率或岩溶率；以确定含水层（带）的富水性。

（4）测量钻孔的水温变化及其位置；辅助分析含水层中水温、水化学成分变化规律。

（5）观测和记录钻孔的涌水、涌砂、涌气现象及其起止深度和数量，观测和记录钻进速度、孔底压力及钻具突然下落（掉钻）、孔壁坍塌、缩径等现象和其深度；为最终确定水井的成井结构提供所需的地质依据。

1）按钻孔设计书的要求及时采集水、气、岩、土样品。

2）在钻进工作结束后，按要求进行综合性的水文地质物探测井工作。

水文地质钻探成果如下。

钻探与抽水试验结束后，均应提交单孔竣工报告，并附以下水文地质成果：①钻孔设计书；②钻孔成果综合图表；③岩心检验记录表；④止水检查记录表；⑤测斜记录表；⑥校正孔深记录；⑦洗孔记录表；⑧钻孔平面位置图；⑨抽水试验成果表；⑩抽水试验记录表；⑪静止水位测定记录；⑫恢复水位记录；⑬$Q-t$及$s-t$关系曲线；$Q=f(s)$；$q=f(s)$关系曲线；⑭水质分析报告表、岩土测试分析成果表；⑮生活、工业、农业用水水质评价表；⑯水文物探测井解释图表及测井曲线图；⑰水、岩、土样取样记录表。

1.3　水文地质试验与地下水动态调查

水文地质试验是查清水文地质条件、评价地下水资源的重要手段，分为野外和室内试验两种，本节以介绍抽水试验为主，其他几项试验为辅。

1.3.1　水文地质试验

1.3.1.1　抽水试验

抽水试验是通过从钻孔或水井中抽水，定量评价含水层富水性，测定含水层水文地质参数和判断某些水文地质条件的一种野外试验工作方法。它是以地下水井流理论（主要内容包括孔隙渗流理论基础、河渠附近地下水运动、井附近的地下水运动）为基础，通过在井孔中进行抽水和观测，一般来测定含水层水文地质参数、评价含水层富水性和判断某些水文地质条件的水文地质勘察中最为常用的水文地质试验。

1. 抽水试验的任务

（1）直接测定含水层的富水程度和评价井（孔）的出水能力。

（2）确定含水层水文地质参数，如渗透系数 K、导水系数 T、给水度 μ、储水系数 μ^* 等。

（3）为取水工程设计或大型城建工程（地铁等）提供所需的水文地质基础数据，如单井出水量、单位出水量、井间干扰系数等，并可根据水位降深和涌水量选择水泵型号。

（4）可直接评价水源地的可（允许）开采量。

（5）查明某些其他手段难以查明的水文地质条件，如地表水与地下水之间及含水层之间的水力联系，以及边界性质和强径流带位置等。

2. 抽水试验的分类

抽水试验主要分为单孔抽水、多孔抽水、群孔干扰抽水和试验性开采抽水。

（1）单孔抽水试验：仅在一个试验孔中抽水，用以确定涌水量与水位降深的关系，概略取得含水层渗透系数。

（2）多孔抽水试验：在一个主孔内抽水，在其周围设置若干个观测孔观测地下水位。通过多孔抽水试验可以求得较为确切的水文地质参数和含水层不同方向的渗透性能及边界条件等。

（3）群孔干扰抽水试验：在影响半径范围内，两个或两个以上钻孔中同时进行的抽水试验；通过干扰抽水试验确定水位下降与总涌水量的关系，从而预测一定降深下的开采量或一定开采定额下的水位降深值，同时为确定合理的布井方案提供依据。

（4）试验性开采抽水试验：是模拟未来开采方案而进行的抽水试验。一般在地下水天然补给量不很充沛或补给量不易查清，或者勘察工作量有限而缺乏地下水长期观测资料的水源地，为充分暴露水文地质问题，宜进行试验性开采抽水试验，并用钻孔实际出水量作为评价地下水可开采量的依据。

3. 抽水试验场的选择及井位布置

（1）试验场地的选择。选择含水层试验场地时，应该注意以下问题。

1）场地的水文地质条件在短距离内不应有变化，并具有区域的代表性或代表研究区的大部分。

2）场地最好不要选择在近铁路或公路处，因为重型运输设备的通过对承压含水层的观测孔可产生可观测的波动。

3）抽出的水必须以不能返回到含水层的方法排走。为防止抽出水的回渗，在预计抽水影响范围内的排水沟必须采取防渗措施。当表层有 3m 以上的黏土或亚黏土时，一般可直接挖沟排水。

4）潜水面或测压面的水力坡度应该不大；动力及设备必须很容易到达场地。

（2）抽水试验场地抽水孔及观测孔的布置。

1）抽水孔布置原则。

a. 为求取水文地质参数的抽水孔，一般应远离含水层的透水、隔水边界，布置在含水层导水及储水性质、补给条件、厚度和岩性条件等有代表性的地方。

b. 对于探采结合的抽水井（包括供水详勘阶段的抽水井）要求布置在含水层（带）富水性较好或计划布置生产水井的位置上，以便为将来生产孔的设计提供可靠信息。

c. 欲查明含水层边界性质、边界补给量的抽水孔，应布置在靠近边界的地方，以便观测带边界两侧明显的水位差异或查明两侧的水力联系程度。

2）观测孔布置原则。由于观测孔中的水位不受抽水孔水跃值和抽水孔附近三维流的影响，能更真实地代表含水层中的水位利用观测孔的水位观测数据，可以提高井流公式所计算出的水文地质参数的精度。另外，利用观测孔的水位，可用多种作图方法求解稳定流和非稳定流的水文地质参数。亦可绘制出抽水的人工流场图（等水位线或下降漏斗），可分析判明含水层的边界位置与性质、补给方向、补给来源及强径流带位置等水文地质条件。大型孔群抽水试验渗流场的时空特征，可作为建立地下水流数值模拟模型的基础。

观测孔一般应和抽水主孔组成观测线，所求水文地质参数应具有代表性。因此，要求通过水位观测孔观测所得到的地下水位降落曲线，对于整个抽水流场来说，应具有代表性。一般应根据抽水时可能形成的水位降落漏斗的特点来确定观测线的位置，对于不同目的的抽水试验，其水位观测孔布置的原则是不同，具体如下。

a. 均质各向同性、水力坡度较小的含水层，其抽水降落漏斗的平面形状为圆形，即在通过抽水孔的各个方向上，水力坡度基本相等，但一般上游侧水力坡度小于下游侧水力坡度，故在与地下水流向垂直方向上布置一条观测线即可，见图 1.1。

b. 均质各向同性、水力坡度较大的含水层，其抽水降落漏斗形状为椭圆形，下游一侧的水力坡度远较上游一侧大，故除垂直地下水流向布置一条观测线外，尚应在上、下游方向上各布置一条水位观测线［图 1.1（b)］。

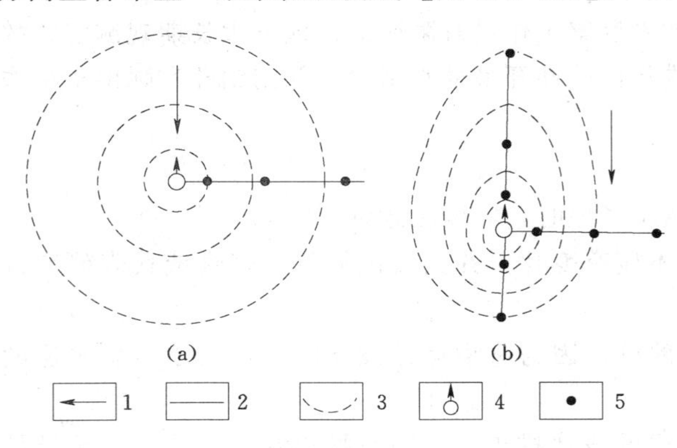

图 1.1 抽水试验水位观测线布置示意图

1—地下水天然流向；2—水位观测线；3—抽水时的等水位线；4—抽水主孔；5—水位观测孔

c. 均质各向异性的含水层，抽水水位降落漏斗常沿着含水层储、导水性质好的方向发展（延伸），该方向水力坡度较小；储、导水性差的方向为漏斗短轴，水力坡度较大。因此，抽水时的水位观测线应沿着不同储、导水性质的方向布置，以分别取得不同方向的水文地质参数。

d. 对观测线上观测孔数目的布置要求。观测孔数目：只为求参数，1 个即可；为提高参数的精度则需 2 个以上，如欲绘制漏斗剖面，则需 2～3 个。观测孔距主孔距离：①按抽水漏斗水面坡度变化规律，愈近主孔距离应愈小，愈远离主孔距离应愈大；②为避开抽水孔三维流的影响，第一个观测孔距主孔的距离一般应约等于含水层的厚度（至少应大于 10m)；

③最远的观测孔，要求观测到的水位降深应大于 20cm；④相邻观测孔距离，亦应保证两孔的水位差必须大于 20cm。

e. 当抽水试验的目的在于查明含水层的边界性质和位置时，观测线应通过主孔、垂直于欲查明的边界布置，并应在边界两侧附近均布置观测孔。

f. 对欲建立地下水水流数值模拟模型的大型抽水试验，应将观测孔比较均匀地布置在计算区域内，以便能控制整个流场的变化和边界上的水位和流量，应在每个参数分区内都布置观测孔，便于流场拟合。

g. 当抽水试验的目的在于查明垂向含水层之间的水力联系时，则应在同一观测线上布置分层的水位观测孔。

h. 观测孔深度：要求揭穿含水层，至少深入含水层 10～15m。

4. 观测要求

(1) 稳定流抽水试验观测要求。水位观测时间一般在抽水开始后第 1min、3min、5min、10min、20min、30min、45min、60min、75min、90min 进行观测，以后每隔 30min 观测一次，稳定后可延至 1h 观测一次，水位读数应准确到 cm。

涌水量观测应与水位观测同步进行；当采用堰箱或孔板流量计时，读数应准确到 mm。

注意：为保证测量精度要求，可根据流量大小，选用不同规格的堰箱。当流量小于 10L/s 时，堰箱断面面积应大于 25dm^2；流量为 10～50L/s 时，堰箱断面面积应大于 100dm^2；流量为 50～100L/s 时，堰箱断面面积应大于 200dm^2。

水温、气温宜 2～4h 观测一次，读数应准确到 0.5℃，观测时间应与水位观测时间对应。

恢复水位观测要求：停泵后应立即观测恢复水位（图 1.2），观测时间间隔与抽水试验要求基本相同。若连续 3h 水位不变，或水位呈单向变化，连续 4h 内每小时水位变化不超过 1cm，或者水位升降与自然水位变化相一致时，即可停止观测。试验结束后应测量孔深，确定过滤器掩埋部分长度，淤砂部分应在过滤器有效长度以下，否则，试验应重新进行。

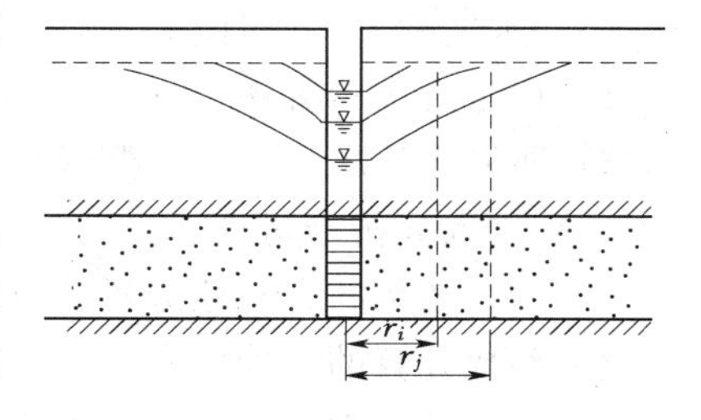

图 1.2 停止抽水后水位回升图

(2) 非稳定流抽水试验观测要求。

1) 水位观测宜按第 0.5min、1min、1.5min、2min、2.5min、3min、3.5min、4min、5min、6min、7min、8min、10min、12min、15min、20min、25min、30min、40min、50min、60min、75min、90min、105min、120min 进行观测，以后每隔 30min 观测一次，其余观测项目及精度要求可参照稳定流抽水试验要求进行。

2) 抽水孔与观测孔水位必须同步观测。

3) 抽水结束后，或试验期间因故中断抽水时，应观测恢复水位，观测频率应与抽水时一致，水位应恢复到接近抽水前的静止水位。

5. 抽水试验报告

抽水试验设计提纲内容包括以下内容。

（1）前言（目的及意义）。

（2）水文地质概念模型。

（3）技术要求（场地、抽水井、观测井、观测要求、事故处理）。

（4）求参方法。

（5）时间安排与质量保证。

（6）注意事项。

（7）摘要（500字）及英文摘要。

抽水试验报告提纲包括以下内容。

（1）前言（目的及意义）。目的及意义、试验完成情况、存在问题及解决方法。

（2）气象与水文条件。

1）气象条件：气温、降水、蒸发、风等。

2）水文条件：江河、湖泊、流量、水位等。

（3）地质与水文地质条件。

1）地形地貌。

2）地质条件。

3）水文地质条件：含水层与地下水类型、地下水埋藏分布条件、地下水循环条件、地下水动态特征、地下水化学特征。

（4）抽水试验观测。

1）观测内容：水位、流量、水温。

2）观测方法及工具、精度及要求。

3）观测记录成果。

（5）水文地质参数计算。

1）稳定流求参方法。

2）非稳定流求参方法：配线法、直线图解法、水位恢复法、有越流补给的拐点法。

（6）参数分析与讨论。

1）计算结果的合理性分析与可靠性分析。

2）参数计算的影响因素。

3）参数的时空变化特点。

（7）结论及建议。

（8）参考文献。

（9）英文摘要。

（10）附图附表。

1）抽水试验平面位置图。

2）抽水井钻孔柱状图。

3）初始流场图。

4）抽水历时曲线。

5）水位、流量观测记录表。

6）参数计算有关图标。

1.3.1.2 其他水文地质野外试验

1. 渗水试验

渗水试验是一种在野外现场测定包气带土层垂向渗透系数的简易方法，在研究大气降水、灌溉水、渠水、暂时性表流等对地下水的补给时，常需进行此种试验。野外测定包气带非饱和松散岩层的渗透系数最常用的是试坑法、单环法和双环法。其中双环法的精度最高。

(1) 试坑法。试验方法：在试验层中开挖一个截面积约 0.3～0.5m² 的方形或圆形试坑，不断将水注入坑中，并使坑底的水层厚度保持一定（一般为 10cm 厚），当单位时间注入水量（即包气带岩层的渗透流量）保持稳定时，则可根据达西渗透定律计算出包气带土层的渗透系数（K），即

$$K=\frac{V}{I}=\frac{Q}{WI}=V \tag{1.1}$$

式中 Q——稳定渗透流量，即注入水量，m^3；

V——渗透水流速度，m/d；

W——渗水坑的底面积，m^2；

I——垂向水力坡度。

试坑法常用于测定毛细压力影响不大的砂类土的渗透系数，不适合用于毛细压力影响大的黏性土类。

(2) 单环法。单环法是在试坑嵌入一个高为 20cm、直径为 40cm 的铁质环。在试验开始时，用马氏瓶控制铁环内水层厚度，使之保持在约 10cm 高度。试验一直进行到渗入量 Q 固定不变时为止，可按式（1.1）进行计算。

(3) 双环法。双环法试验是野外测定包气带非饱和松散岩层的渗透系数的常用的简易方法，试验的结果更接近实际情况。利用这个试验资料研究区域性水均衡以及水库、灌区、渠道渗漏量等都是十分重要的。

该方法的试验原理是：在一定的水文地质边界以内，向地表松散岩层进行注水，使渗入的水量达到稳定，即单位时间的渗入水量近似相等时，再利用达西定律的原理求出渗透系数（K）值。

在坑底嵌入两个高约 50cm，直径分别为 0.20m 和 0.40m 的铁环，试验时同时往内、外铁环内注水，并保持内外环的水柱都保持在同一高度，以 0.1m 为宜。双环法渗水试验的试验用品为：双环、铁锹、尺子、水桶、胶带、橡皮管。试验步骤：

选择试验场地，最好在潜水埋藏深度大于 5m 的地方。当某地潜水埋深小于 2m 时，因渗透路径太短，测得的渗透系数不真实，在这种条件下不要使用渗水试验。

按双环法渗水试验示意图 1.3 安装好试验装置。往内、外铁环内注水，并保持内外环的水柱都保持在同一高度，以 0.1m 为宜。按一定的时间间隔观测渗入水量。开始时因渗入量大，观测间隔时间要短，稍后可按一定时间间隔比如每 10min 观测一次，直至单位时间渗入水量达到相对稳定，再延续 2～4h 即可结束试验。

由于外环渗透场的约束作用使内环的水只能垂向渗入，因而排除了侧向渗流的误差，因此它比试坑法和单环法的精度都高。

渗水试验方法的最大缺陷是，水体下渗时常常不能完全排出岩层中的空气，这对试验结果必然产生影响。

2. 钻孔注水试验

当钻孔中地下水位埋藏很深或试验层透水不含水时，在研究地下水人工补给或废水地下处置的效率时，或可用注水试验代替抽水试验，近似地测定该岩层的渗透参数。注水试验形成的流场图为地下水天然水位以上形成反向的充水漏斗，正好和抽水试验相反（图 1.4）。

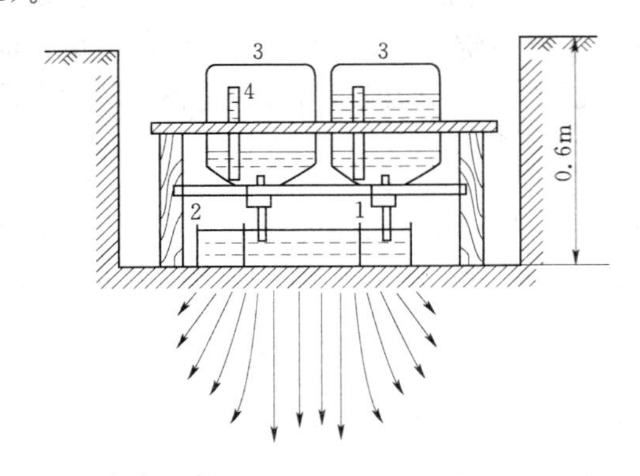

图 1.3　双环法渗水试验示意图

1—内环（ϕ25cm）；2—外环（ϕ50cm）；

3—自动补充水瓶；4—水量标尺

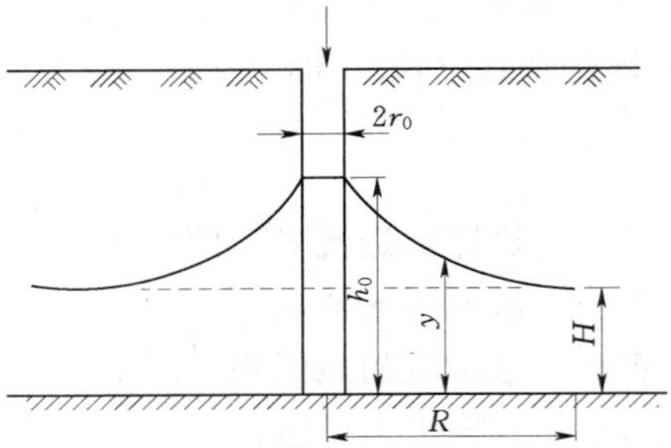

图 1.4　潜水注水井示意剖面图

对于常用的稳定流注水试验。其渗透系数计算公式的建立过程与抽水井的裘布依 K 值计算公式的建立过程原理相似，具体参见地下水动力学相关公式。

注水试验时可向井内定流量注水，抬高井中水位，待水位稳定并延续到一定时间后，可停止注水，观测恢复水位。稳定后延续时间要求与抽水试验相同。

由于注水试验常常是在不具备抽水试验条件下进行的，故注水井在钻进结束后，一般都难以进行洗井（孔内无水或未准备洗井设备）。因此，用注水试验方法求得的岩层渗透系数往往比抽水试验求得的值小得多。

3. 连通试验

连通试验的目的主要是查明地下水的运动途径、速度，地下河系的连通、延展与分布情况，地表水与地下水的转化关系，以及矿坑涌水的水源与通道展布情况等问题，这对地下水资源计算、水资源保护、确定矿床疏干、水库水漏失途径均具重要意义。

连通试验作为示踪试验的一种，主要是查明水文地质条件。其具体指在上游某个地下水点（水井、坑道、岩溶竖井及地下暗河表流段等）投入某种指示剂，在下游诸多的地下水点（除前述各类水点外，尚包括泉水、岩溶暗河出口等）监测示踪剂是否出现，以及出现的时间和浓度。对试验井点布置及试验方法在具体操作过程中一般多利用现有的人工或天然地下水点和岩溶通道，只要监测水点设在投源水点下游的主径流带中即可。监测水点应尽可能地多，与投源井距离亦无严格要求。

1.3.2　地下水动态调查

所谓地下水动态是指表征地下水数量与质量的各种要素（水位、流量、开采量、溶质成分与水温等）随着时间的变化规律。其变化规律可以是周期性的，也可以是趋势性的。地下水动态调查是指对含水层各要素（水位、水量、水化学成分、水温）随时间的变化特征等现象的记录与描述，具体为选择有代表的钻孔、水井、泉等，按照一定的时间间隔和技术要求，对地下水动态进行监测、试验与综合研究的工作。地下水动态调查的目的是查清含水层系统地下水动态变化规律，在天然条件下，可以依据地下水动态分析，认识地下水的形成、埋藏条件，认识水量、水质的形成条件，区分不同类型的含水层；利用地下水动态资料计算地下水某些均衡要素；可以利用地下水动态监测评价和预测地下水资源，评价其水质水量随着时间的变化规律；对地下水的储存量、最大允许开采量等进行评价，以减少因地下水均衡破坏而引起的环境负效应等；为地下水资源评价提供原始资料，地下水位动态变化最终趋于一种相对较稳定的状态即地下水均衡状态。相关内容在第2章还有更为详细的论述。

1. 目的与任务

（1）查明主要地下水含水层系统的水位、水量、水温和水质的变化规律及发展趋势，并分析其变化影响因素。

（2）查明地下水动态变化特征，确定地下水动态类型。

（3）查明不同地下水含水层系统之间，地下水系统与水文系统之间的水力联系。

（4）为求取水文地质参数进行水资源评价，预测地下水的水量、水质、水位变化。

（5）对各种污染源以及有害的环境地质现象进行监测。

2. 地下水动态调查内容

地下水调查内容包括地下水水位动态、地下水水量动态、地下水水化学动态及地下水水温动态。地下水动态监测的基本项目都应包括地下水水位、水温、水化学成分和井、泉流量等。对与地下水有水力联系的地表水水位与流量，以及矿山井巷和其他地下工程的出水点、排水量及水位标高也应进行监测。水质的监测，一般是以水质简分析项目作为基本监测项目，再加上某些选择性监测项目（特殊成分污染质、特定化学指标等）。选择性监测项目是指那些在本地区地下水中已经出现或可能出现的特殊成分及污染质，或被选定为水质模型模拟因子的化学指标。为掌握区内水文地球化学条件的基本趋势，可每年或隔年对监测点的水质进行一次全分析。地下水动态资料，常常随着观测资料系列的延长而具有更大的使用价值，故监测点位置确定后，一般不要轻易变动。

3. 地下水动态调查准备工作及方法

地下水动态调查原则是为查明和研究水文地质条件，特别是地下水的补给、径流、排泄条件，掌握地下水动态规律，为地下水资源评价、科学管理及环境地质问题的研究和防治提供科学依据。

遵循以上原则，地下水动态调查常设以下准备工作：地下水动态监测网点的布设，包括控制性监测网点和专门性监测网点。内容包括：各监测点的建设、监测点密度、监测点动态监测项目安排及具体要求。

动态监测网布置技术要求如下。

（1）在充分利用区内已布设的动态监测网点的基础上，根据本次工作任务增设观测点，达到控制全区主要河流和勘查目的层的目的。

（2）地下水动态观测点一般沿地下水区域径流方向布置。在地表水体附近，为调查地下水与地表水的水力联系，观测孔应垂直地表水体的岸边布置。为调查垂直方向各含水层（组）间的水力联系，应设置分层观测孔组。为调查地下水污染动态特征，观测线应垂直污染分界面布置，在分界面附近应加密观测点。对已有水源地的开采地段，宜通过降落漏斗中心布设相互垂直的两条观测线，最远观测点应在降落漏斗之外。为了满足数值法模拟的要求，观测孔的布置应保证对计算区各分布参数的控制。

（3）泉水应按不同类型、不同含水层（组）及大泉（一般选择流量不小于1L/s的大泉）分别设置观测点。

（4）未设立水文站的主要河流、地表水体应设置观测点，以了解地表水与地下水的相互转化关系。

（5）在环境水文地质问题严重地区，进行与地下水动态相应的环境水文地质监测。

监测项目及技术要求：

动态监测项目主要包括地下水与地表水的水位、水量、水质、水温。

（1）地下水水位测量精确到mm。河谷区第四系地下水每10d（每月10日、20日、30日）观测1次，对有特殊意义的观测孔，按需要加密观测。

（2）地下水水量监测包括观测泉水流量、自流井流量和地下水开采量。泉水与自流井流量观测频率与地下水位观测同步。

（3）地下水水温观测可每月进行1次，并与水位、流量同步观测，水温测量误差小于0.2℃，同时观测气温。根据地下水位埋深和环境温度变化，采用合适的测量工具，保证观测数据的精度。

（4）地下水水质监测频率宜为每年两次，应在丰水期（7—9月）、枯水期（1—3月）各采样1次，初次采样须做全分析，以后可做简分析。

（5）地表水体的观测内容包括水位、流量。地表水体的观测频率应和与其有水力联系的地下水观测同步。若河流设有可以利用的水文站时，可收集该水文站的有关资料。

（6）地下水动态长期监测孔宜安装水位水温自动记录仪器。

详见地下水动态监测规程（DZ/T 0133—94）与地下水动态长期观测技术规范（MT/T 663—1996）。

4. 地下水动态调查成果

根据所获得的地下水动态监测资料，分析地下水动态的年内及年际间的变化规律。依据某种动态要素随时间的变化过程、变化形态及变幅大小等分析水文地质条件，根据变化的周期性与趋势性，并通过不同监测项目动态特征的对比，确定它们之间的相关关系。划分地下水动态成因类型、进行地下水动态均衡研究，地下水的均衡包括水量均衡、水质均衡和热量均衡等不同性质的均衡。

资料整编与成果方法如下。

（1）资料整编：监测所获得的资料必须及时整理，并录入计算机，建立地下水动态数据库。地下水观测资料整理包括日常整理、年度整理以及调查结束时的总整理。

（2）地下水动态监测资料与成果宜包括以下内容：地下水动态观测点分布图、地下水动态观测点档案卡片、地下水动态观测野外记录表、地下水动态观测年报表、地表水观测年报表、地下水动态曲线图、地下水等水位线图、地下水水位埋深图、地下水水位变幅图、地下水动态剖面图地下水动态分析图表以及地下水动态监测总结。

1.4 地下水调查成果

1.4.1 地下水调查成果的编制要求

（1）要综合利用各类资料，充分反映水文地质调查所取得的成果。

（2）阐明区域水文地质条件，正确划分地下水系统，宜建立水文地质模型，科学评价地下水资源。

（3）阐明调查区存在的主要环境地质问题。

（4）成果必须数字化，以便于使用和资料更新、补充、修改。

（5）所有成果都应有纸质和光盘两种载体。

（6）调查报告宜针对专业人员、管理人员、社会大众等不同对象，提交不同的版本，以提高成果报告的利用率和利用效果。

（7）调查报告应在野外验收后6个月内完成。

1.4.2 地下水调查成果的主要内容

1.4.2.1 原始成果

在野外工作全部结束后，全面整理各项实际资料，检查核实其质量和完备程度，整理各类表格和图件，为成果编制奠定基础。资料整理包括以下内容。

（1）各种原始记录、野外调查记录本、表格、卡片、汇总表和统计表。

（2）气象、水文资料汇总表、地质、水文地质钻孔综合成果表册（包括本次施工的和收集的）、钻孔、机民井、抽水试验综合成果表、地下水动态监测成果汇总表和动态曲线图、地下水水源地（包括开采的和已评价的）汇总表。

（3）实测的地层剖面、地质构造剖面、地貌剖面、水文地质剖面。

（4）各项水文地质试验、室内鉴定试验分析资料。

（5）典型遥感影像图、野外素描图、照片和摄像资料。

（6）地球物理勘探成果、遥感解译成果。

（7）专项研究成果，综合研究小结。

（8）各类图件，包括野外工作手图、实际材料图、研究程度图、地质图、地貌图、各种单要素图和综合分析图件等。

1.4.2.2 文字报告

水文地质报告是水文地质调查成果的主要组成部分，是对水文地质图的说明和补充。报告书的主要内容是阐明调查区的地下水规律，进行地下水资源评价，并对地下水资源的开发利用、管理和保护作出科学论证。

报告书的编写是一项综合性和研究性很强的工作，要对各种调查资料进行认真整理和详细分析，去伪存真、去粗取精、由表及里、不断深入，从中找出水文地质规律。报告书要求：力求论证有据、结论明确、条理分明、重点突出、文字精练，并尽量利用插图、表格、素描和照片说明问题，丰富报告的内容。一般情况下水文地质报告的章节内容包括：

序言、自然地理及地质条件、水文地质条件、地下水资源评价、地下水开发利用与保护、结论和建议。

1. 序言

主要是阐述调查工作的目的和任务，以往研究程度，投入的工作量，存在的问题及解决情况等。应附交通位置图及研究程度图。

2. 自然地理及地质条件

主要阐述调查区的地形和地貌条件、气象及水文特征、地层岩性及主要构造的特征和分布。这部分的论述必须与地下水的形成、补给、径流与排泄条件内容紧密结合。凡是与地下水关系密切的内容应详细论述，与地下水关系不大的内容可以从简或不写。

(1) 地形、气象及水文特征。主要介绍区内地形条件，地表水流域划分，各种地表水体的特征及其与地下水的补排关系，降水量、蒸发量、气温、湿度等，附气象要素图、山川形势图、水系分部图等。

(2) 地貌。主要介绍区内地貌的形态、成因、年代及分部特征，分析地貌与岩性、构造、新构造运动及地下水等因素的关系。

(3) 地质条件。主要介绍区内地层、岩石的分布与特征，介绍褶皱、断裂、节理、裂隙的分部与特征，岩溶发育状况及规律等。

3. 水文地质条件

水文地质条件是报告的核心内容，它是地下水资源评价和开采方案制定的基础。一般包括以下内容。

(1) 含水层系统特征，地下水类型，各含水层的分布、特征、富水性、富水部位等，隔水层的隔水性能及特征，各种构造的水文地质特征。

(2) 地下水的补给、径流与排泄条件及地下水系统的划分。

(3) 地下水动态特征。

(4) 地下水水化学特征及水质污染状况。

(5) 若调查区内有矿水、热水等应单独专门论述其特征与形成条件。

4. 地下水资源评价

应分别进行水质评价和水量评价。

(1) 水质评价。根据调查任务要求对各类地下水水质进行评价，说明水质的可用性；结合环境水文地质条件，预测开采条件下地下水水质有无遭受污染的可能性，并提出保护和改善地下水水质的措施。

(2) 水量评价。根据水文地质条件及评价要求选择评价方法和建立评价模型；论述水文地质参数计算的依据，正确计算所需的水文地质参数；计算地下水的补给量，储存量，允许开采量，论证评价精度，并预测其可能的变化趋势；预测地下水开采可能引起的环境地质问题。

5. 地下水资源开发与保护

应根据调查任务的要求编写。一般包括以下内容。

(1) 地下水资源开发利用现状。

(2) 可供开采水源地的选择。

（3）地下水开采方法及开采方案。

（4）地下水开采技术要求及注意事项。

（5）地下水开采可能产生的环境效应及防治保护措施等。

（6）地下水资源保护措施。

6. 结论与建议

首先根据报告要求对整个报告进行总结和结论，然后，对调查工作存在的问题及今后地下水开采过程中可能出现的问题及注意事项提出建议。

7. 附图

一般包括四类图件：基础性图件、要素性（或单项地下水特征性）图件、综合性（或专门性）图件和应用性图件。主要包括：①地下水资源图；②综合水文地质图；③地下水水化学图；④地下水环境图；⑤地下水资源开发利用图；⑥其他图件，如地貌图、地质图、基岩地质图、地下水等水位（压）线与埋藏深度图等。

1.4.2.3　综合水文地质图

还可以以图件为主，对地下水调查成果进行汇总。综合水文地质图是各种水文地质图中系统性和整体性最好的。

综合水文地质图是把区域水文地质调查中所获得的各种水文地质现象和资料，用各种代表符号和表达方式反映在一定比例尺的图纸上的一种水文地质图。它集中反映了该地区地下水形成、分布和运移的基本规律及与周围环境的相互关系，因此是水文地质图系中最主要的图件。

综合性水文地质图通常包括下列内容。

1. 地层及构造特征

这是地下水赋存的基础条件。对基岩地区一般反映地层和构造；对松散岩地层一般反映地层成因。

2. 地下水类型

（1）根据调查区地下水赋存条件。

1）按含水介质特征可分为松散岩类孔隙水、碎屑岩类裂隙孔隙水、岩溶水及基岩裂隙水。

2）按埋藏条件可分为潜水和承压水。

（2）根据调查区的特点。如调查区内主要是碳酸盐岩分布区，则地下水类型可划分为以下类型。

1）碳酸盐岩岩溶水（碳酸盐岩占90%以上）。

2）碳酸盐岩夹碎屑岩裂隙岩溶水（碳酸盐岩占70%～90%）。

3）碎屑岩与碳酸盐岩裂隙岩溶水（碳酸盐岩占30%～70%）。

4）碎屑岩夹碳酸盐岩岩溶裂隙水（碳酸盐岩占10%～30%）。

5）碎屑岩裂隙水（碳酸盐岩<10%）。

（3）根据调查的目的和需要。如对于供水水文地质图，则主要应从地下水开发利用的角度来划分，对开采意义不大的类型可以合并表示，对有开采意义的应详细划分。

3. 地下水天然露头和人工露头

泉、暗河天窗和出口、钻孔、水井等，这些都是地下水的直接标志，而本身又可直接作为供水水源。因此在大比例尺图件中对所有水点都要表示；对于小比例尺图件，应将主要控制性水点表示在图上。

对温泉、矿泉应以明显的符号表示，同时要标出水位、涌水量、水温、化学成分等。

4. 地表水系和地表水体

地表水系和地表水体是水文地质图应反映的内容之一。特别是有显著水文地质意义的水体，不管图件比例尺大小都要表示出来。

5. 与地下水有关的地貌现象

如阶地、塌陷、地裂缝、溶洞、洼地等，这些能反映地下水的分布、埋藏及开采对环境影响的效应，对这些现象也都应在图中表示出来。

6. 地下水系统划分

地下水是按系统发育的，在水文地质图中应重点表示含水系统。当含水系统分布面积较大时，也可以进一步划分子系统（或叫亚系统）。

一般来说，系统边界的确定是一件复杂的工作，一定要综合考虑地层岩性、地质构造及地貌形态、地下水补给、径流、排泄条件等因素圈定边界的位置。

7. 地下水化学特征

由于地下水化学成分比较复杂，在综合性水文地质图中一般是概略表示，有时用矿化度表示，有时只反映水化学类型。

8. 地下水运动特征

地下水运动特征一般用水位（水压）等值线表示，有时仅标出地下水流向。

9. 岩层富水程度

岩层富水程度一般用“富水性”来表示，即按富水性大小划分为若干个等级（用颜色表示），并圈定其界线。目前富水性大多用单井涌水量、泉水流量和径流模数表示。

单井涌水量多用于松散岩类孔隙水和碎屑岩类裂隙孔隙水分布区，泉流量和径流模数多用于基岩裂隙水和岩溶水分布区。

（1）按单井涌水量（Q）大小。松散岩类孔隙水分为五个富水等级。

1）水量极丰富的（$Q>5000m^3/d$）。

2）水量丰富的（$Q=1000\sim5000m^3/d$）。

3）水量中等的（$Q=100\sim1000m^3/d$）。

4）水量贫乏的（$Q=10\sim100m^3/d$）。

5）水量极贫乏的（$Q<10m^3/d$）。

碎屑岩类裂隙孔隙水分为三个富水等级。

1）水量丰富的（$Q>1000m^3/d$）。

2）水量中等的（$Q=100\sim1000m^3/d$）。

3）水量极贫乏的（$Q<100m^3/d$）。

（2）按大泉（暗河）的流量大小（岩溶水）。

三个富水等级：$>100L/s$、$10\sim100L/s$、$<10L/s$。

(3) 按常见泉水流量大小（基岩裂隙水）。

三个富水等级：>1L/s、0.1～1L/s、<0.1L/s。

(4) 按径流模数大小。

岩溶水分为三个富水等级：>6L/(s·km^2)、3～6L/(s·km^2)、<3L/(s·km^2)。

基岩裂隙水分为三个富水等级：>3L/(s·km^2)、1～3L/(s·km^2)、<1L/(s·km^2)。

(5) 按导水系数（T）大小。

三个等级：强富集（T>500m^2/d）、中等富集（T=100～500m^2/d）、弱富集（T<100m^2/d）。

10. 剖面图及镶图

综合水文地质图应附区内典型剖面上的水文地质剖面图，某些内容可编制成镶图。无论使用何种划分方法，都可以根据调查区的水文地质特征调整其划分指标，使之更能反映该区的实际条件和应用需要。

11. 附件

包括：①区域水文地质空间数据库及数据库说明书或建设工作报告；②遥感解译、物探。

1.4.2.4 建立区域水文地质数据库

(1) 外部数据库建设应包含可以应用的全部调查和收集获得的资料。内容包括钻孔、机民井、泉、抽水试验、水文地质参数、集中供水水源地、地下水动态、地表水测流、水质分析、岩土化学分析、岩土物理水理性质测试、同位素测试、地球物理勘探等资料和成果。

(2) 建立地质构造图、地貌图、岩相古地理图、实际材料图、水文地质图、地下水等水位（水压）线与埋深图、地下水水化学图等图形库。

(3) 数据库建设应对资料进行核实校对，保证资料的真实、可靠，并符合有关技术标准或技术要求。

(4) 建成的数据库应具有数据更新、查询、统计等功能，并能和水文地质空间信息分析系统相连接。

(5) 数据库建设应该和调查工作同步进行，贯穿于调查工作全过程。

第2章　地下水动态监测

地下水动态，指表征地下水数量与质量的各要素（水位、流量、水温、水化学成分）在自然因素和人为因素的影响下随时间的变化，它是含水层（含水系统）对环境施加的激励所产生的响应。其多年变化与太阳黑子的周期性变化有关；其年变化与地球的气候带和一年内气象要素的周期性变化有关；其昼夜变化主要与一天内的气象和水文要素的变化有关。

地下水均衡，即在一定的均衡区内，一定的均衡期间里地下水的收入量与支出量之间的相互关系。

地下水各要素之所以随时间发生变动，主要是由于含水层（含水系统）水量、盐量、热量、能量收支不平衡而造成的，即地下水动态是由其收入量与支出量的相互关系所决定的。例如，当含水层的补给水量大于其排泄水量（即“收入量”大于“支出量”）时，储存水量增加，出现正均衡，地下水位上升；反之，当含水层的补给水量小于其排泄水量（即“收入量”小于“支出量”）时，储存水量减少，出现负均衡，地下水位下降。同样，盐量、热量与能量的收支不平衡，会使地下水水质、水温或水位发生相应变化。

在天然条件下，地下水的动态是地下水埋藏条件和形成条件的综合反映，故可通过分析地下水的动态特征来认识地下水的埋藏条件、形成条件等；由于地下水动态是地下水均衡的外部表现，故可利用地下水动态资料来计算地下水的某些均衡要素；地下水动态资料还是进行地下水资源评价和预测必不可少的依据；研究诸如水资源衰竭、水质污染与恶化、土壤盐渍化、地面变形等由于地下水的开发利用而引发或可能引发的环境地质问题的变化及发展趋势，同样需要对地下水动态进行监测。由此可见，地下水动态资料可以提供给人们关于含水层（含水系统）的不同时刻的系列化信息，因而常用来检验人们所作出的水文地质结论是否正确，论证人们所采用的利用或防范地下水的水文地质措施是否得当。因此，为合理利用地下水或有效防范其危害，必须掌握地下水动态。

2.1　地下水位与地下水开采量的关系

地下水位的动态之所以随时间发生变化，其根本原因是由于含水层（含水系统）水量收支不平衡造成的，即地下水位的变化反映了地下水均衡状态的变化情况。

通常，在以开采为地下水主要排泄方式的地区，开采量的变化往往是引起地下水动态变化的主要因素。当含水层（含水系统）的补给量大于排泄量时，储存水量增加，出现正均衡，地下水位上升；反之，当含水层（含水系统）的补给量小于排泄量时，储存水量减少，出现负均衡，地下水位下降。

当某含水层（含水系统）中地下水的储存量变化是由开采量的变化引起时，其地下水位与开采量之间的关系可用下式定量描述：

潜水：
$$\Delta Q=\mu \frac{\Delta H}{\Delta t} \tag{2.1}$$

承压水：
$$\Delta Q=\mu^{*} \frac{\Delta H}{\Delta t} \tag{2.2}$$

式中 ΔQ——单位面积内地下水开采量的变化量，m^3/s；

μ——给水度，无量纲；

μ^{*}——储水系数，无量纲；

ΔH——地下水位的变化，m；

Δt——时间，s。

据式（2.1）和式（2.2），可得

潜水：
$$\Delta H=\frac{\Delta Q \cdot \Delta t}{\mu} \tag{2.3}$$

承压水：
$$\Delta H=\frac{\Delta Q \cdot \Delta t}{\mu^{*}} \tag{2.4}$$

式中 各项符号意义同前。

在已知地下水开采量的变化量时，可根据式（2.3）和式（2.4）预测地下水位的变化。

2.2 地下水水位监测

地下水水位监测是地下水动态监测的一种。除了地下水水位监测之外，地下水动态监测还包括地下水水质监测、地下水水温监测、地下水开采量监测和泉水流量监测。

2.2.1 地下水动态监测工作的任务

不同的水文地质勘查阶段，地下水动态监测工作的目的不同，因此，其主要监测任务也有所区别。

在水文地质普查阶段，进行地下水动态监测主要是为了初步了解地下水的动态特征，为探明地下水资源、论证水源地卫生防护积累资料。因此，这一阶段地下水动态监测一般以调查访问为主，其主要任务是：①开始设置和建立地下水动态监测网，组织专业的和群众性的地下水动态长期监测工作，地下水动态监测持续时间应满足一个水文年，对于小型水源地或设计开采量远远小于补给量的水源地可缩短到半年（含枯水期），以初步掌握地下水动态规律；②搜集和整理气象、水文、地质、水文地质、历史上地下水动态变化及有关的监测资料，编制地下水动态监测资料年报表；③编拟专门报告，阐明不同水文地质单元、不同类型地下水的动态特征，初步论证地下水资源及其开发利用的水源卫生防护。

在地下水利用和扩大开采阶段，进行地下水动态监测主要是为了掌握地下水动态规律，为探明地下水资源及其变化、指导合理开采、防治次生的环境地质问题提供资料和依据。因此，这一阶段的主要任务是：①调整、充实、健全地下水动态监测网，组织经常性地下水动态监测工作（监测持续时间一般不少于一个水文年），建立和开展地下水均衡的试验研究；②编制地下水动态与均衡监测资料年鉴与多年年鉴；③验证与进一步计算地下水储量及其保证率，评价地下水源的保证程度；④研究由开发利用地下水或人类生产活动产生的新的环境地质问题（如区域地下水位持续下降、水资源枯竭、水质污染、地面沉降等）的发生发展规律；⑤根据国民经济需要编制和发布地下水情预报。

在地下水资源管理和调节控制阶段，进行地下水动态监测主要是为了掌握地下水动态和有关环境地质问题的基本规律，为挖掘地下水资源潜力、防治污染、进行地下水资源管理和调节控制提供依据。因此，这一阶段的主要任务是：①继续补充和健全地下水动态监测网，进行多年地下水动态规律及其形成的研究；②编制地下水动态与均衡资料年鉴及多年年鉴；③研究对地下水的人工补给，指导和组织资源开发和补充的生产活动；④研究地下水污染及其水质恶化的形成机理，研究防治污染、改良水质、进行控制的方案及措施；⑤进行区域地下水位下降、地面沉降、盐渍化等发展变化规律的专门研究，研究调节控制其发展的治本措施和方案；⑥用数学模型研究地下水多年动态和水资源储量，提高水资源研究的水平；⑦研究地下水资源储量和地下水动态形成条件的变化，调节控制的方案及措施。

2.2.2 地下水动态监测网的布设

地下水的动态监测是在水井中进行的，这种水井叫监测井。监测井应尽量布设专用监测井，也可选用一般生产井。

在一口监测井中监测的地下水动态资料不足以研究某一区域内地下水运动的基本规律。因此，必须针对各种生产要求、自然条件等布设若干个监测井，构成地下水动态监测网，才能达到监测目的。

地下水动态监测网可以分为两种：基本监测网和专用监测网。基本监测网是为长期进行地下水动态监测而建成的井网，其监测工作不能间断；专用监测网是为某种专门目的而建成的井网，其监测任务完成后即可以撤销。

布设地下水动态监测网，就是要设计地下水动态监测点的布置形式和位置，确定动态监测的频率、监测次数及监测时间。

2.2.2.1 基本地下水动态监测网布设的一般原则

基本地下水动态监测网的布置形式和监测点的位置，主要决定于水文地质调查/地下水资源调查的主要任务。动态监测成果要满足水文地质条件的论证、地下水水量、水质评价及水资源科学管理方案制订等方面的要求。地下水动态监测的目的和任务不同，则地下水动态监测网布设的方案不同。

为阐明区域水文地质条件服务的地下水动态监测工作，其主要任务在于查明区域内地下水动态的成因类型和动态特征的变化规律。因此，监测点一般应布置成监测线形式。主要的监测线应穿过区域内各不同地质、水文地质单元和地下水不同动态成因类型的地段，沿着区域地质、地貌及水文地质条件变化最大的方向布置；副观测线根据具体情况均匀布设。对不同成因类型的动态区，不同含水层，地下水的补给、径流和排泄区，均应有动态监测点控制。此外，在考虑局部的影响因素时，可适当地增布观测点；当承压含水层复杂时，在多层集中开采地区，应适当布设一些监测不同含水层（组）的监测孔组，同时在每个含水层（组）主要分布区增补一些观测点，以控制该含水层（组）的水压变化。

为地下水水量、水质计算与资源管理服务的地下水动态监测工作，其主要任务是为建立计算模型、水文地质参数分区及参数选择提供所需动态资料。由于目前地下水数值模型已在地下水水量、水质评价与管理工作中得到广泛应用，因此，为满足建模需要，应将相应的动态监测点布置成网状形式，保证对计算区各分区参数的控制，以求能全面控制区内地下水流场及水质变化。对流场中的地下水分水岭、汇水槽谷、开采水位降落漏斗中心、计算区的边界、不同水文地质参数分区及已发生和可能发生有害的环境地质作用的地段，均应有动态监测点控制。

在各种典型地区，地下水动态监测网的布设可参考表2.1。

表2.1　　各类地区地下水动态监测网的布设原则

地区	监测网的布设原则
地台地区	（1）对于小流域，各水文地质单元上的监测线应沿地下水流向布置，且每条监测线上不少于3个监测孔，监测线的数量依构造复杂程度而增减； （2）对于大流域，基础监测线应布置在河流出口处从分水岭横穿河谷至另一分水岭，且还需补充一些控制各水文地质单元的单个监测孔
褶皱山区	（1）监测网应能控制全区基岩风化带的潜水； （2）应在河流阶地上、山间河谷及构造变动带中布设监测点； （3）应选择具有代表性的泉作为补充观测点
岩溶地区	（1）应垂直于主河道布置基础监测线，监测线最好延伸到地下水分水岭；监测点除井、孔外，还应包括一些揭露岩溶水的垂直溶洞； （2）应在流域中的不同地形部位上建立一些监测点； （3）应将具有代表性的大泉作为长期监测点
干旱地区的山前地带与河谷	（1）主监测线应在冲洪积扇顶部沿潜水流向布置； （2）监测网应布置在冲洪积扇中部，以求控制全区； （3）可将潜水排泄亚带的典型泉作为基本监测点； （4）可在潜水再潜入及蒸发亚带布设控制全区潜水和下伏承压水的监测网； （5）可在冲积层亚带沿垂直于主河道的监测线布置4～5个监测孔
冲积和冰水沉积平原	（1）应沿地下水流向和垂直地下水流向布置控制全区的监测网； （2）应在排灌区垂直于排灌沟渠布置监测线，并终止于排灌渠系影响带的边界

用于监测地下水位的地下水动态监测井网的监测井布设密度可参考表2.2。

表2.2　　水位基本监测井布设密度表　　单位：眼/$10^3 km^2$

基本类型区名称	开采强度分区			
	超采区	强开采区	中等开采区	弱开采区
山前倾斜平原区	10～14	8～12	6～10	2～6
冲洪积平原区	8～12	6～10	4～8	1～4
山间盆地（河谷）平原区	12～16	10～14	8～12	6～10
黄土台坡区（典型代表区）	10～12	8～10	6～8	4～6
沙漠平原区（典型代表区）	8～10	6～8	4～6	2～4
一般基岩山区（典型代表区）	16～20	12～16	8～12	4～8
黄土丘陵区（典型代表区）	14～16	12～14	8～12	4～8
岩溶山区（典型代表区）	20～25	15～20	10～15	6～10

需要注意的是，监测点位置确定后，一般不要轻易变动。这是因为地下水动态监测资料常常随着系列的延长而具有更大的使用价值。

2.2.2.2　专用地下水动态监测网布设的一般原则

专用地下水动态监测网是为专门目的而建立的，其布置原则如下。

(1) 地下水集中开采区：监测线应穿过开采区，平行和垂直地下水流向布置，以观测水位下降漏斗的发展和变化。

(2) 河渠地区：监测线应垂直河渠布置，以监测河水、渠水与地下水的补排状况。在开展河渠附近地下水动态的监测时，应同时布设河水位及流量的监测站。

(3) 基岩地区：应在主要构造富水带、岩溶大泉、地下暗河出口处、地下水与地表水相互转化处布设监测点。

(4) 兴建水利工程的地区：应沿可能渗漏地段从库岸至分水岭布置监测线，以监测测向邻谷的渗漏情况；应在坝址区布置监测线，以监测绕坝渗漏情况。

(5) 冲积扇上游或水文地质单元的补给边界以及排泄区的溢出带：监测线应沿地下水流向布置，以摸清补给/排泄状况及其变化规律。

(6) 人工回灌区：应设立监测孔组，以监测回灌效果、计算流量及回灌后的水质变化情况。

(7) 多含水层组地区：应在各含水层分别设立监测孔，且同一地区需布设分层监测孔组，以摸清各含水层之间的越流补给关系。此外，还应在弱透水层中布设若干孔隙压力测点，以研究上、下含水层间的水力关系。

(8) 附近有污染源的水源地：监测线应沿连接污染源和水源地的方向布置，且要贯穿水源地各个卫生防护带，以查明污染源对水源地地下水的影响。

(9) 附近有矿区的水源地：监测线应沿连接两个开采漏斗中心的方向上布置，以查明矿区排水对水源地的影响。

(10) 两个相邻的水源地：监测线应沿连接两个水源地开采漏斗中心的方向上布置，以查明两个水源地的相互影响；开采漏斗内应适当增加监测点密度。

(11) 咸水入侵地段：监测线应垂直咸水与淡水的分界面进行布置，以查明分界面的动态特征。

(12) 需要获得边界地下水动态资料时，应在边界有代表性的地段布设监测孔。

(13) 需要获得用于计算地下水径流量的水位动态资料时，应垂直和平行计算断面布置监测线。

(14) 需要获得用于计算地区降水入渗系数的水位动态资料时，应在有代表性的不同地段布置监测孔。

2.2.2.3　地下水动态监测点的类型

除了可以利用监测井进行地下水动态监测外，还可以利用钻孔对地下水动态进行监测。此类井（孔）通常有比较齐全的地层记录和水文地质资料，井孔结构清楚。除此之外，还应充分利用研究区内已有的地下水天然及人工水点，如泉水、岩溶地下暗河出口、落水洞、矿山坑道、地下工程排水点等。与地下水有关的地表水体、各种污染源或排污口，以及有害的环境地质作用点，亦可作为监测点。

2.2.2.4 地下水动态监测井的设置

(1) 监测井(孔)的结构。对于第四系潜水和承压水而言,监测井(孔)的结构见图2.1:上部为监测管(管口加保护帽),中部(观测含水层位)为滤水管,下部为沉淀管。

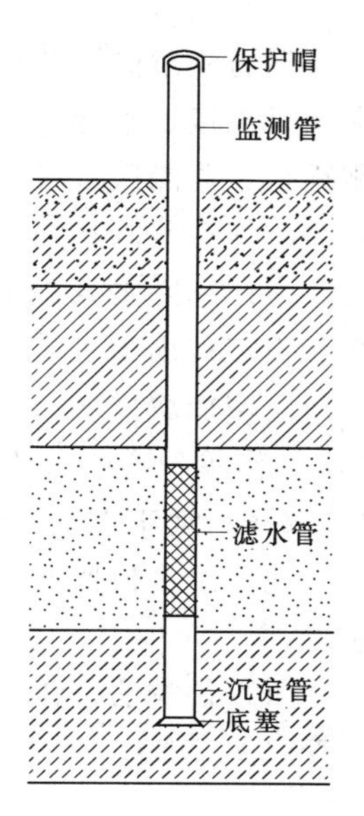

图2.1 监测井(孔)结构示意图

滤水管的长度,应符合下列规定:①当含水层厚度小于30m时,滤水管的长度可与含水层厚度一致;②当含水层厚度大于30m时,滤水管的长度可采用20~30m;当含水层的渗透性差时,滤水管的长度还可适当增加。

对于基岩地下水而言,可以直接将监测管固定在基岩面上,下部不再下管。

需要注意的是,监测井(孔)的管口应高出地面0.5~1m,且应在孔口设置保护装置,在孔口地面采取防渗措施;分层监测的监测孔应分层止水。

(2) 监测井(孔)的安装。安装监测井(孔)时应注意以下问题:①下管前要实测井深;②滤水管要对准监测的含水层部位;③监测井(孔)的管口应露出地面0.5~1m;④下管后要做好围填工作,地面要填平;⑤妥善做好管口保护,如用管口帽或孔盖等;⑥监测井(孔)口应设置固定水准点。

2.2.2.5 地下水动态监测频率、监测次数及监测时间的确定

科学规定地下水动态监测的监测频率、监测次数及监测时间,对于获得真实、完整的地下水动态资料十分重要。

对于不同的监测项目(水位、流量、水温、水化学成分),地下水动态监测的频率、监测次数及监测时间的具体要求虽有不同(表2.3),但其总的原则是一致的,即要求按规定的监测频率、监测次数和监测时间所获得的地下水动态资料,应能最逼真地反映出年内地下水动态的变化规律。

表2.3 不同地下水动态监测项目的监测频率、监测次数及监测时间

监测项目	监测频率、监测次数及监测时间
地下水位	(1) 一般季节每6天监测1次,丰水期可适当增加监测次数; (2) 新建监测网地区,地下水动态变化又比较大时,可每3天监测1次,待连续监测2~3个水文年后,经分析对比,可缩减监测次数; (3) 对特殊监测目的及特殊监测地段,要按具体特点加密监测次数,如近河地带在必要时可每天监测1~2次; (4) 根据需要和条件,可选择部分有意义的监测井(孔)安装自记水位计,连续记录水位变化的全过程; (5) 在较大区域进行地下水动态监测,各监测井(孔)观测日期应尽量统一,便于资料对比使用
涌水量	(1) 在丰、枯水期各做1次典型孔的抽水试验,测定涌水量; (2) 对生产井,每月监测1~3次; (3) 泉、自流井,一般每月监测3次,在雨季涌水量变化较大时,可加密测次
地下水温	(1) 建点初期,在监测地下水位的同时监测地下水温; (2) 建点2~3年后,经分析对比,可缩减监测次数和监测地下水温点数
地下水化学成分	(1) 一般在丰、枯水期各采样分析1次; (2) 监测地下水污染时,可丰、枯水期各采样分析2~3次

但需注意的是，通常为了能从动态变化规律中分析出不同动态要素（即监测项目，如水位、流量、水温、水化学成分）间的相互关系，往往对各种动态要素进行同步监测（监测频率、监测次数可以不同，但 1 年中至少要有几次监测时间是相同的）。

此外，监测目的不同时，地下水动态监测的监测频率、监测次数和监测时间也不相同：为计算降水入渗系数进行的地下水动态监测，所需的水位监测时间应根据计算的具体要求确定；用于水质分析和细菌检验的水样，应在丰水期和枯水期各取 1 次，若在污染地区则应增加取样次数；为查明咸水与淡水分界面而进行的地下水动态监测，应每月取水样 1 次，作单项离子分析。

2.2.2.6 地下水水位监测方法

地下水水位监测的方法通常有四类：钟响法、浮标式水尺读数法、水位计法、水位仪法。

（1）钟响法。该方法所采用的仪器设备为：测绳＋测钟（图 2.2）、水笛、钟式水温计管（图 2.3）。

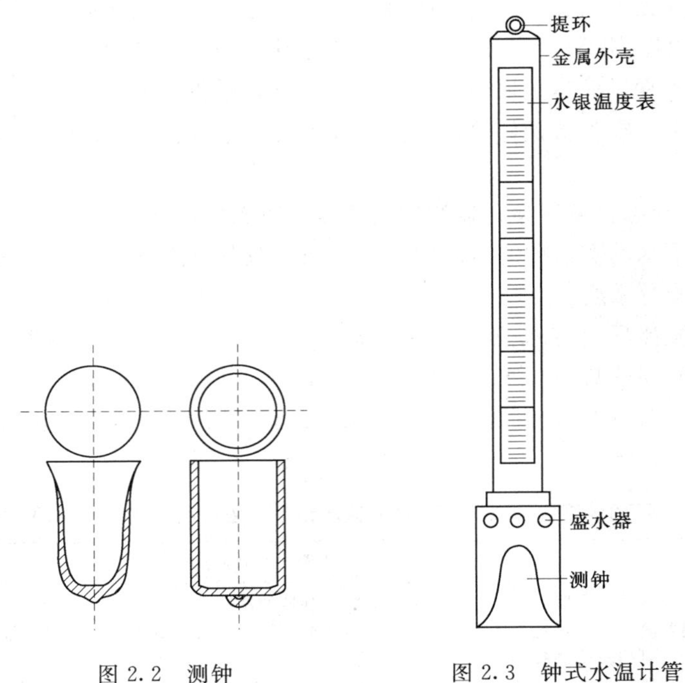

图 2.2 测钟　　图 2.3 钟式水温计管

监测方法：将带有尺寸标记的测绳系上测钟、水笛、钟式水温计管，下入井（孔）内，当测钟、水笛、钟式水温计管与水面接触时发出清脆的响声时，直接观测测绳长度，此即地下水位埋深。

该方法通常适用于孔径大于 25mm、地下水位埋深小于 20m 的井（孔）。但当开泵抽水的生产井机械干扰声大或地下水位埋深太大时，常因听不清响声而影响其使用。

该方法操作简单方便，精确度为 1～2cm。

（2）浮标式水尺读数法。该方法所采用的仪器设备为：浮标、带指针平衡锤、滑轮、井口标尺、支架（图 2.4）。

监测方法：在井口安装支架（架高超过水位变幅），支架上的滑轮连动井内浮标；当水位发生变化时，浮标变动，平衡锤也随之变化调整平衡，此时直接观测平衡锤上指针读数即可。

该方法通常适用于地下水水位变幅较小（如小于 2m）的井（孔），而不适于在水位变幅大的井（孔）中使用。

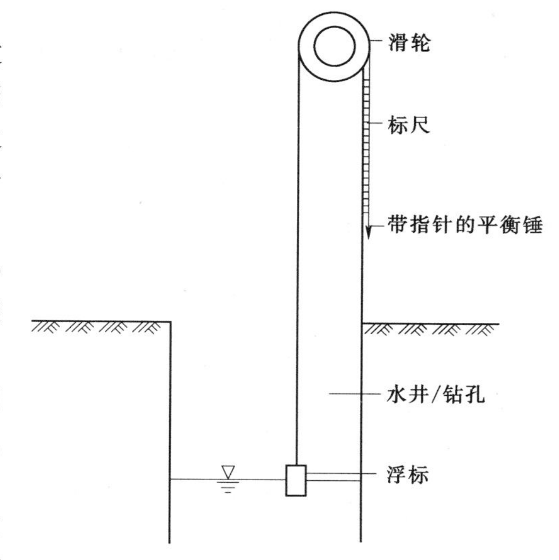

图 2.4　浮标式水尺

（3）水位计法。常用的水位计有：音响式水位计、浮标式水位计、灯显式水位计、电测水位计和简易充气水位计。

1）音响式水位计。音响式水位计由音频振荡器和井下探头组成，电源为 6F22 的 9V 小型积层电池。其工作电路如图 2.5 所示。

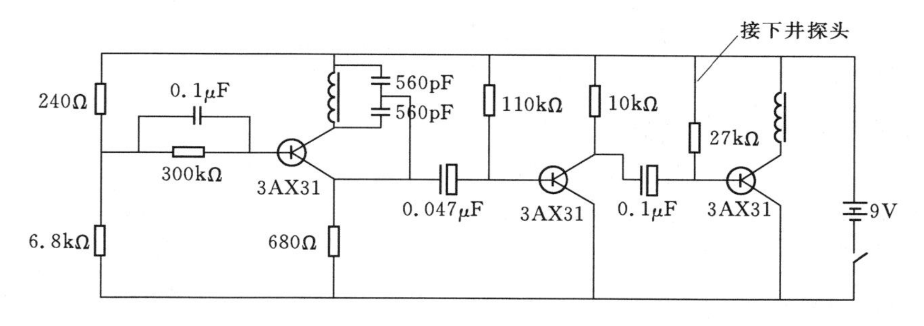

图 2.5　音响式水位计线路图

监测方法：接通电源，出现微弱的“嗡嗡”声，则表明仪器正常。此时，将探头伸入井（孔）内，当探头接触地下水面时，即发出响亮的声音，此刻测得下入井（孔）内的导线长度，即地下水位埋深。

该方法通常适用于孔径较小的观测孔和农机井、生产井。但当井管漏水时容易造成误测。

2）浮标式水位计。浮标式水位计由浮标、导线、电池、灯泡等组成（图 2.6）。

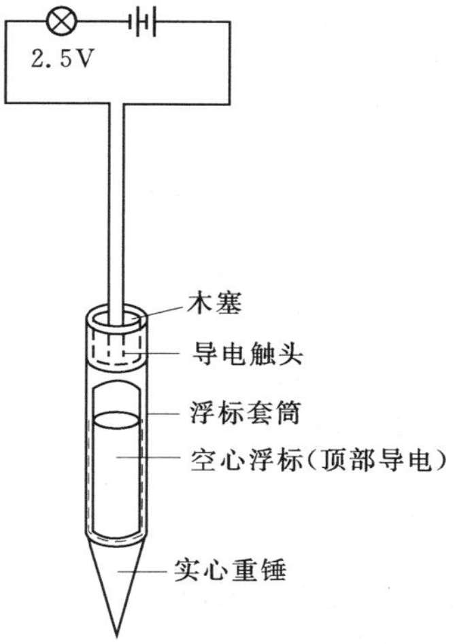

2.5V
木塞
导电触头
浮标套筒
空心浮标(顶部导电)
实心重锤

图 2.6　浮标式水位计

监测方法：将导线下入井（孔）内，当水的浮力将浮标托起时，电路连通，灯泡发光，此时观测下入井（孔）内的导线长度，即地下水位埋深。

该方法制作简单，成本低廉，使用方便，且导线触头罩于筒内，水滴进不去，因此不会造成漏电而误测。通常适用于孔径较大的观测孔和农机井，但安装立式泵的深井无法使用该方法。

3）灯显式水位计。灯显式水位计由半导体水位计（图2.7）、氖管式水位计（图2.8）、井下导线、电极、重锤等组成。

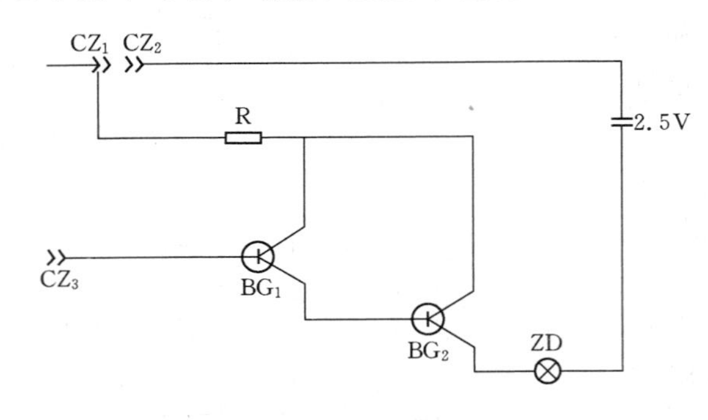

图2.7　半导体水位计线路图

BG_1、BG_2—具有一定直流放大倍数的晶体管；
ZD—小灯泡；CZ_1，CZ_2，CZ_3—两极插座

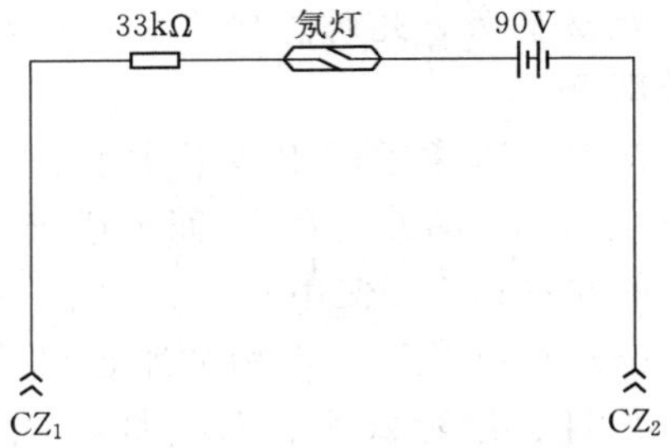

图2.8　氖管式水位计线路图

监测方法：测量时可将单极下入井（孔）内，另一极插入孔旁湿地上；亦可双极下入井（孔）内。当电极遇到水面后，电路连通，灯泡发光，此时读取导线长度，即为地下水位埋深。

该方法通常适用于孔径较小的观测孔和农机井、生产井。但由于半导体水位计灵敏度较高，当井壁滴水或过潮湿时，易造成漏电误测。因此，常将下入孔内的电极的下端用高压绝缘胶布缠紧。此外，测量时两极间等效电阻不能太大（在十几千欧姆以内），否则指示灯可能不会亮。

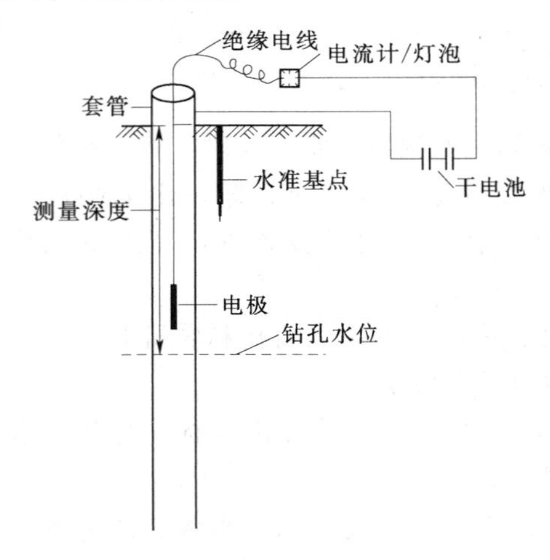

图2.9　电测水位计

4）电测水位计。电测水位计由电极、测线、电流计或灯泡、干电池等组成（图2.9）。

监测方法：将电极下入井（孔）内，当电极接触到地下水面时，灯泡发亮，此时读取导线长度，即为地下水位埋深。

该方法通常适用于大、小口径的管井，地下水位埋深超过80～100m时亦能应用，其精确度可达1cm。

5）简易充气水位计。简易充气水位计由蓄气罐、充气皮囊、胶皮管、玻璃管、阀门、刻度尺等组成（图2.10）。

该方法适用于施测观测孔水位的条件下，且观测孔水位下降不大于1.5m，可在地面安装的刻度尺上直接测读不同时刻相当于观测孔内的水位下降值。

（4）水位仪法。常用的水位仪有：仪表式水位仪、无感应水位仪、SKS-01型半自动测井仪和自记水位仪。

1）仪表式水位仪。仪表式水位仪由万能表/毫安表、井下电极、导线、重锤等组成。

监测方法：单线或双线下井均可，使用单线下井时，另一线接金属井管（地线）。井下电极遇水后，仪表指针摆动，读取导线长，即为测得的地下水位埋深。

该方法通常适用于孔径较小的观测孔和农机井、生产井，但井管漏水时易造成误测，且单线下井灵敏度差。

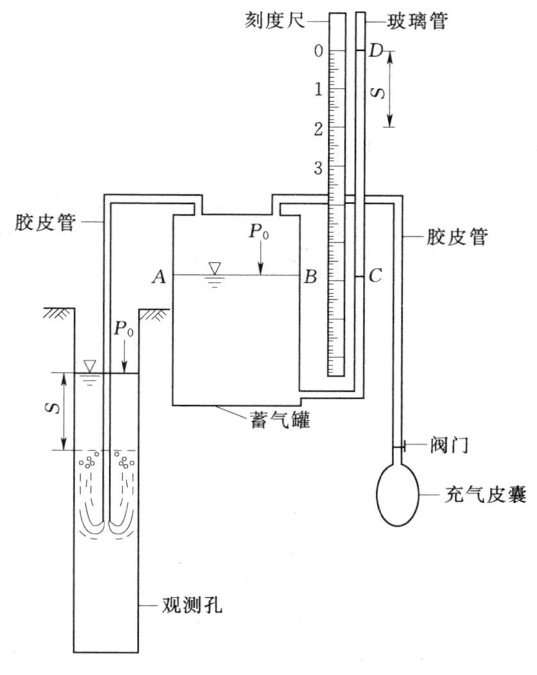

图 2.10　简易充气水位计

2）无感应水位仪。无感应水位仪由井下电极、导线、信号灯、晶体管元件等构成（图 2.11）。

监测方法：将电极下入井（孔）内，当其接触水面时，信号灯 K_1 灭，信号灯 K_2 亮，同时电表指示已到水位，此即地下水位埋深。

该方法通常适用于抽水过程中井壁流水和漏水深孔（尤其是基岩深孔）的准确测定水位。

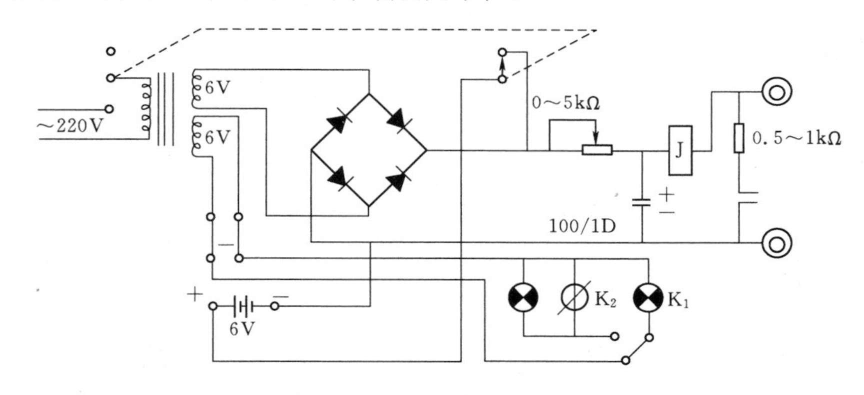

图 2.11　无感应水位仪线路图

3）SKS－01 型半自动测井仪。SKS－01 型半自动测井仪由冶金部沈阳勘探公司三〇二队研制，分为两部分：自动读数部分和信号部分（图 2.12）。其中，自动读数部分由计数轮与计数表组成，信号部分由晶体管、指示灯和电极组成。

监测方法：将接地线接地或接井口（金属），调整计数表零点；然后将导线下入井（孔）内，至水面后，指示灯亮，此时读取的数据即为地下水位埋深。

该方法使用方便，通常适用于各种钻孔和生产井，可直接读取地下水位埋深，且能消除导线伸长误差，不必经常校准导线长度标记。

4）自记水位仪。自记水位仪通常由时钟、水位传动部分和井中浮动装置构成。

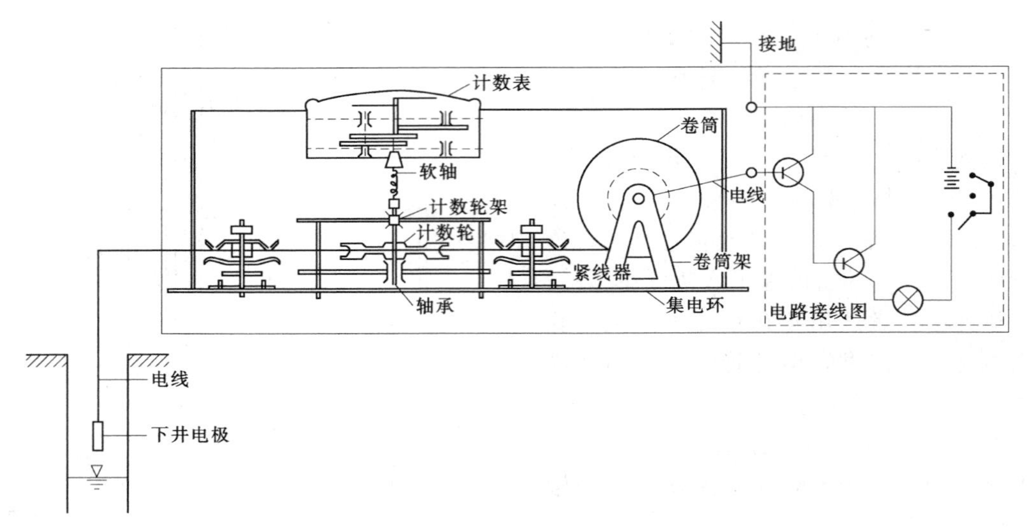

图 2.12　SKS－01 型自动测井仪结构及线路图

该方法可连续自动记录地下水的水位动态变化，通常适用于连续且频繁变化的井（孔）水位观测，或多孔抽水时，观测孔水位的观测。

5）SW－1 型水温、水位仪。SW－1 型水温、水位仪电路原理如图 2.13 所示。

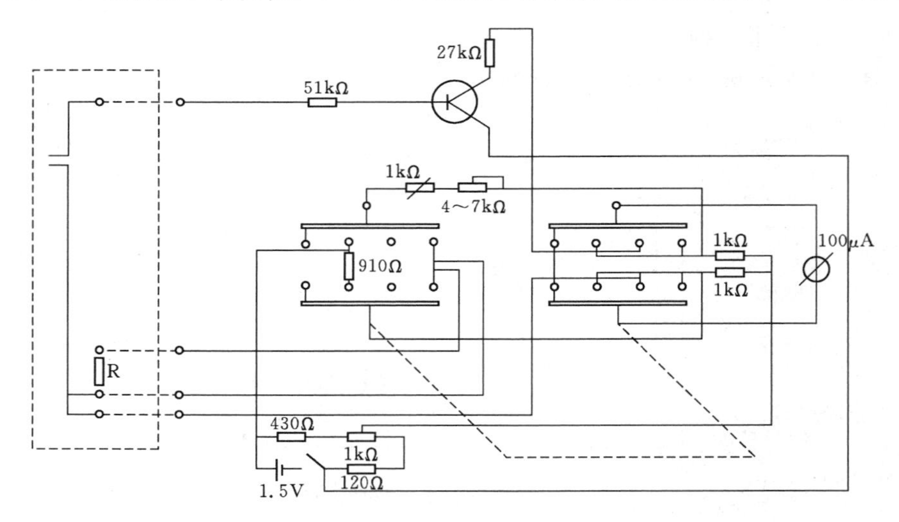

图 2.13　SW－1 型水温、水位仪电路原理图

SW－1 型水温、水位仪主要测水温，附带测水位。该方法可连续测量井（孔）中的水位、水温，但下井探头随仪器配套使用，不能任意更换。

2.3　地下水位动态图件制作

地下水动态监测资料，要经过系统的整理和分析，以便提供生产使用。一般要求每个水文年系统分析一次地下水动态的年内变化规律，每 5 年或 10 年系统分析一次地下水动态的年际变化规律。这种变化规律包括地下水动态监测要素随时间的变化过程、变化形态及变化幅度、变化周期、变化趋势。通过对不同地下水动态要素的动态特征进行对比，可分析确定它们之间的相关关系。

汇整大量原始资料的通用形式有：编制地下水动态监测资料统计表，绘制年、多年动态曲线，绘制区域地下水流场图等。

2.3.1　地下水动态监测资料统计表的编制

地下水动态监测资料统计表分为月报表、年报表和多年报表。

月报表通常包括地下水动态监测记录及其月统计结果；年报表通常包括地下水动态监测记录及其月、年统计结果；多年报表通常包括地下水动态监测记录及其月、年、多年统计结果。

2.3.2　多年动态曲线及综合曲线的绘制

用图像反映地下水水位动态变化，可以采用单井地下水水位动态变化曲线图、潜水等水位线图与承压水等水压线图、流网图等。

2.3.2.1　单井地下水水位动态变化曲线

单井地下水水位动态变化曲线包括年内地下水水位动态变化曲线和年际地下水水位动态变化曲线。

根据单井年内地下水水位动态变化曲线，可以观察井（孔）地下水水位随时间的变化过程、变化形态及变幅大小等，进而分析地下水赋存的水文地质条件；综合考虑各种影响因素（水文、气象、开采或人工补给地下水等）的作用，可以确定区内地下水的成因类型（表2.4），为认识区域地下水水质、水量的形成条件及有害环境地质作用的产生和发展原因等，提供动态上的佐证。

表2.4　地下水动态成因基本类型及其主要特征

地下水动态成因类型	主要特征	典型图例
气候型（降水入渗型）	（1）广泛分布于含水层埋藏深、包气带岩石渗透性较好的地区。 （2）地下水水位及其他动态要素，均随着降水量的变化而变化，水位峰值与降水峰值一致或稍有滞后；年内水位变幅较大	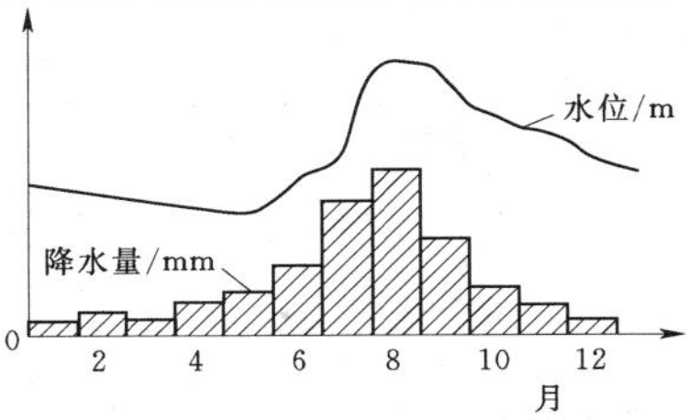
蒸发型	（1）主要分布于干旱、半干旱地区地形切割微弱的平原或盆地。 （2）地下水水位埋深较浅（小于3～4cm），地下径流滞缓，以蒸发排泄为主。 （3）地下水在雨季接受入渗补给，水位普遍以不大的幅度（通常为1～3m）抬升，水质相应淡化；随着埋深变浅，旱季气温升高、蒸发排泄加强，水位逐渐下降，水质逐步盐化，降到一定埋深后，蒸发微弱，水位趋于稳定。 （4）地下水水位的变化比较平缓，年变幅不大（一般小于2～3m），各处变幅接近；水质季节变化明显，长期中地下水不断向盐化方向发展，并使土壤盐渍化	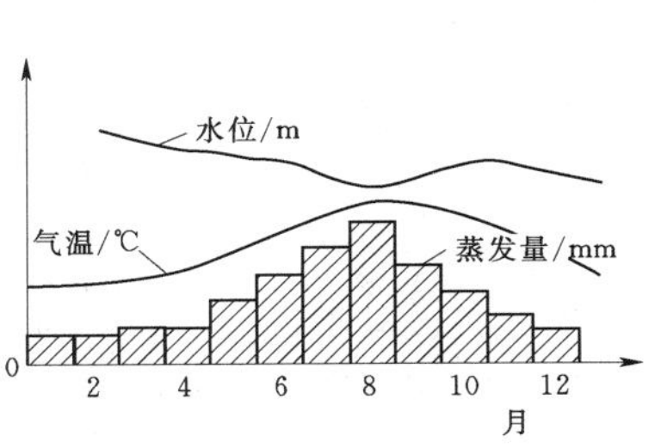

续表

地下水动态成因类型	主要特征	典型图例
人工开采型（开采型）	（1）主要分布于强烈开采地下水的地区。 （2）地下水水位明显随着地下水开采量的变化而变化；在降水的高峰季节，地下水水位上升不明显或有所下降，当开采量大于地下水的年补给量时，地下水水位逐年下降	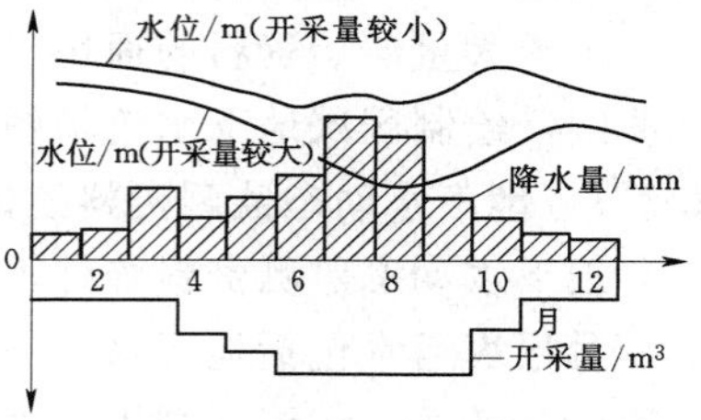
径流型	（1）主要分布于地形高差大、水位埋藏深、蒸发排泄可以忽略、以径流排泄为主的山区及山前，地下水径流条件较好、补给面积辽阔、地下水埋藏较深或含水层上部有隔水层覆盖的地区。 （2）对于潜水而言，地下水在雨季接受入渗补给后，各处水位抬升幅度不等：接近排泄区的低地，水位上升幅度小；远离排泄点的高处，水位上升幅度大；因此，水力梯度增大，径流排泄加强。补给停止后，径流排泄使各处水位逐渐趋平。 （3）地下水水位变化平缓，潜水年变幅大而不均（由分水岭到排泄区，年水位变幅由大到小）；承压水年变幅小，水位峰值多滞后于降水峰值。水质季节变化不明显，长期中则不断趋于淡化	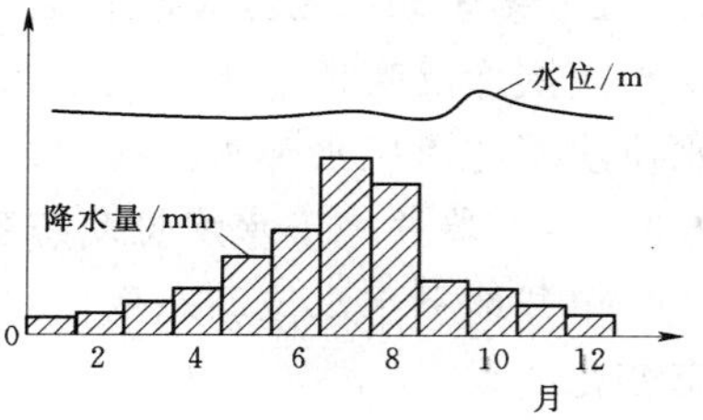
弱径流型	（1）主要分布于地形切割微弱、潜水埋藏深度小、气候湿润、蒸发排泄有限的平原与盆地。 （2）地下水以径流排泄为主，但径流微弱。 （3）地下水年水位变幅小，各处变幅接近；水质季节变化不明显，长期中向淡化方向发展	
水文型（沿岸型）	可分为两个亚类：①常年补给型；②季节补给型。 主要分布在河、渠、水库等地表水体的沿岸或河谷中，地表水与地下水有直接的水力联系。地表水位高于地下水位。 地下水水位随地表水水位升高、流量增大、过流时间延长而上升，水位峰值和起伏程度随远离地表水体而逐渐减弱	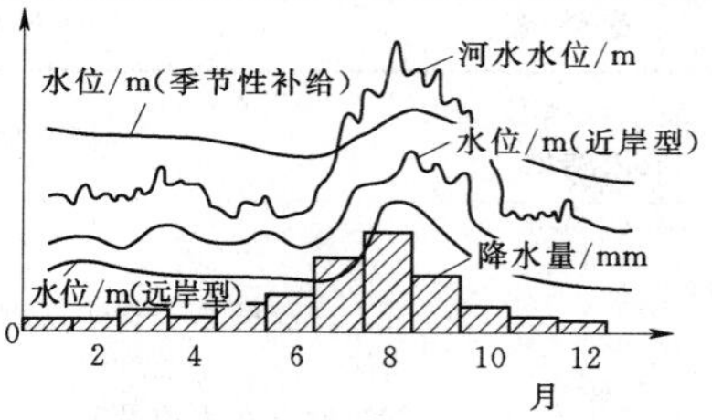
灌溉型（灌水入渗型）	（1）主要分布于引入外来水源的灌区，包气带土层有一定的渗透性，地下水埋藏深度不十分大。 （2）地下水水位明显地随着灌溉期的到来而上升，年内高水位期常延续较长	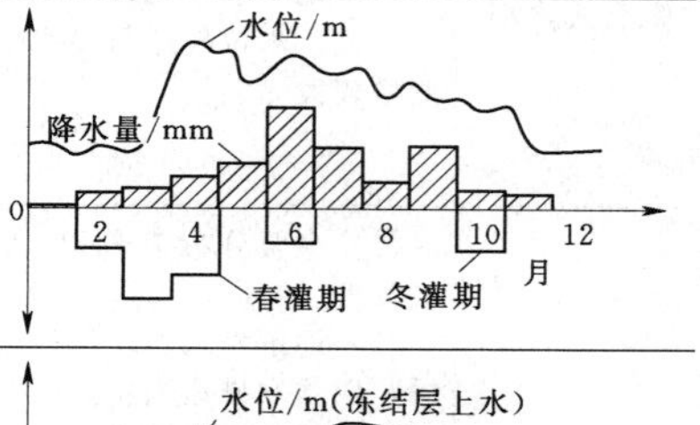
冻结型	分布于有多年冻土层的高纬度地区或高寒山区。①冻结层下水：年内地下水水位变化平缓，变幅不大；峰值稍滞后于降水峰值，或水位峰值不明显；②冻结层上水：地下水水位起伏明显，呈现与融冻期和雨期对应的两个峰值	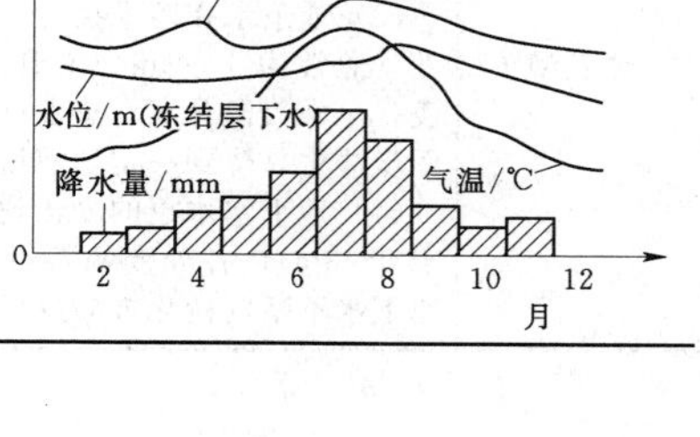

续表

地下水动态成因类型	主　要　特　征	典　型　图　例
越流型	分布在垂直方向上含水层与弱透水层相间的地区。一般在开采条件下越流性质才能表现明显。 当开采含水层水位低于相邻含水层时，相邻含水层（非开采层）的地下水将越流补给开采含水层，水位动态亦随开采层变化，但变幅较小，变化平缓	水位/m(未开采的浅层水)(越流型) 水位/m(深层水)(开采层) 开采量/m^3 降水量/mm 0　2　4　6　8　10　12 月

注　由表中所述类型还可组成多种混合成因类型。

根据单井年际地下水水位动态变化曲线，可以观察地下水水位动态变化的周期性和趋势性，通过与不同监测项目动态特征的对比，还可以确定它们之间的相关关系。

2.3.2.2　潜水等水位线图与承压水等水压线图

潜水等水位线图与承压水等水压线图可以从平面上反映一个区域潜水或承压水的补、径、排条件。

（1）潜水等水位线图。埋藏于地表以下第一个连续稳定的隔水层（弱透水层）以上、具有自由水面的重力水称为潜水。潜水的表面为自由水面（潜水的自由水面不承受大气压强以外的任何附加压强）。潜水面上任一点的高程称为该点的潜水位。将潜水位相等的各点连线，即得潜水等水位线图（图 2.14）。

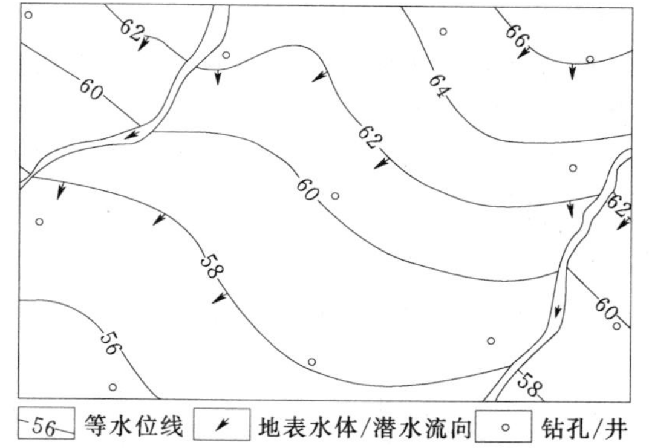

图 2.14　潜水等水位线图

绘制潜水等水位线图所需的潜水水位资料是在大致相同的时间，通过测定泉、井和按需要布置的钻孔、试坑等的潜水面标高来获得的。

一般情况下，潜水面以上无稳定的隔水层，潜水通过包气带与地表相通，因此，潜水与大气圈及地表水圈联系密切，气象、水文因素的变动，对它的影响非常显著，其动态具有明显的季节变化特点。因此，潜水等水位线图上应该注明测定水位的时间。通过不同时期等水位线图的对比，有助于了解潜水的动态。一般在一个地区应该绘制丰水期和枯水期两张等水位线图。

通过潜水等水位线图，可以分析如下水文地质问题。

1）潜水面的坡度。潜水等水位线图中相邻两条等水位线的水位差除以其水平距离即为潜水面的坡度。当潜水面的坡度不大时，可将其视为潜水水力梯度。潜水等水位线的疏密可以反映水力梯度的大小：等水位线密代表水力梯度大；等水位线疏代表水力梯度小。潜水面的坡度有时也能反映潜水含水层厚度与渗透性的变化。

2）潜水的流向。潜水是沿着潜水面坡度最大的方向流动的。因此，垂直于潜水等水位线由高到低即为潜水流向（图 2.14 中箭头所指的方向）。严格地说，这是潜水流向的水平投影。

3）潜水的埋藏深度。利用同一地方的潜水等水位线图与地形图可以求取各处的潜水埋藏深度。具体方法为：将地形等高线和潜水等水位线绘制于同一张图上，则在地形等高线与潜水等水位线相交之点，两者高程之差即为该点潜水的埋藏深度。若所求地点的位置不在地形等高线与潜水等水位线的交点处，则可以采用内插法求出该点的地面高程和潜水位，进而求出该点潜水的埋藏深度。

4）潜水含水层的厚度。利用同一地方的潜水等水位线图与潜水含水层底板等值线图可以求取各处的潜水含水层厚度。具体方法为：将含水层地底板等值线和潜水等水位线绘制于同一张图上，则在底板等值线与潜水等水位线相交之点，两者高程之差即为该点潜水含水层的厚度。若所求地点的位置不在含水层底板等值线与潜水等水位线的交点处，则可以采用内插法求出该点的底板高程和潜水位，进而求出该点潜水含水层的厚度。

5）地下水的径流强度。如果潜水等水位线图中相邻两条流线之间通过的流量相等，则流线的疏密可以反映地下水的径流强度：流线密代表地下水径流强；流线疏代表地下水径流弱。

6）潜水与地表水体的关系。若研究区有地表水体穿过，则常用潜水等水位线图来确定潜水与地表水体之间的关系。若潜水等水位线横贯地表水体［图 2.15（a)］，则潜水与地表水体之间无相互交替；若潜水等水位线向地表水体上游方向呈凸状弯曲［图 2.15（b)］，则潜水补给地表水体；若潜水等水位线向地表水体下游方向呈弓状弯曲［图 2.15（c)］，则地表水体补给潜水；若地表水体一侧潜水等水位线向上游方向呈凸状弯曲，另一侧潜水等水位线向河流下游方向作弓状弯曲［图 2.15（d)］，则一侧为潜水补给地表水体，另一侧为地表水体补给潜水。

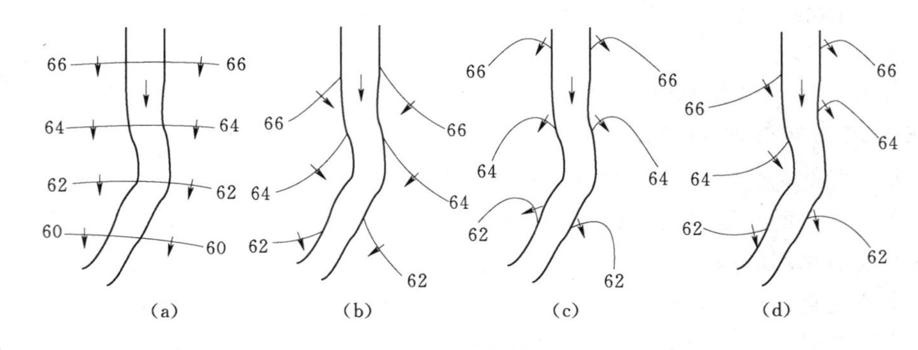

图 2.15　潜水与地表水体的关系示意图

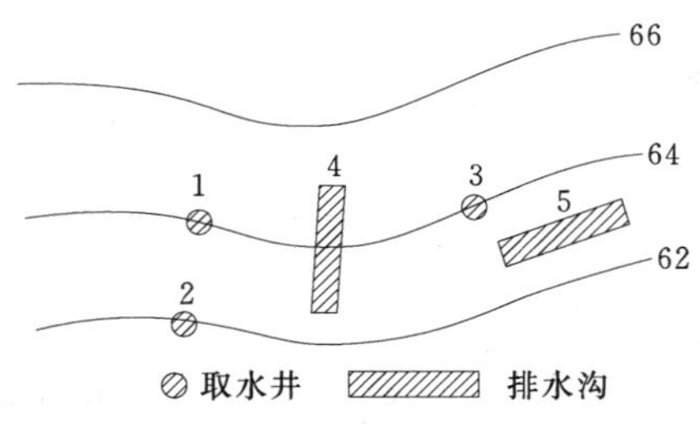

图 2.16　取水井与排水沟布设示意图

7）布置取水井和排水沟。为了最大限度地使潜水流入取水井和排水沟，一般应沿等水位线布设取水井和排水沟（图 2.16）。由图 2.16 可以看出，将取水井布设为 1、3 或 2、3 是合理的，而布设为 1、2 是不合理的；将排水沟布设为 5 是合理的，而布设为 4 是不合理的。

8）布置水质采样点。通常，可沿着潜水流向，分别在补给区、径流区和排泄区布设水质采样点，用以分析地下水径流途径上水质的变化情况；在有地表水体分布的地区，通常垂直于地表水体布设水质采样点，并同时采取地表水样，用以分析地表水与地下水之间的补、排关系。

此外，还可以根据潜水等水位线图判断沼泽、泉的出露与潜水面的关系。

(2) 承压水等水压线图。充满于两个稳定隔水层（弱透水层）之间的含水层中的地下水称为承压水。由于来自出露区地下水的静水压力作用，承压区含水层不但充满水，而且含水层顶面的水承受大气压强以外的附加压强。因此，承压性是承压水的一个重要特征。当钻孔揭穿承压含水层的隔水顶板时，钻孔中的地下水在静水压力作用下将上升到含水层顶部以上一定高度才静止下来。钻孔中地下水的静止水位称为该点的测压水位。测压水位到含水层隔水顶板之间的距离称为承压高度，这就是作用于隔水顶板的以水柱高度表示的附加压强。

将承压含水层测压水位相等的各点连线，即得承压水等水压线图（等测压水位线图）（图 2.17）。

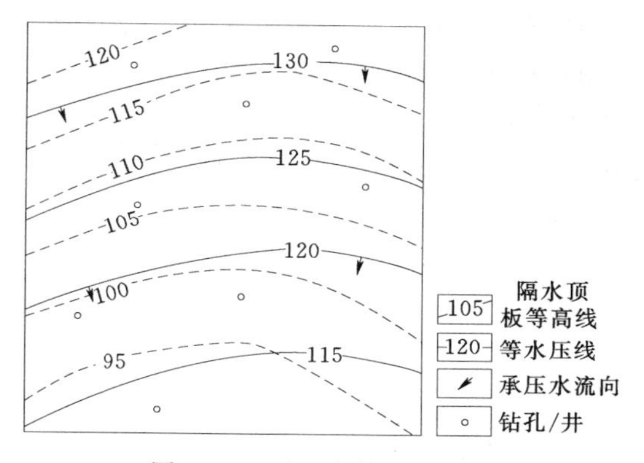

图 2.17 承压水等水压线图

绘制承压水等水压线图所需的承压水测压水位资料是在大致相同的时间，通过测定泉、井和按需要布置的钻孔的水位标高来获得的。

承压水在很大程度上和潜水一样，主要来源于现代大气降水与地表水的入渗。但由于隔水顶板的存在，承压水参与水循环不如潜水积极。因此，气象、水文因素的变化对承压水的影响不显著，承压水动态比较稳定。通常，承压水等水压线图上应该注明测定水位的时间。通过不同时期等水压线图的对比，有助于了解承压水的动态。一般在一个地区应该绘制丰水期和枯水期两张等水压线图。

通过承压水等水压线图，可以分析如下水文地质问题。

1) 水压面的坡度。承压水的水压面实际并不存在，是一个虚构的面。将承压水等水压线图中相邻两条等水压线的水位差除以其水平距离即为水压面的坡度。承压水等水压线的疏密可以反映水压面坡度的大小：等水压线密代表水压面坡度大；等水压线疏代表水压面坡度小。

2) 承压水的流向。承压水是沿着水压面坡度最大的方向流动的。因此，垂直于承压水等水压线由高到低即为承压水流向（图 2.17 中箭头所指的方向）。

3) 承压水的承压高度。利用同一地方的承压水等水压线图与承压含水层隔水顶板等高线图可以求取承压水各处的承压高度。具体方法为：将隔水顶板等高线和承压水等水压线绘制于同一张图上，则在隔水顶板等高线与承压水等水压线相交之点，两者高程之差即为该点承压水的承压高度。若所求地点的位置不在隔水顶板等高线与承压水等水压线的交点处，则可以采用内插法求出该点的隔水顶板高程和承压水位，进而求出该点承压水的承压高度。

4）地下水的径流强度。如果承压水等水压线图中相邻两条流线之间通过的流量相等，则流线的疏密可以反映地下水的径流强度：流线密代表地下水径流强；流线疏代表地下水径流弱。

此外，根据承压水等水压线图还可以选择适宜的地下水开采地段。

2.3.2.3　流网

在渗流场的某一典型剖面或切面上，由一系列等水头线与流线相交组成的网格称为流网。对于各向同性介质而言，流网为正交网格。

流线是渗流场内处处与渗流速度矢量相切的曲线。它是渗流场中某一瞬时的一条线。

（1）流网的性质。通常，流网具有如下性质。

1）在各向同性介质中，地下水沿着水头变化最大的方向，即垂直于等水头线的方向流动，因此，流线与等水头线处处垂直，流网为正交网格。

2）在各向同性介质中，流网中每一网格的边长之比为常数。

3）在层状非均质介质（介质场内各岩层内部渗透性均为均质各向同性的，但不同层介质的渗透性不同）中，若各层厚度相等且地下水平行于层面流动时，各层内部等水头线分布间隔一致，流线密度与含水层渗透系数一致：渗透系数大，则流线密；渗透系数小，则流线疏（图 2.18）。

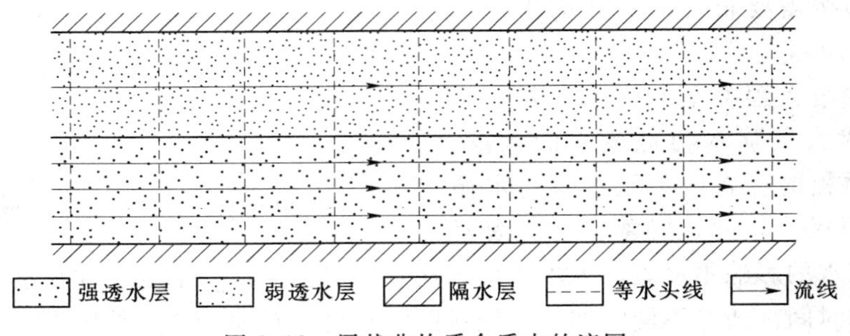

图 2.18　层状非均质介质中的流网

4）在层状非均质介质中，若各层厚度相等且地下水垂直于层面流动时，各层内部流线分布间隔一致，等水头线密度与含水层渗透系数相反：渗透系数大，则等水头线密；渗透系数小，则等水头线疏（图 2.19）。

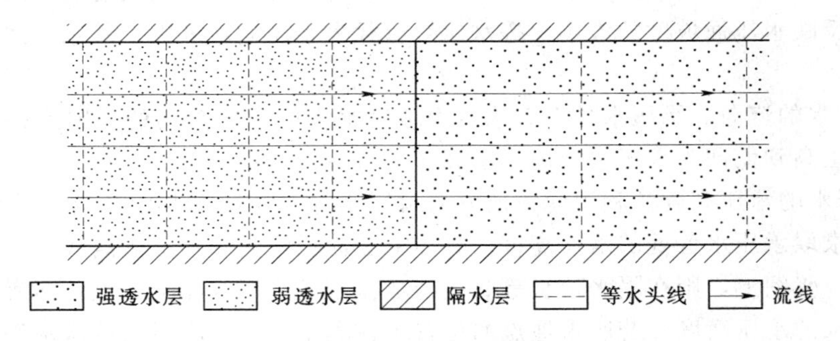

图 2.19　层状非均质介质中的流网

5）在层状非均质介质中，若各层厚度相等且地下水既不平行于层面流动，也不垂直于层面流动时，地下水流线在通过具有不同渗透系数的两层边界时，会像光线通过一种介质进入另一种介质一样，发生折射（图 2.20），且服从以下规律：

$$\frac{K_1}{K_2}=\frac{\tan\theta_1}{\tan\theta_2}$$

式中　θ_1——流线在渗透系数为 K_1 的含水层中与层界法线间的夹角；

θ_2——流线在渗透系数为 K_2 的含水层中与层界法线间的夹角。

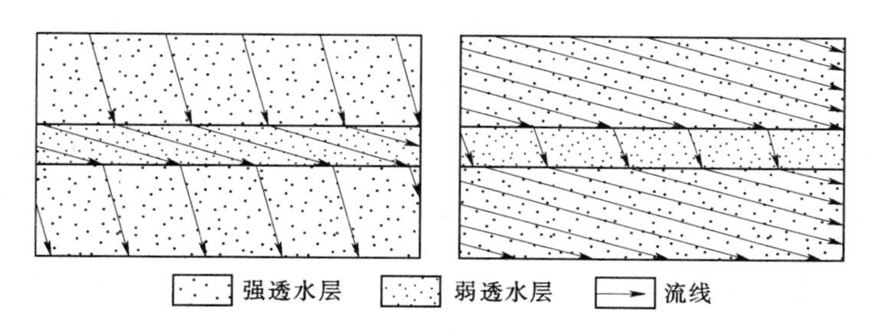

图 2.20　流线在不同渗透岩层中的折射

6）在各向异性介质中，流线与等水头线一般不呈正交关系（图 2.21）。只有当等水头线与各向异性主方向一致时，流线才与等水头线正交。

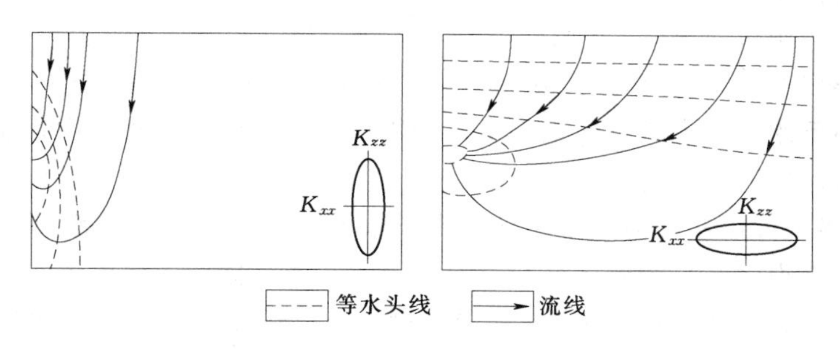

图 2.21　均质各向异性和介质中的流网

7）若流网中各相邻流线的流函数差值相同，且每个网格的水头差值相等时，通过每个网格的流量相等。

8）若两个透水性不同的介质相邻时，一个介质中的流网为曲边正方形，则地下水越过界面进入另一个介质时流网变成曲边矩形（图 2.22）。

9）当含水层中存在强渗透性透镜体时，流线将向其汇聚［图 2.23（a)］；存在弱渗透性透镜体时，流线将绕流［图 2.23（b)］。

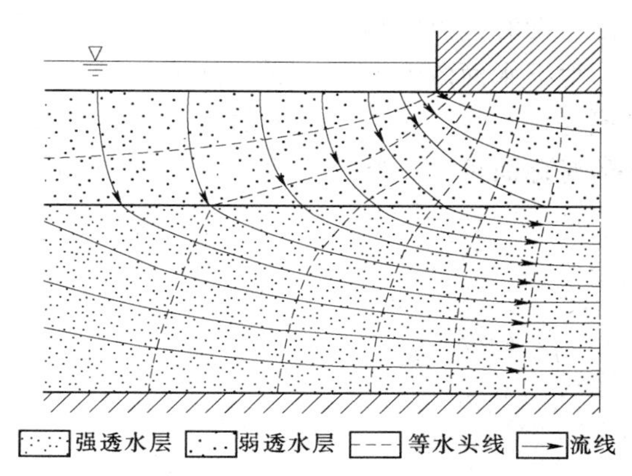

图 2.22　双层地基中的流网图

10）隔水断层两侧的流网，存在水头差（图 2.24）。

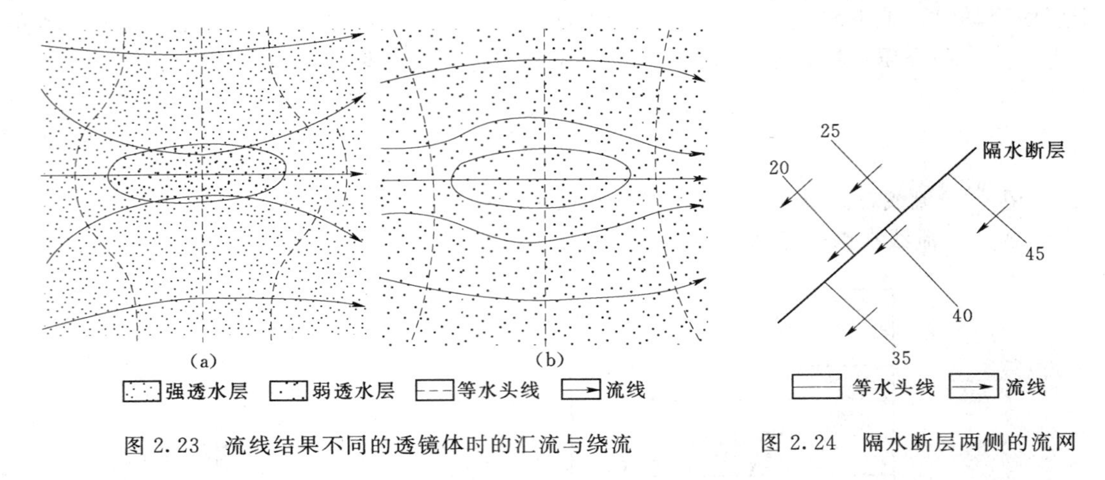

图 2.23 流线结果不同的透镜体时的汇流与绕流　　图 2.24 隔水断层两侧的流网

11）在同一渗流区内，除奇点（渗流速度为零或无穷大的点）外，流线与等水头线各自不能相交。

(2) 流网的绘制。绘制流网通常有三种方法：解析法、模型试验法和徒手绘制法。解析法和模型试验法可以精确绘制出定量流网，但是要充分掌握有关边界条件及参数等资料；当实测资料很少时，可采用徒手绘制法绘制定性流网。

徒手绘制法绘制流网可分为三步。

1）确定边界条件。边界包括定水头边界、隔水边界及地下水面边界。水力坡度很小或不流动、与地下水有水力联系的地表水体的断面一般可看作等水头面；流线上无水流通过，是“零通量”边界，可看作隔水边界。

2）根据边界条件绘制容易确定的等水头线或流线。地表水体（水力坡度很小或不流动，与地下水有水力联系）的断面一般可看作等水头面，因此通常将河渠的湿周作为一条等水头线［图 2.25 (a)］。隔水边界无水流通过，而流线亦可看作隔水边界，因此可以平行于隔水边界绘制流线［图 2.25 (b)］。地下水无入渗补给及蒸发排泄、有侧向补给、作稳定流动时，可将地下水面作为一条流线［图 2.25 (c)］；地下水有入渗补给或蒸发排泄时，地下水面既不不是流线，也不是等水头线［图 2.25 (d)］。一些对称面也可以视为流线或等水头线：对称条件下的对称面可视为流线［图 2.26 (a)］；几何对称但边界条件不同的对称面可视为等水头线［图 2.26 (b)］。

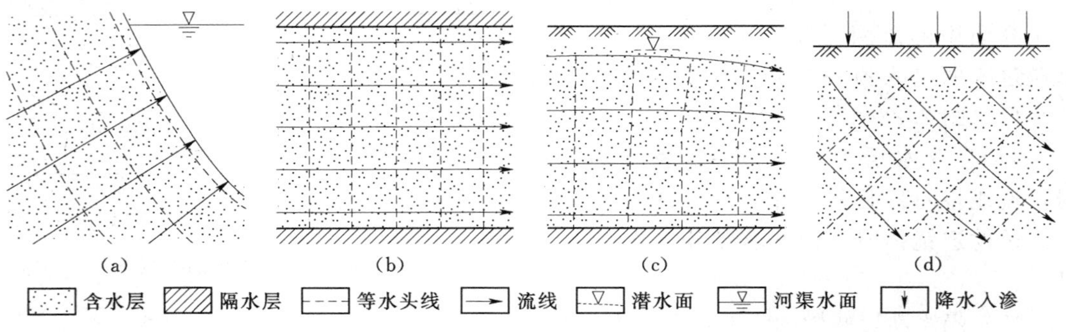

图 2.25 等水头线、流线和各类边界的关系

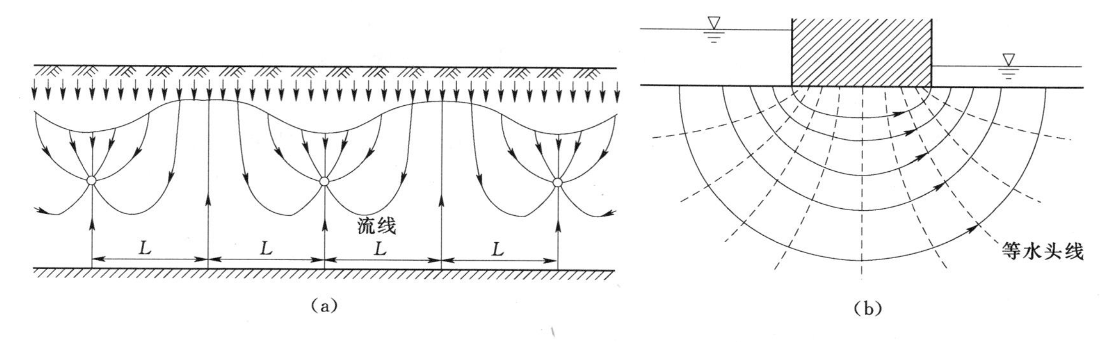

图 2.26 对称面附近的流网

此外，根据补给区（源）和排泄区（汇）可以判断流线的趋向：流线总是由源指向汇。当渗流场中的补给点或排泄点不止一个时，首先要确定分流线（虚拟的隔水边界）（图 2.27）。

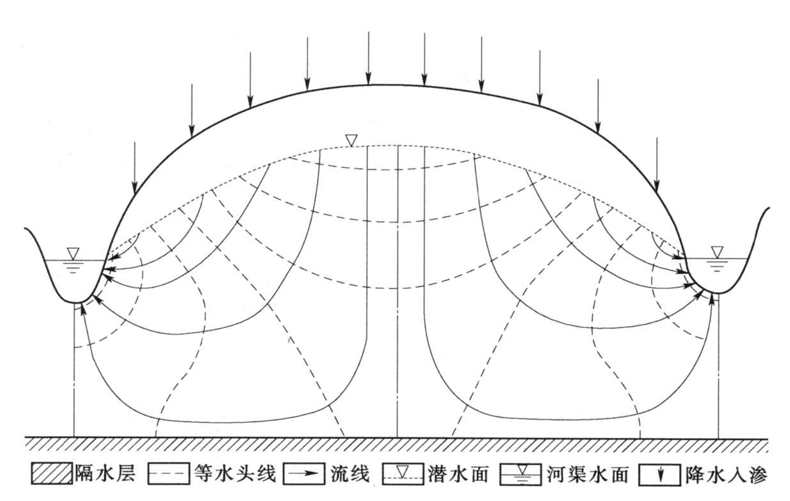

图 2.27 河间地块流网图

3）根据流网的性质对流网进行完善。根据流网的性质，在已绘制出的流线与等水头线之间插补其余部分，完善流网。

（3）流网的水文地质意义。流网是水文地质分析的有效工具，通常可以提供许多有用的水文地质信息。

1）由等水头线可以确定渗流场内任一点的水头值。

2）由流线可以判断地下水的流动方向。

3）可通过由等水头线确定的渗流场内任一点的水头值计算该点上的渗透压强，其计算公式为

$$\frac{p}{\gamma}=H\pm z \text{ 或 } p=\gamma(H\pm z) \tag{2.5}$$

式中 p——渗流场内某一点的渗透压强；

γ——水的容重；

H——渗流场内某一点的水头值；

z——渗流场内某一点到基准面的距离，若该点位于基准面下方，则取正值，反之，取负值。

4）沿流线量出相邻两条等水位线间的距离 Δs，可以确定该处地下水的水力坡度：

$$J=\frac{\Delta H}{\Delta s} \tag{2.6}$$

式中　J——水力坡度；

ΔH——相邻两条等水位线间的水头差；

Δs——相邻两条等水位线间的距离。

5）通过渗流场内任一点的水力坡度和该点处含水层的渗透系数，可以计算得到该点处地下水的渗流速度：

$$v=KJ \tag{2.7}$$

式中　v——渗流场内某一点的渗流速度；

K——含水层的渗透系数；

J——渗流场内某一点的水力坡度。

6）若各向同性渗流场中同一网带内水头差值相等，则每个网格的流量相等，因此，整个网带内单位宽度的流量 q 应等于各个流线间所夹条带（流带）的流量之和：

$$q = K\Delta H\sum_{i=1}^{n}\frac{\Delta l_i}{\Delta s_i} \tag{2.8}$$

式中　q——渗流场中某一网带内地下水单位宽度的流量；

K——含水层的渗透系数；

ΔH——渗流场中某一网带内地下水的水头差；

$\frac{\Delta l_i}{\Delta s_i}$——第 i 条流带选定的两条等水头线间网格的长和宽的比值；

n——流带的数目。

7）若相邻两条等水头线间的水头差相同，则可通过等水头线的疏密定性判断地下水的径流强度。

8）可根据流线追踪污染物质的运移。

9）可结合某些矿体溶于水中的标志成分的浓度分布，确定深埋于地下的盲矿体的位置。

2.4　地下水水质监测与处理

地下水的化学成分是地下水与其赋存环境长期相互作用的产物。一个地区地下水的化学面貌，反映了该地区地下水的历史演变，研究地下水的化学成分，可以帮助我们回溯一个地区的水文地质历史，阐明地下水的起源与形成。将地下水水质监测结果与同时期的地下水等水位线图、地下水埋深图、地下水水位变幅图等进行对比，能更全面地反映该地区的地下水动态特征，为地下水资源评价提供基础资料。

2.4.1 地下水水质监测网的布设

地下水水质监测网的布设可参考“2.2.2 地下水动态监测网的布设”。

地下水水质监测井应尽可能从经常使用的民井、生产井以及泉水中选择。水质基本监测井网的布设密度宜控制在同一类型区内水位基本监测井数的10%左右；地下水水化学特征复杂或地下水污染区可适当加密；重点水质基本监测井宜占水质基本监测井总数的10%～20%。

此外，还应对与地下水有关的地表水体进行取样分析，若地表水体是地下水的补给来源，则其化学成分必然会对地下水的化学成分产生影响；若地表水体是地下水的排泄去处，则其化学成分则会反映出地下水化学变化的最终结果。而作为地下水主要补给来源的大气降水，其化学成分一直很少有人去注意，主要是因为它所含的物质数量很少。但必须注意，在某些情况下，不考虑大气降水的成分，就不能正确地阐明地下水化学成分的形成。

2.4.2 水样的采取、保存和送验

进行地下水水质监测，通常在水位变化的特征期（如丰水期、平水期、枯水期等）分别进行采样，以监测水质的季节性变化。在地下水受污染的地区，可适当增加采样次数和分析项目。

2.4.2.1 采取水样需考虑的因素

在采取地下水水样时，应该考虑如下因素。

（1）温度变化对地下水水质的影响：地表以下温度变化小，当将地下水样品取出地表时，其温度若发生显著变化，则可能改变化学反应的速度、倒转土壤中阴阳离子的交换方向、改变微生物生长的速度。

（2）CO_2 对地下水水质的影响：当将地下水样品取出地表时，由于吸收 CO_2，其碱性会发生变化，从而导致地下水的 pH 值发生改变。

（3）气体的挥发：当将地下水样品取出地表时，某些溶解于水中的气体极易挥发，地下水中的有机物可能会受到影响。

（4）取样瓶对地下水水质的影响：当将地下水样品取出地表时，地下水中的有机物可能由于取样瓶的吸收和污染而受到影响。

（5）地下水水质对人体健康的影响：若地下水受到严重的污染，可能会影响到采样工作人员的身体健康和安全。

2.4.2.2 采取水样的基本要求

（1）水样的代表性。进行地下水水质监测所采取的水样，要求必须能代表天然条件下的客观水质情况。因此，在采取水样时，应做到如下几点。

1）在监测井或钻孔中采取水样时，要抽出井（孔）内的积水（死水），待天然含水层之水进入井（孔）后再采取水样。

2）在生产井中采取水样时，要取当时开泵抽出的鲜水，不要在管网、水塘或蓄水池里取水。

3）在民井中采取水样时，不要选“死水井”，应在常提水的民井中取水。

4）取泉水样时，应在泉口处采取。

地下水水样采取方法可参考表 2.5。

表 2.5　地下水水样采取的工具和方法

采样方法	主要采样设备及适用条件	主要缺点
直接用瓶盛水	(1) 生产井在开泵一段时间后、自流井涌水时，可直接用水样瓶盛水； (2) 对大口径无泵管井（机井、钻孔）、民井等，可以用测绳系瓶于井水面以下一定深度，细听其水装满瓶后，提出井（孔）口	只能取混合水样，且是地下水面以下表层水
用提水器取水	(1) 对民井可用居民打水工具提水； (2) 钻孔、监测孔（口径较小）取混合水样时，用钻孔提水器提水； (3) 取井（孔）内某定深度水样时，可用定深取水器取样	定深取水器本身对水就有扰动，不能取到严格深度的水样

(2) 水样的采取数量。水样采取的数量（容量），取决于分析项目的多少与所要求的精度。通常，简分析需取水样 500～1000mL，全分析需取水样 2000～3000mL，专门分析所取水样的数量（容量）则应根据具体分析项目而定（表 2.6），通常应超过待测定各项所需水样体积总和的 20%～30%。

表 2.6　含某些不稳定成分的水样采取方法

需专门测定的不稳定成分	取样数量/L	处置方法及加入稳定剂数量	注意事项
侵蚀性 CO_2	0.25～0.30	加 2～3g 大理石粉	同时取简（全）分析水样
总硫化物	0.30～0.50	加 10mL 1∶3 醋酸镉溶液或加 2～3mL 25%的醋酸锌溶液和 1mL 4%的氢氧化钠溶液	称水样（带瓶子）的质量
铜、铅、锌	1.0	加 5mL 1∶1 盐酸溶液	所用盐酸不应含有欲测的金属离子，严格防止砂土颗粒混入
铁	0.5	淡水加 15～25mL 醋酸-醋酸盐缓冲液（pH=4），矾水及酸性水加 5mL 1∶1 硫酸溶液及 0.5～1.0g 硫酸铵	如水样浑浊、需迅速过滤，再按左列手续进行
溶解氧	0.3	加 1～3mL 碱性碘化钾溶液，然后加 3mL 氯化锰，摇匀密封； 当水样含有大量有机物及还原物质时，首先加入 0.5mL 溴水（或高锰酸钾溶液），摇匀放置 24h，然后加入 0.5mL 水杨酸溶液，再按上述手续进行	事先称取样瓶的容量，取样时注意瓶内不应留有空气并记录加入试剂的总体积和水温
氰化物	0.5	每升水中加 2g 氢氧化钠固体	保持冷凉，尽快运送分析
酚化物	0.5	每升水中加 2g 氢氧化钠固体	保持冷凉，尽快运送分析
氮	1.0	加 0.7mL 浓硫酸酸化	保持冷凉，尽快运送分析
镭	2～3	加 4～6mL 浓盐酸酸化	
铀	0.5～1.0（荧光法）	盐酸酸化	比色法需取 2～3L
氡	0.1	用预先抽成真空的玻璃扩散器取样； 无扩散器时，可用干净的带磨口玻璃塞的玻璃瓶	样瓶内不应留有空气，详细记录取样时间，避免搅动水样

（3）对取样瓶的要求。取样瓶一般应采用带磨口玻璃塞（也可用软木塞，但要事先用蒸馏水煮沸）的玻璃瓶或塑料瓶（桶）。玻璃瓶要仔细地用蒸馏水洗刷，然后晾干。当水中含有油类及有机污染物较多时，宜采用玻璃瓶。取样瓶必须用洗涤液洗净，然后再用蒸馏水清洗。取样时，必须用所取之井（孔）水、泉水冲洗取样瓶和塞子 3 次以上。

（4）取样要求。

1）采取水样时，应缓慢地将地下水注入取样瓶中，严防杂物混入，取样瓶顶部应预留出 10～20mm 的空间。

2）在井（孔）中采样时，动作要轻，以避免搅动井水和底部沉积物。

3）采样过程中应尽量避免或减轻样品与大气发生接触，以防止样品发生变化。

4）采取测定某些特殊项目的水样时，需同时加放稳定剂（详见表 2.6），并严防杂物混入。

5）水样取好后，要立即封好瓶口（将瓶塞严严盖住，运送距离较远时可缠以绒绳并用石蜡或火漆封住），并标明井号、编号及所加试剂名称，贴好水样标签（包含取水地点、试样编号、水温、取水日期、取样人姓名等信息），填好送样单，尽快送化验室分析。

（5）原始记录。在采取地下水样时，应做好原始记录，包括如下信息：①取样时间、地点，取样方法，地下水水位、水温、pH 值、电导率，采样深度，采样人姓名；②取样瓶类型、预处理方法、水样采取数量、待测定项目；③取样井（孔）的类型，井（孔）的直径，含水层结构，地下水的主要用途；④取样时的气象条件等。

2.4.2.3　水样的保存和送验要求

（1）取样完成后要将水样及时送验，运送途中要防震，严防取样瓶封口破损。此外，冬季还应防止水样瓶冻裂，夏季应避免阳光照射。

（2）送样时，要填好送样单，注明送样单位、样品编号、分析项目和要求等，交化验人员当面验收。

（3）水样如不能立即分析时，应采取措施存放，使水样温度不超过取样时的水温。但需注意，水样保存时间不得超过水样最大保存期限：清洁的水，存放时间不得超过 72h；稍受污染的水，存放时间不得超过 48h；受污染的水，存放时间不得超过 12h；做细菌分析的水样，存放时间不得超过 4h。

2.4.3　地下水水质分析项目

水质分析的项目，应根据实际勘察任务的需要与水源的用途等决定。水质分析因目的、要求不同，一般可分为简分析、全分析（水质常规分析，详分析）和特殊（专门）分析三类。

2.4.3.1　简分析

简分析常在水文地质普查阶段采用，目的在于初步了解区域地下水化学成分的概貌。

简分析除分析水的物理性质（颜色、气味、味道、透明度、温度等）外，还定量分析 HCO_3^-、SO_4^{2-}、Cl^-、Ca^{2+}、Mg^{2+}、pH 值、总硬度。通过计算即可求得水中各主要离子含量及矿化度。定性分析的项目不固定，一般有 NO_3^-、NO_2^-、NH_4^+、Fe^{2+}、Fe^{3+}、H_2S、游离 CO_2、耗氧量等，以便初步了解水质是否适于饮用。

简分析多采用简易水质分析箱在现场进行分析。其特点是：分析项目少，精度要求低，水样数量多，但操作简便、迅速，便于及时指导野外工作。

2.4.3.2 全分析

全分析一般是对简分析结果进行检验和补充，通常是在简分析的基础上选择有代表性的水样进行化验，目的在于比较全面地了解区域地下水的水化学特征。全分析的分析项目较多、较全，精度要求较高，需要在专门的化验室进行，因而成本也比较高。

全分析除分析水的物理性质（颜色、气味、味道、透明度、温度等）外，还定量分析 HCO_3^-、CO_3^{2-}、SO_4^{2-}、Cl^-、NO_3^-、NO_2^-、K^+、Na^+、Ca^{2+}、Mg^{2+}、Fe^{2+}、Fe^{3+}、NH_4^+、H_2S、CO_2、pH 值、游离 CO_2、耗氧量、矿化度等。

通常，为了掌握一个研究区内水文地球化学条件的基本趋势，可每年或隔年对监测点的水质进行一次全分析。

2.4.3.3 特殊（专门）分析

在进行各种专门水文地质调查时，除一般要求外，尚需对某些特殊项目进行专门分析，如在进行供水水文地质调查时，需要分析细菌及有毒成分；在煤矿区需要分析 H_2S、CH_4 等；在进行水化学找矿时，需要分析金属和微量元素等。

各类勘察的专门分析项目可参考表 2.7。

表 2.7 水质专门（特殊）分析项目选择表

勘察种类 分析项目	供水勘察 （生活用水）	农田供水勘察 （土壤改良，肥水、咸水利用）	地下热水或 矿泉水勘察	水化学找矿	污染水调查	
					无机废水	有机废水
锂			√			
钡			√			
锶			√			
锰	√			√	√	
砷	√			√		
硒	√			√		
汞	√			√		
硼		√		√		
偏硼酸根			√			
镍				√	√	
六价铬	√			√		
镉	√			√		
酚	√					√
全氮		√	√			√
氨态氮		√				√
硝态氮		√				
磷酸根		√			√	
氰化物	√		√		√	
余氯	√					

续表

勘察种类 分析项目	供水勘察 （生活用水）	农田供水勘察 （土壤改良，肥水、咸水利用）	地下热水或 矿泉水勘察	水化学找矿	污染水调查	
					无机废水	有机废水
生物化学需氧量		√				√
化学需氧量						√
全部有机碳		√				√
可溶性溶剂（油）						
合成洗涤剂	√					
铀			√	√		
镭			√	√		
氡			√	√		
细菌分析	√				√	√
光谱分析			√	√		

注　污染水分析项目除已列出的外，尚应针对污染情况适当增加分析项目。如上游工厂有含金属元素的废水排出，则应增加相应的金属元素分析项目。

2.4.4　地下水化学成分的分析方法

地下水化学成分的分析通常有两种情况：一是在野外现场测定，二是在实验室测定。在野外测定地下水化学成分常用的设施有水质分析箱和流动检测车（表2.8）。

表2.8　　地下水化学成分的野外测定方法

分析设施	研发单位	主要仪器设备	采用试剂	测定项目	主要分析方法	适用条件
地质Ⅱ号/跃进Ⅰ号水质分析箱	中国地质科学院水文地质研究所	烧杯、三角瓶、量筒、移液管、比色管、比色板、滴定管、药品箱等	液体试剂	pH值、游离CO_2、侵蚀性CO_2、Fe^{3+}、NO_3^-、NO_2^-、NH_4^+、CO_3^{2-}、HCO_3^-、总硬度、Ca^{2+}、Mg^{2+}、Cl^-、$K^+ + Na^+$、耗氧量、溶解氧等	比色法、容量法	每次可测定200个水样，对不稳定成分（pH值、游离CO_2、NO_2^-等）的分析比室内分析真实
72A型轻便水质分析箱	中国地质科学院水文地质研究所	烧杯、三角瓶、比色管、标准比色板、比色器、玻璃瓶装试剂溶液等	纸剂为主，少量项目用液体试剂	pH值、硬度、SO_4^{2-}、HCO_3^-、Ca^{2+}、Mg^{2+}、Cl^-、F^-、Br^-、I^-、BO_3^{2-}、硫化物总量、可溶性SiO_2、K^+ $+Na^+$、离子总量	点滴分析法、标准比色板比色	每次可测定200个水样，适用于野外水质分析和地下热水的勘探研究工作
野外水质速测箱	医科院劳卫所	刻度试管、盘尼西林小瓶、比色管、注射器、标准比色板、试剂箱等	片剂和粉剂为主，仅两个项目为液体试剂	温度、嗅、味、色度、浑浊度、pH值、总硬度、Ca^{2+}、SO_4^{2-}、Cl^-、Fe^{2+}、NH_4^+、NO_2^-、NO_3^-、F^-、余Cl^-、漂白粉中有效Cl	试剂法、比色法	每次可测定300个水样，适用于对农村饮用水源的速测和评价

续表

分析设施	研发单位	主要仪器设备	采用试剂	测定项目	主要分析方法	适用条件
流动检测车	—	一般化学和微量有害元素分析的玻璃仪器设备及简单的分析仪器	液体试剂为主	除测定一般化学成分外，主要测定污染物成分，如微量元素和有机毒物 Hg、As、Cr、Cd、酚、CN、…等	比色法、容量法、仪器分析法	适用于在野外做“三废”污染物或环境保护检测水源

虽然在野外测定地下水中的不稳定成分比室内分析更真实，但由于野外分析项目有限、分析样品数有限、分析仪器相对简陋，因此，很多时候地下水化学成分的分析都是在实验室进行的。实验室（固定分析室/专门化验室）具有比较完整的分析玻璃仪器和设备，并有现代化先进分析仪器（如气相色谱仪、原子吸收分光光度计等），分析项目比较齐全，如理化性质的全分析，水中放射性物质含量和细菌分析，各种微量元素、有机毒物的测定等，且还可进行大量水化学成分及污染物的检测。地下水化学成分的室内分析以液体试剂为主，常采用比色法、容量法、仪器分析法等方法。

2.4.4.1　物理指标

地下水的物理性质，主要包括颜色、气味、味道、透明度、温度、密度、导电性和放射性等。

(1) 颜色。地下水一般是无色的，但由于水中化学成分的含量不同及悬浮杂质的存在，地下水可呈现出不同的颜色，见表 2.9。

表 2.9　地下水的颜色与水中存在物质的关系

水中存在的物质	水的颜色	水中存在的物质	水的颜色
硬水	浅蓝色	腐殖酸盐	暗黄色或灰黑色
黏土	淡黄色	锰的化合物	暗红色
低价铁	灰蓝色或浅绿灰色	悬浮物（含暗色矿物及碳质）	浅灰色
高价铁	黄褐色或锈色	悬浮物（含浅色矿物、黏土）	浅黄色，无荧光
硫化氢	翠绿色	H_2S 气体	翠绿色
硫细菌	红色	有机质	黑黄灰色，带荧光

地下水的颜色通常在比色管中测定。测定时，一管注试样，一管注蒸馏水，进行比较。

(2) 气味。地下水一般是无气味的，但当地下水中含有某些气体成分或化学成分时，则会有一些特殊气味。如：地下水中含有 H_2S 气体时，有臭鸡蛋味；含有很多亚铁盐时，有铁腥味；含有有机质时，有鱼腥味；含有腐蚀性细菌时，有鱼腥味或霉臭味；含有腐殖质时，有沼泽土味等。

气味的强弱与温度有关，一般在低温下不易判别，而温度在 40℃ 上下时，气味最显著。

气味的强度等级见表 2.10。

表 2.10 气味的强度等级表

等级	程度	说明
0	无	没有任何气味
Ⅰ	极微弱	有经验分析者能觉察
Ⅱ	弱	注意辨别时，一般人能觉察
Ⅲ	显著	易于觉察，不加处理不能饮用
Ⅳ	强	气味引人注意，不适饮用
Ⅴ	极强	气味强烈扑鼻，不能饮用

地下水的气味应该在30～40℃的水中判定。如果水样是凉的，则必须将盛有水并塞上塞子的试管用手暖一暖或用火烤一烤。摇晃时，打开试管判定气味。

（3）味道。水的味道由水中的气体成分和化学成分所决定。纯水是无味的，地下水因溶解有一些盐类或气体而具味感，味道的强弱与所含盐类的浓度有关（表2.11），且在20～30℃时最为显著。

表 2.11 引起味觉的盐类近似浓度

盐类名称	含盐量					
	刚感觉有味		明显有味		有很浓的味	
	mg/L（毫克/升）	meq/L（毫克当量/升）	mg/L（毫克/升）	meq/L（毫克当量/升）	mg/L（毫克/升）	meq/L（毫克当量/升）
NaCl	165	2.823	495	8.470	660	11.293
Na_2SO_4	150	2.112	450	6.336	—	—
$NaNO_3$	70	0.824	205	2.412	345	4.059
$NaHCO_3$	415	4.940	480	5.714	—	—
$CaCl_2$	470	8.470	550	9.911	—	—
$CaSO_4$	70	1.028	140	2.057	—	—
$MgCl_2$	135	2.836	400	8.402	535	11.238
$MgSO_4$	250	4.154	625	10.385	750	12.462
KCl	420	5.634	—	—	525	7.042
$FeSO_4$	1.6	0.021	4.8	0.063	—	—

地下水的味道与水中存在的物质之间的关系见表2.12。

表 2.12 地下水的味道与水中存在物质的关系

存在物质	NaCl	Na_2SO_4	$MgCl_2$，$MgSO_4$	大量有机质	铁盐	腐殖质	H_2S与碳酸气同时存在	CO_2及适量$Ca(HCO_3)_2$，$Mg(HCO_3)_2$
味道	咸味	涩味	苦味	甜味	涩味，墨水味	沼泽味	酸味	可口

在野外，可取少量地下水含在口中，不要咽下，品尝水的味道；在室内，可将盛有50mL地下水样的烧杯置于电炉上，待水煮沸后，稍冷，放入口中品尝味道。

（4）透明度。地下水一般是透明的，但由于其中含有一些固体和胶体悬浮物，其透明度会有所改变。

地下水透明度的野外鉴别方法：准备一个高60cm、带有放水嘴和刻度的玻璃管和一个回号铅字（专用铅字），将地下水水样倒入玻璃管中，把玻璃管管底放在回号铅字的上面，打开放水嘴放水，直到能清楚地看到管底的铅字为止，读出管底到水面的高度。

据此方法，可将地下水的透明度划分为4个级别，见表2.13。

表2.13　　地下水透明度分级表

分　　级	野外鉴别特征
透明的	无悬浮物及胶体，60cm水深可见3mm的粗线
半透明的（微浊的）	有少量悬浮物，大于30cm水深可见3mm的粗线
微透明的（浑浊的）	有较多的悬浮物，半透明状，小于30cm水深可见3mm的粗线
不透明的（极浊的）	有大量悬浮物或胶体，似乳状，水深很小也不能清楚看见3mm的粗线

（5）温度。水温的变化是影响水的化学成分、水化学作用的重要因素。地下水的温度受其赋存与循环所处的地温控制。

地下水按温度分类见表2.14。

表2.14　　地下水按温度分类表

类别	非常冷的水	极冷的水	冷水	温水	热水	极热的水	沸腾的水
温度/℃	<0	0～4	4～20	20～37	37～42	42～100	>100

测定地下水的温度，通常采用缓变温度计，若地下水埋藏较深，则需要采用热敏电阻测温计。在野外测量地下水的温度时，应将温度计在地下水里放10min，其精度应达到0.1℃。同时还应测量、记录当时的气温。在实验室测量地下水的温度时，应将温度计插入水样瓶中，待2～3min后记录其温度读数，同时还应记录当时的室温。

（6）密度。地下水质量密度的大小，决定于水中所溶解的盐分和其他物质的含量。

（7）导电性。地下水的导电性决定于水中含有电解质的性质和含量，通常以电导率K表示。电导率是电阻率的倒数，一般地下淡水的K值为$33\times10^{-5}\sim33\times10^{-3}$S/cm（西门子/厘米）。

可采用电导率仪测定地下水的电导率，具体方法为：①根据地下水样电导率的大致范围，按表2.15选择适当的电极；②按所选电极的电极常数，调好电导率仪上电极常数调节旋钮的位置，并将量程选择按钮放在适当的档次上；③将用水样冲洗过的电极浸入地下水中，按电导率仪操作步骤进行测量，读取表头数值，此即该地下水的电导率。

表2.15　　电极选择表

水样类型	电导率范围/(S/cm)	选用电极
矿化度极低的水或蒸馏水	$<10^{-5}$	光亮铂电极
一般天然水	$10^{-5}\sim10^{-2}$	铂黑电极，电极常数为1左右
高矿化度水	$>10^{-2}$	铂黑电极，电极常数为10左右

(8) 放射性。地下水的放射性决定于水中放射性物质的含量。大多数地下水都具有放射性，但其含量微弱。地下水中常见的放射性物质有镭（Ra）、铀（U）、锶（Sr）、氡（Rn）及氢（H）、氧（O）同位素。一般地下淡水^{226}Ra的含量小于3.7×10^{-2}Bq/L（贝可/升），矿泉水和深井水^{226}Ra的含量为$3.7\times10^{-2}\sim3.7\times10^{-1}$Bq/L。

地下水按放射性分类见表2.16。

表2.16　地下水按放射性分类表

类别	氡水中氡气的含量/埃曼 Eman	镭水中镭的含量/(g/L)
强放射性水	>300	$>10^{-9}$
中等放射性水	100～300	$10^{-10}\sim10^{-9}$
弱放射性水	35～100	$10^{-11}\sim10^{-10}$

2.4.4.2　主要化学成分

地下水中溶解的化学成分，常以离子、分子、化合物以及游离气体的状态存在。地下水中常见的离子有：氢离子（H^+）、钙离子（Ca^{2+}）、镁离子（Mg^{2+}）、钠离子（Na^+）、钾离子（K^+）、氨根离子（NH_4^+）、铁离子（Fe^{3+}）、亚铁离子（Fe^{2+}）、锰离子（Mn^{2+}）、氢氧根离子（OH^-）、重碳酸根离子（HCO_3^-）、碳酸根离子（CO_3^{2-}）、硫酸根离子（SO_4^{2-}）、氯离子（Cl^-）、硝酸根离子（NO_3^-）、亚硝酸根离子（NO_2^-）、磷酸根离子（PO_4^{3-}）、硅酸根离子（SiO_3^{2-}）等；常见的分子化合物有硅酸（H_2SiO_3）、三氧化二铁（Fe_2O_3）、三氧化二氯（Al_2O_3）等；常见的游离气体有：氧气（O_2）、二氧化碳（CO_2）、氮气（N_2）、甲烷（CH_4）、硫化氢（H_2S）等。

(1) 碳酸根离子、重碳酸根离子、氢氧根离子。地下水中碳酸根离子、重碳酸根离子、氢氧根离子的测定通常采用酸标准溶液滴定法。测定方法为：取地下水样50mL，加4滴1%的酚酞溶液，若出现红色，则用0.05mol/L的盐酸标准溶液进行滴定，直至溶液的红色刚刚消失，记录消耗的标准盐酸溶液的量V_1；继续加入4滴0.05%的甲基橙溶液，用0.05mol/L的盐酸标准溶液进行滴定，直至溶液颜色由黄色突变为橙色，记录消耗的标准盐酸溶液的量V_2。此时，即可通过式（2.9）～式（2.14）计算得到地下水中碳酸根离子、重碳酸根离子和氢氧根离子的含量。

1) 若$V_1=0$，表明地下水中仅有重碳酸根离子存在，其含量可通过式（2.9）计算得到。

$$C(HCO_3^-)=\frac{M\times V_2\times 61.02}{V}\times1000 \tag{2.9}$$

式中　$C(HCO_3^-)$——地下水中重碳酸根离子的浓度，mg/L；

M——盐酸标准溶液的浓度，mol/L；

V_2——第二次滴定消耗盐酸的体积，mL；

V——所取水样的体积，mL。

2) 若$V_2=0$，表明地下水中仅有氢氧根离子存在，其含量可通过式（2.10）计算得到：

$$C(OH^-)=\frac{M\times V_1\times 17.01}{V}\times1000 \tag{2.10}$$

式中　$C(OH^-)$——地下水中氢氧根离子的浓度，mg/L；

V_1——第一次滴定消耗盐酸的体积，mL；

其余符号意义同前。

3）若 $V_1<V_2$，表明地下水中有碳酸根离子和重碳酸根离子存在，而无氢氧根离子。碳酸根离子和重碳酸根离子的含量可通过式（2.11）和式（2.12）计算得到：

$$C(CO_3^{2-})=\frac{M\times 2V_1\times 60.01}{V}\times 1000 \tag{2.11}$$

$$C(HCO_3^-)=\frac{M(V_2-V_1)\times 61.02}{V}\times 1000 \tag{2.12}$$

式中　$C(CO_3^{2-})$——地下水中碳酸根离子的浓度，mg/L；

其余符号意义同前。

4）若 $V_1=V_2$，表明地下水中只有碳酸根离子存在，其含量可通过式（2.11）计算得到。

5）若 $V_1>V_2$，表明地下水中有碳酸根离子和氢氧根离子存在，而无重碳酸根离子。碳酸根离子和氢氧根离子的含量可通过式（2.13）和式（2.14）计算得到：

$$C(CO_3^{2-})=\frac{M\times 2V_2\times 60.01}{V}\times 1000 \tag{2.13}$$

$$C(OH^-)=\frac{M(V_1-V_2)\times 17.01}{V}\times 1000 \tag{2.14}$$

式中　各项符号意义同前。

（2）硫酸根离子。测定地下水中的硫酸根离子，通常可采用硫酸钡重量法、EDTA-钡（铅）滴定法、吸附指示剂滴定法、铬酸钡滴定法等；当地下水中的硫酸根离子含量很低、地下水为透明无色时，还可以采用硫酸钡比浊法进行测定。

EDTA-钡滴定法：①取地下水样 50mL，加 1 滴 0.05%的甲基红溶液，然后用 1+1 的盐酸溶液进行滴定，直至溶液呈红色，再过量 1～2 滴；②将溶液加热煮沸，在不断振摇下趁热加入 10mL 钡镁混合溶液（0.01mol/L 氯化钡和 0.005mol/L 氯化镁的混合溶液），将溶液再加热至沸，并在近沸的温度下保温 1h，取下静置、冷却；③向溶液中加入 5mL pH=10 的氨缓冲溶液、3～4 滴酸性铬蓝 K-萘酚绿 B 混合溶液，用 0.01mol/L 的 EDTA 溶液进行滴定，直至溶液呈不变的蓝色即为终点，记录消耗的 EDTA 溶液的量 V_1；④取蒸馏水 50mL，加入 10mL 钡镁混合溶液、5mL pH=10 的氨缓冲溶液、3～4 滴酸性铬蓝 K-萘酚绿 B 混合溶液，用 0.01mol/L 的 EDTA 溶液进行滴定，直至溶液呈不变的蓝色即为终点，记录消耗的 EDTA 溶液的量 V_2；⑤取地下水样 50mL，加入5mL pH=10的氨缓冲溶液、3～4 滴酸性铬蓝 K-萘酚绿 B 混合溶液，用 0.01mol/L 的 EDTA 溶液进行滴定，直至溶液呈不变的蓝色即为终点，记录消耗的 EDTA 溶液的量 V_3。此时，即可通过式（2.15）计算得到地下水中硫酸根离子的含量：

$$C(SO_4^{2-})=\frac{M(V_2+V_3-V_1)\times 96.06}{V}\times 1000 \tag{2.15}$$

式中　$C(SO_4^{2-})$——地下水中硫酸根离子的浓度，mg/L；

M——EDTA 溶液的浓度，mol/L；

V_1——滴定第一个地下水样所消耗 EDTA 溶液的体积，mL；

V_2——滴定蒸馏水所消耗 EDTA 溶液的体积，mL；

V_3——滴定第二个地下水样所消耗 EDTA 溶液的体积，mL；

V——所取水样的体积，mL。

吸附指示剂滴定法：①取 1mg/mL 的硫酸钾标准溶液 2mL，加蒸馏水稀释到 5mL，滴 2 滴 0.1%的钍试剂溶液、1～2 滴 1+10 的盐酸溶液，使溶液由红色变为黄色；然后再加入 2 滴 2%的氯化钾溶液、15mL 无水乙醇，用 0.005mol/L 的氯化钡溶液进行滴定，直至溶液由黄色变为粉红色即为终点，记录消耗的氯化钡溶液的量；②取地下水样 25mL，放入 25mL 具塞比色管中，置于沸水中加热，然后趁热加入 1mL 5%的碳酸钠溶液，盖上盖子，摇匀，静置，使沉淀凝聚下沉，冷却；吸澄清液 5mL 于 50mL 三角瓶中，加入 2 滴 0.1%的钍试剂溶液，用 1+10 的盐酸溶液进行滴定，直至溶液由红色变为黄色，再加入 2 滴 2%的氯化钾溶液、15mL 无水乙醇，用 0.005mol/L 的氯化钡溶液进行滴定，直至溶液由黄色变为粉红色即为终点，记录消耗的氯化钡溶液的量 V_1，即可通过式（2.16）计算得到地下水中硫酸根离子的含量：

$$C(SO_4^{2-})=\frac{TV_1}{V}\times 1000 \tag{2.16}$$

式中 $C(SO_4^{2-})$——地下水中硫酸根离子的浓度（可根据滴定硫酸钾溶液消耗的氯化钡溶液的体积计算得到），mg/L；

T——每毫升氯化钡溶液相当于硫酸根的量，mg；

V_1——滴定地下水所消耗氯化钡溶液的体积，mL；

V——所取水样的体积（本方法中为 5×25/26），mL。

吸附指示剂滴定法适用于钙离子含量不超过 400mg/L、镁离子含量不超过 200mg/L 的地下水中硫酸根离子的测定。

（3）氯离子。测定地下水中的氯离子含量，通常可采用硝酸银滴定法、硝酸汞滴定法、离子色谱法等。

硝酸银滴定法：取地下水样 50mL，加 10 滴 10%的铬酸钾溶液，然后在不断振摇下用 0.05mol/L 的硝酸银标准溶液进行滴定，直至溶液出现稳定的淡橘黄色即为终点。记录消耗的标准硝酸银溶液的量 V_1；取蒸馏水 50mL 按上述步骤进行空白滴定，记录消耗的标准硝酸银溶液的量 V_2。此时，即可通过式（2.17）计算得到地下水中氯离子的含量：

$$C(Cl^-)=\frac{M(V_1-V_2)\times 35.45}{V}\times 1000 \tag{2.17}$$

式中 $C(Cl^-)$——地下水中氯离子的浓度，mg/L；

M——硝酸银标准溶液的浓度，mol/L；

V_1——滴定地下水样所消耗硝酸银溶液的体积，mL；

V_2——滴定蒸馏水所消耗硝酸银溶液的体积，mL；

V——所取水样的体积，mL。

（4）钾、钠离子。地下水中钾、钠离子的测定可采用火焰原子发射光谱法。测定方法为：将火焰光度计或具有发射测量装置的原子吸收分光光度计调节至最佳工作状态（钾

766.5nm，钠 589.0nm，贫燃性火焰），直接取水样进行测定。由测定读数值在校准曲线上查出钾、钠离子的含量。

(5) 钙、镁离子。地下水中钙、镁离子的测定通常采用原子吸收光谱法或 EDTA 滴定法。滴定法的步骤为：往 50mL 地下水样中投入一小片刚果红试纸，逐滴加入盐酸溶液至刚果红试纸由红变蓝；将溶液加热煮沸 1～2min，逐去 CO_2；待溶液冷却后，加入 2mol/L 的氢氧化钠溶液 2mL，摇匀；再加 3～4 滴酸性铬蓝 K-萘酚绿 B 混合溶液，立即用 0.01mol/L 的 EDTA（乙二胺四乙酸）溶液滴定至蓝色终点，记录消耗的 EDTA 溶液的量 V_1；继续往溶液中投入一小片刚果红试纸，逐滴加入盐酸溶液至刚果红试纸由红变蓝，摇匀；加入 pH=10 的氨性缓冲溶液 5mL，用 0.01mol/L 的 EDTA 溶液滴定至溶液由酒红色转为不变的蓝色，记录消耗的 EDTA 溶液的量 V_2。此时，即可通过式 (2.18) 和式 (2.19) 计算得到地下水中钙、镁离子的含量：

$$C(Ca^{2+})=\frac{MV_1\times 40.08}{V}\times 1000 \tag{2.18}$$

$$C(Mg^{2+})=\frac{MV_2\times 24.31}{V}\times 1000 \tag{2.19}$$

式中　$C(Ca^{2+})$——地下水中钙离子的浓度，mg/L；

M——EDTA 溶液的浓度，mol/L；

V_1——第一次滴定消耗的 EDTA 溶液的体积，mL；

V——所取水样的体积，mL；

$C(Mg^{2+})$——地下水中镁离子的浓度，mg/L；

V_2——第二次滴定消耗的 EDTA 溶液的体积，mL。

此外，实验室中通常还采用重量法、比色法、容量法及原子吸收分光光度法测量地下水中镁离子的含量。

(6) pH 值。地下水的 pH 值可采用离子计或酸度计进行测定，还可采用玻璃电极法进行测定。

(7) Eh 值。Eh 值是表示地下水氧化-还原性质的指标。根据 Eh 值的大小，可以判别水中变价元素和微量金属元素的赋存状态；研究元素（离子）在水中的迁移富集规律；评价水体污染趋势。

地下水的氧化还原条件极为复杂，受到多种因素的影响，因此，地下水的 Eh 值通常在野外采用离子计或酸度计直接进行测定。

(8) 游离 CO_2。由于地下水中游离的 CO_2 气体极易从水中逸出，因此最好在取样现场对其进行测定。测定方法为：取地下水样 50mL，加 4 滴 1% 的酚酞溶液，然后用 0.05mol/L 的氢氧化钠标准溶液进行滴定，直至溶液呈粉红色，若半分钟不退色即为终点。记录消耗的标准氢氧化钠溶液的量，即可通过式 (2.20) 计算得到地下水中游离 CO_2 的含量：

$$C=\frac{MV_1\times 44}{V}\times 1000 \tag{2.20}$$

式中　C——地下水中游离 CO_2 的含量，mg/L；

M——氢氧化钠标准溶液的浓度，mol/L；

V_1——滴定消耗氢氧化钠溶液的体积，mL；

V——所取水样的体积，mL。

(9) 溶解氧。溶液氧的测定最好在取样现场进行，可采用膜电极法。若无条件，则可在室内进行，但需要注意：测定地下水中的溶解氧需要进行专门取样，在取样时要往地下水样品中加入溶解氧固定剂。加入溶解氧固定剂的水样应及时进行测定，若因故不能在当天测定，则应在试样中再加入 1.5mL 浓硫酸，摇匀之后存放在阴暗处，测定时间可延长到 48h 之后。

在室内一般采用碘量法测定地下水中溶解氧的含量：打开取样时已加有溶解氧固定剂的取样瓶瓶塞，立即用移液管插入液面下加入 1.5mL 浓硫酸，迅速盖紧瓶塞，摇动水样，使沉淀完全溶解，混匀；取地下水 100mL，用0.01mol/L的硫代硫酸钠标准溶液进行滴定，直至溶液呈黄色后加入 1mL0.5%的淀粉溶液，此时溶液应呈蓝色；继续用 0.01mol/L 的硫代硫酸钠标准溶液进行滴定，直至溶液的蓝色恰消失，记录消耗的硫代硫酸钠溶液的量，即可通过式（2.21）计算得到地下水中溶解氧的含量：

$$C(\mathrm{DO})=\frac{V_1}{V_1-V_2}\cdot\frac{MV_3\times 8}{V}\times 1000 \tag{2.21}$$

式中 $C(\mathrm{DO})$——地下水中溶解氧的浓度，mg/L；

V_1——取样瓶的体积，mL；

V_2——采样时加入地下水样品中的溶解氧固定剂的体积，mL；

V_3——滴定地下水所消耗硫代硫酸钠标准溶液的体积，mL；

M——硫代硫酸钠标准溶液的浓度，mol/L；

V——滴定所取水样的体积，mL。

(10) 碱度。地下水碱度的测定一般采用酸碱滴定法。测定地下水的总碱度时，选用甲基橙作指示剂，终点的 pH 值为 4.0。测定方法为：取地下水样 50mL，加 4 滴 0.05%的甲基橙溶液，然后用 0.05mol/L 的盐酸标准溶液进行滴定，直至溶液颜色由黄色突变为橙色即为终点。记录消耗的标准盐酸溶液的量，即可通过式（2.22）计算得到地下水的总碱度：

$$Alk_T=\frac{MV_1\times 100.09}{2V}\times 1000 \tag{2.22}$$

式中 Alk_T——地下水的总碱度（$CaCO_3$），mg/L；

M——盐酸标准溶液的浓度，mol/L；

V_1——滴定消耗盐酸溶液的体积，mL；

V——所取水样的体积，mL。

(11) 无机污染物。地下水中的无机污染物通常有镉、铬、汞、砷、硝酸盐、亚硝酸盐、铵盐、氟、氰化物等。

镉及其化合物均为有毒物质，能蓄积于动物和人体的软组织中，导致人体的多种疾病。地下水中的铅和镉可采用极谱法进行测定。

铬以三价、六价形式存在于地下水中。其中：六价铬对人体健康有害，但一定量的三价镉却是人类必不可少的微量元素之一。地下水中铬的测定可采用二苯碳酰二肼分光光度法、原子吸收分光光度法、硫酸亚铁铵滴定法等。

汞的毒性很强，地下水中含有汞主要是因为贵金属冶炼、仪表制造、造纸、化工等工业废水对地下水的污染造成的。地下水中的汞可用原子吸收分光光度法进行测定。

地下水中的砷主要来源于岩石中含砷矿物的溶解，也可能是冶炼、农药等工业废水的污染造成的。实验室内通常采用原子荧光法、二乙基二硫代氨基甲酸银比色法测定地下水中的砷。

地下水中的硝酸盐含量一般不大，但化肥的大量使用、含硝酸盐工业废水的排放也可使地下水中硝酸盐的含量增高。因此，监测地下水中三氮的变化，对评价地下水是否受污染具有一定意义；此外，亚硝酸盐是地下水受污染的标志之一，氨氮的含量也可表明地下水体的污染程度。实验室内通常采用紫外分光光度法测定地下水中硝酸盐、亚硝酸盐和氨氮的含量。

地下水中氟离子的含量通常比较低，为0.5～1mg/L。人若长期饮用氟离子含量超过1mg/L的地下水则会患氟骨病和斑齿症；若长期饮用氟离子含量太少的地下水则易得龋齿症。实验室内通常可采用离子计或pH计测定地下水中氟离子的含量。

铜和锌是人体必不可少的元素，但浓度高时对人体有害；铅能在人体中积蓄而产生毒性，破坏肾脏和泌尿组织功能。通常，地下水中的铜、锌和铅可采用原子吸收分光光度计进行测定。

氰化物有剧毒，地下水在未受污染时，很少含有氰化物；受到炼焦、电镀、冶炼等工业废水的污染时，地下水中常含有以盐类、络合物的形式存在的氰化物。实验室内通常可采用分光光度计测定地下水中氰化物的含量。

(12) 有机污染物。地下水中的有机污染物通常有酚类、有机氯杀虫剂、有机磷杀虫剂、阴离子洗涤剂等。

酚类，即苯及其羟基衍生物。由于炼焦、石油化工等工业废水、废气对环境的污染，生活污水、天然水和饮用自来水中常有发现。实验室内通常采用分光光度计法或气相色谱法进行测定。

有机氯杀虫剂六六六和滴滴涕在地下水中性质稳定，残留时间长，对水体的污染具有累积性，通常可采用气相色谱法进行测定。

有机磷杀虫剂敌敌畏、乐果、果拌磷、甲基对硫磷、对硫磷在不同pH值下易水解和分解，因此它对地下水造成的污染不如有机氯杀虫剂严重，通常可采用气相色谱法进行测定，要求气相色谱仪具有火焰光度检测器。

阴离子洗涤剂在水中浓度过大时，易使水产生泡沫，影响感官性状。它是水质污染评价的一项指标，通常可采用亚甲蓝比色法进行测定。

化学需氧量，即在一定条件下，易受强化学氧化剂氧化的有机物质所消耗的氧量。它是地下水被有机污染物污染程度的指标。测定地下水的化学需氧量所采用的氧化剂有高锰酸钾、重铬酸钾、高碘酸钾等。

生化需氧量，即在有氧条件下，水中的有机物在被微生物分解的生物化学过程中所消耗的溶解氧量。它是一种间接表示地下水有机污染程度的指标。通常采用20℃时培养5d所需要的氧作为生化需氧量的指标，简称为BOD_5。BOD_5的实验室测定方法为：将原水样（溶解氧接近饱和的洁净地下水）或已适当稀释后的水样（受污染的地下水）分为2份，一份及时测定其中的溶解氧含量，另一份放入培养箱内，在20℃下培养5d后测定剩余的溶解氧含量，前后两者的溶解氧含量之差即为BOD_5。

（13）细菌学指标。细菌总数，即37℃时1L地下水在普通琼脂培养基中经24h培养后所生长的菌落数。细菌总数可说明地下水被有机物污染的程度：细菌数越多，则有机物含量越高。地下水中细菌总数的测定一般采用平板计数方法，所采用的培养基为普通肉膏蛋白胨琼脂培养基。

大肠菌群是具有某些特性的一组与粪便污染有关的细菌。地下水中大肠菌群数的高低，表明了地下水受粪便污染的程度，也反映了其对人体健康危害性的大小。地下水中大肠菌群的测定一般采用滤膜法，所采用的滤膜为孔径约0.45μm的多孔硝化/乙酸纤维膜。

2.4.5　水分析成果的表示方法

地下水化学分析的结果通常用各种形式的指标值及化学表达式来表示。具体的指标包括：离子含量指标、分子含量指标和综合指标。

2.4.5.1　离子含量指标

溶解于地下水中的盐类，以各种形式的阴、阳离子存在，如Cl^-、SO_4^{2-}、HCO_3^-、CO_3^{2-}、Na^+、Mg^{2+}、Ca^{2+}等，其含量的表示方法如下。

（1）以离子毫克（或克）数表示。即1L水中含某离子的毫克（或克）数，单位为mg/L（毫克/升）或g/L（克/升），超微量元素的离子含量也可用μg/L（微克/升）表示。

离子毫克（或克）数可以表示地下水中各种成分的绝对含量，但不能反映各种成分所起化学作用的大小，也不便于将不同水样进行比较。

（2）以离子毫摩尔（或摩尔）数表示。即1L水中含某离子的毫摩尔（或摩尔）数，单位为mmol/L（毫摩尔/升）或mol/L（摩尔/升）。其计算方法为

$$\text{1L 水中某离子的毫摩尔数}=\frac{\text{1L 水中该离子的毫克数}}{\text{该离子的摩尔质量}} \tag{2.23}$$

式中　摩尔质量——单位物质的量的物质所具有的质量，在数值上等于该物质的相对原子质量或相对分子质量。

（3）以百万分含量表示。百万分含量，即一百万份单位质量的溶液中所含溶质的质量，通常用PPM表示。百万分之几就叫做几个PPM。地下水中离子的百万分含量相当于1000g水中含某离子的毫克数。当水的比重为1时，其值与1L水中含离子的毫克数相同。

（4）以离子毫克当量数表示。即1L水中所含离子的毫克当量数，单位为meq/L（毫克当量/升）。其计算方法为

$$\text{1L 水中某离子的毫克当量数}=\frac{\text{1L 水中该离子的毫克数}}{\text{该离子的当量}} \tag{2.24}$$

式中　离子的当量——离子的化合当量，等于原子量除以离子价数；

$\frac{1}{\text{离子的当量}}$——换算系数。

各种常见离子的换算系数值见表2.17。

表 2.17　　离子的每升毫克含量换算为每升毫克当量的换算系数表

阳离子	原子量	当量	换算系数	阴离子	原子量	当量	换算系数
H^+	1.008	1.008	0.99212	Cl^-	35.453	35.453	0.02821
K^+	39.098	39.098	0.02558	Br^-	79.904	79.904	0.01252
Na^+	22.990	22.990	0.04350	I^-	126.904	126.904	0.00788
NH_4^+	18.038	18.038	0.05544	NO_3^-	62.005	62.005	0.01613
Li^+	6.941	6.941	0.14407	NO_2^-	46.006	46.006	0.02174
Ca^{2+}	40.078	20.039	0.04990	SO_4^{2-}	96.063	48.031	0.02082
Mg^{2+}	24.305	12.153	0.08229	CO_3^{2-}	60.009	30.004	0.03333
Fe^{2+}	55.845	27.923	0.03581	HCO_3^-	61.017	61.017	0.01639
Fe^{3+}	55.845	18.615	0.05372	PO_4^{3-}	94.971	31.657	0.03159
Al^{3+}	26.982	8.994	0.11119	HPO_4^{2-}	95.979	47.990	0.02084
Mn^{2+}	54.938	27.469	0.03640	S^{2-}	32.065	16.033	0.06237
Zn^{2+}	65.409	32.705	0.03058	HS^-	33.073	33.073	0.03024
Cu^{2+}	63.546	31.773	0.03147	$HSiO_3^-$	77.092	77.092	0.01297
Pb^{2+}	207.200	103.600	0.00965	SiO_3^{2-}	76.084	38.042	0.02629
Ba^{2+}	137.327	68.664	0.01456	F^-	18.998	18.998	0.05264
Cr^{3+}	51.996	17.332	0.05770	OH^-	17.007	17.007	0.05880

以离子毫克当量数表示地下水中离子的含量，可以反映水的化学性质，检查水分析成果的正确性。

（5）以离子毫克当量百分数表示。通常将1L水中阴、阳离子的毫克当量总数各作为100%来计算离子的毫克当量百分数，阴、阳离子分别计算。其计算公式为

$$\text{某阴(阳)离子毫克当量百分数}(\%)=\frac{\text{该离子毫克当量数}}{\text{阴(阳)离子毫克当量总数}}\times 100\% \tag{2.25}$$

式中　各项符号意义同前。

该方法可以获得水中各种离子含量的百分比例，便于将不同的水分析资料进行对比和分类，但是该方法不能反映绝对含量的概念。

（6）以图形表示。通常可用不同的图形来表示水中的主要离子成分及其相对含量，常见的有：小柱状图、圆形指示灯图、水化学玫瑰图、六边形图等。

1）小柱状图。小柱状图由两个并列的柱状图组成（图2.28），分别表示主要阴、阳离子的毫克当量百分数。柱状图中的阴离子自上而下分别为HCO_3^-、SO_4^{2-}、Cl^-；阳离子自上而下分别为Ca^{2+}、Mg^{2+}、Na^+（包含K^+）。

通过小柱状图可以大致估计出地下水中盐的存在形式。如：从图2.28可以看出，地下水中可能存在$Ca(HCO_3)_2$、$CaSO_4$、$MgSO_4$、Na_2SO_4和NaCl。

2）圆形指示灯图。圆形指示灯图由左、右两个半圆组成（图2.29），分别表示阴、阳离子的毫克当量百分数。

圆形指示灯图可以简明地反映地下水中的主要离子成分及其含量关系。

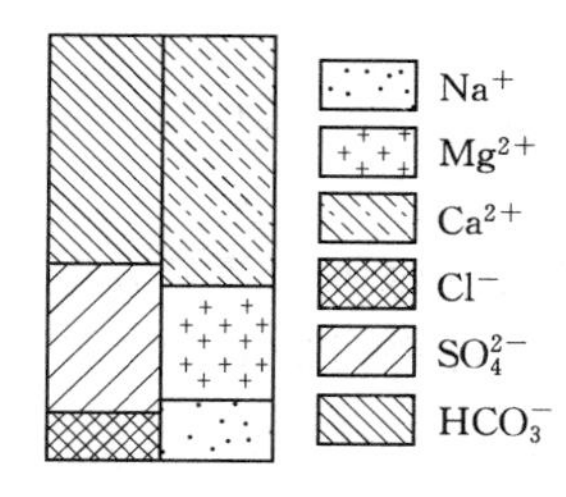

图 2.28 小柱状图

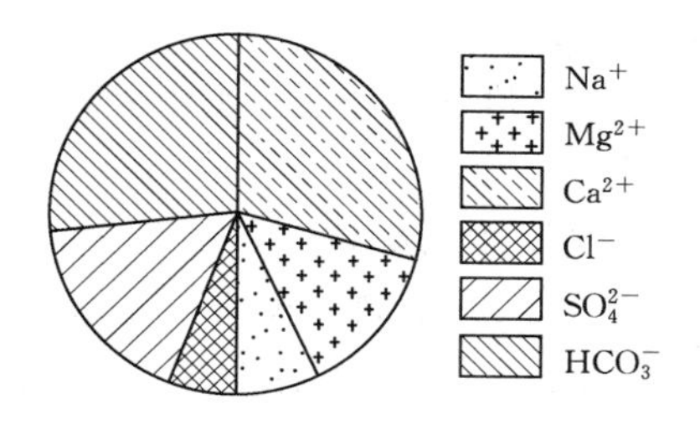

图 2.29 圆形指示灯图

3）水化学玫瑰图。水化学玫瑰图的制作分为三步：首先，将圆分为 6 等分，每一条半径表示地下水中常见的某一类离子［图 2.30（a）］；其次，将每一条半径划分为 100 等分，分别将各离子的毫克当量百分数标在半径上，得到 6 个点［图 2.30（b）］；最后，将 6 个点依次相连，即得该地下水样品的水化学玫瑰图［图 2.30（c）］。

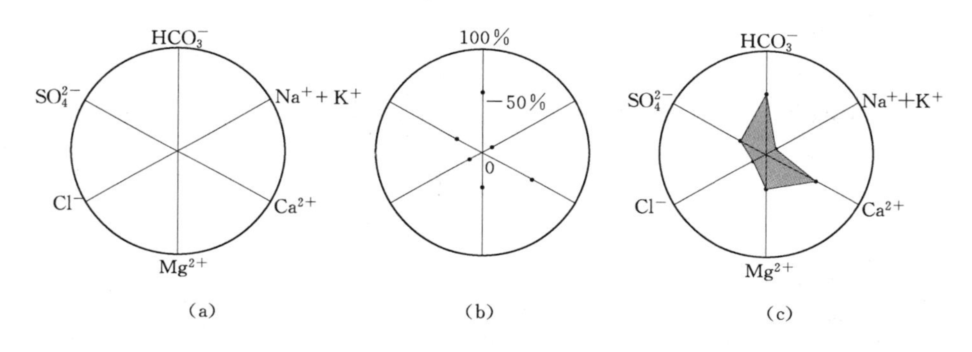

图 2.30 水化学玫瑰图制图步骤

4）六边形图。六边形图的制作分四步：以横坐标表示离子含量（左侧为阳离子，右侧为阴离子）、纵坐标表示取样深度建立一坐标系；在某一深度（水样所在位置）处作 3 条与横轴平行的线，分别代表各离子的百分含量；将各离子含量线相连，即得该水样的六边形图（图 2.31）。

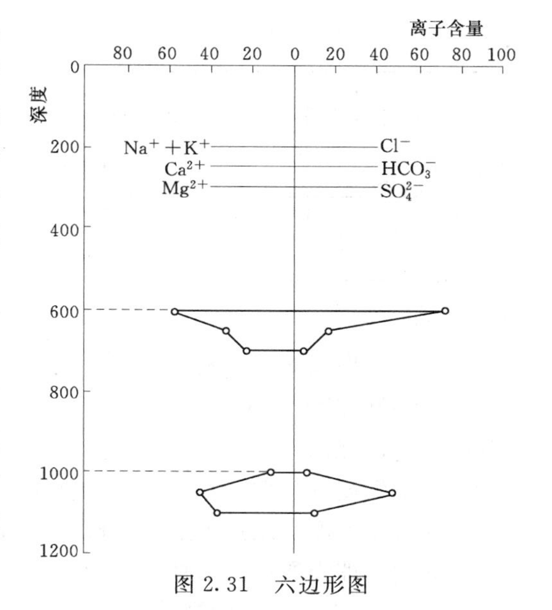

图 2.31 六边形图

六边形图常用来表示不同深度或不同含水层水化学成分的特征。

2.4.5.2 分子含量指标

溶解于地下水的气体和胶体物质通常以分子的形式存在，如：CO_2、SiO_2 等。其含量通常用分子毫克数或毫摩尔数表示，单位为 mg/L 或 mmol/L。

2.4.5.3 综合指标

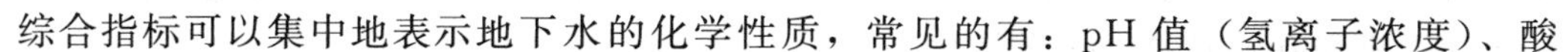
综合指标可以集中地表示地下水的化学性质，常见的有：pH 值（氢离子浓度）、酸

碱度、硬度和矿化度等四项。

（1）pH 值。pH 值常用来表示水中氢离子（H^+）的浓度，其计算方法为

$$pH=-\lg[H^+]$$

pH 值反映了地下水的酸碱性，其大小由酸、碱和盐的水解因素所决定。pH 值不同，水中各种酸的存在形式亦不同（表 2.18）。pH 值还与电极电位存在一定关系，影响地下水化学元素的迁移强度，是进行水化学平衡计算和审核水分析结果的重要参数。

表 2.18　不同 pH 值的水中各种弱酸存在的形式

酸 \ 酸占总数的百分数/% \ pH 值	4	5	6	7	8	9	10	11
$H_2CO_3+CO_2$	99.70	99.62	74.08	22.22	2.76	0.27	0.02	—
HCO_3^-	0.30	3.38	25.92	77.74	96.72	94.62	64.94	15.46
CO_3^{2-}	—	—	—	0.04	0.52	5.11	35.04	84.54
H_3PO_4		0.10	0.01	—	—	—	—	—
$H_2PO_4^-$		97.99	83.67	33.90	4.88	0.51	0.05	—
HPO_4^{2-}		1.91	16.32	66.10	95.12	99.45	99.54	96.53
PO_4^{3-}		—	—	—	—	0.04	0.36	3.47
H_2SiO_3	100	100	100	99.98	99.79	97.90	82.23	30.68
$HSiO_3^-$	—	—	—	0.02	0.21	2.10	17.68	65.97
SiO_3^{2-}	—	—	—	—	—	—	0.09	3.35
H_2S	99.91	99.10	91.66	52.35	9.81	1.09	0.11	—
HS^-	0.09	0.90	8.34	47.65	90.19	98.91	99.89	—
S^{2-}	—	—	—	—	—		0.002	—

地下水按 pH 值的分类见表 2.19。

表 2.19　地下水按 pH 值分类表

地下水的类别	强酸性水	酸性水	弱酸性水	中性水	弱碱性水	碱性水	强碱性水
pH 值	＜4.0	4.0～5.0	5.0～6.0	6.0～7.5	7.5～9.0	9.0～10.0	＞10.0

（2）酸碱度。

1）酸度：即强碱滴定水样中的酸至一定 pH 值的碱量，一般以 mmol/L、meq/L 表示。可分为酚酞酸度、甲基橙酸度。地下水酸度的形成主要是未结合的 CO_2、无机酸、强酸弱碱盐及有机酸。

2）酚酞酸度（总酸度）：用指示剂酚酞滴定当量终点测得的酸度。

3）甲基橙酸度：用指示剂甲基橙滴定当量终点测定的酸度。

4）碱度：即强酸滴定水样中的碱至一定 pH 值的酸量，一般以 mmol/L、meq/L 表示。可分为甲基橙碱度、酚酞碱度。地下水碱度的形成主要是氢氧化物、硫化物、氨、硝酸盐、无机和有机弱酸盐以及有机碱。

5）甲基橙碱度（总碱度）：用指示剂甲基橙滴定当量终点测定的碱度。

6）酚酞碱度：用指示剂酚酞滴定当量终点测定的碱度。

（3）硬度。地下水的硬度取决于地下水中钙、镁和其他金属离子（碱金属除外）的含量。可分为总硬度、暂时硬度和永久硬度。

1）总硬度：地下水中钙和镁的盐类（钙、镁的重碳酸盐、氯化物、硫酸盐、硝酸盐）的总含量。它是暂时硬度和永久硬度之和。

2）暂时硬度（碳酸盐硬度）：水煮沸后，呈碳酸盐形态（$CaCO_3$ 或 $MgCO_3$）的钙、镁析出量。

3）永久硬度（非碳酸盐硬度）：水煮沸后，留于水中的钙盐和镁盐（主要是硫酸盐和氯化物）的含量。

硬度一般以 mmol/L、mg/L、meq/L 或 H°（德国度）表示。1个德国度相当于在1L水中含有10mgCaO或者7.19mgMgO（表2.20）；1meq/L＝2.8H°，或者20.04mg/L的 Ca^{2+} 或12.16mg/L的 Mg^{2+}。

表 2.20　　1L 水中硬度为 1H°的化合物含量

化　合　物	含量/(mg/L)	化　合　物	含量/(mg/L)
CaO	10.00	MgO	7.19
Ca	7.14	$MgCO_3$	15.00
$CaCl_2$	19.17	$MgCl_2$	16.93
$CaCO_3$	17.85	$MgSO_4$	21.47
$CaSO_4$	24.28	$Mg(HCO_3)_2$	26.10
$Ca(HCO_3)_2$	28.90	$BaCl_2$	37.14
Mg	4.34	$BaCO_3$	35.20

地下水按硬度的分类见表2.21。

表 2.21　　地下水按硬度分类表

硬度表示方法＼水的类别	极软水	软水	微硬水	硬水	极硬水
H°	<4.2	4.2～8.4	8.4～16.8	16.8～25.2	>25.2
meq/L	<1.5	1.5～3.0	3.0～6.0	6.0～9.0	>9.0
mg/L	<42	42～84	84～168	168～252	>252

注　"mg/L"是以CaO计，1H°＝0.35663meq/L或1meq/L＝2.804H°。

（4）矿化度。地下水中所含各种离子、分子与化合物的总量称为矿化度（总矿化度，总溶解固体），以每公升地下水中所含克数（g/L）表示。可用离子交换法来测定。它包括了地下水中全部的溶解组分和胶体物质，但不包括游离气体。

通常，以105～110℃时将水蒸干所得的干涸残余物总量来表征矿化度；也可以将分析所得阴、阳离子含量相加，求得理论干涸残余物值。但需注意：阴、阳离子相加时，HCO_3^- 只取重量的半数，这是因为在蒸干时有将近一半的 HCO_3^- 分解生成 CO_2 及 H_2O 而逸失。

地下水按矿化度的分类见表 2.22。

表 2.22　地下水按矿化度分类表

地下水的类别	淡水	微咸水（低矿化水）	半咸水（中等矿化水）	咸水（高矿化水）
矿化度/(g/L)	<1	1～3	3～10	>10

地下水的矿化度与地下水的化学成分之间有密切的关系（图 2.32、图 2.33）。矿化度低的淡水，常以 HCO_3^- 和 Ca^{2+}、Mg^{2+} 为主；中等矿化度的水，常以 SO_4^{2-} 和 Ca^{2+} 或 Na^+ 为主；高矿化度的水，常以 Cl^- 和 Na^+ 为主，当矿化度大于 30g/L 时，阳离子中还可能出现 Ca^{2+}。

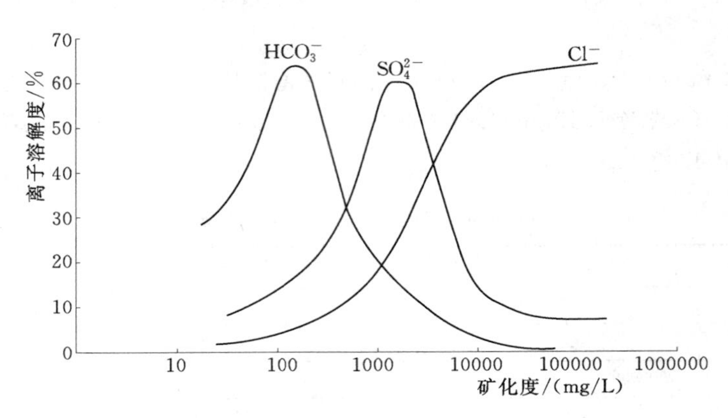

图 2.32　不同矿化度水中各种主要阴离子含量曲线

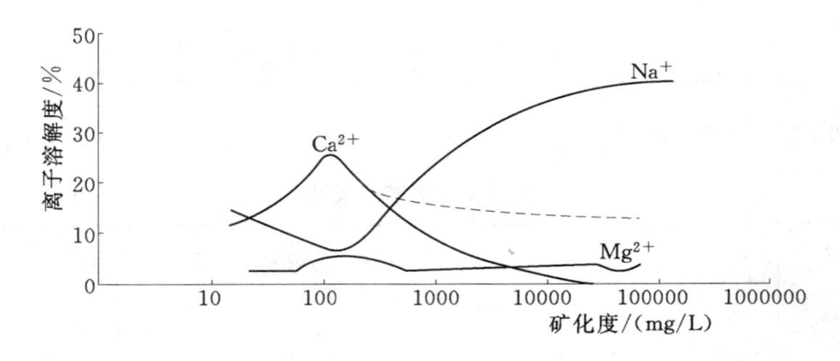

图 2.33　不同矿化度水中各种主要阳离子含量曲线

2.4.5.4　化学表达式

单个水样的化学特性可用化学表达式（库尔洛夫式，分子式）来表示。具体表示方法为将阴、阳离子分别标示在横线上下，按毫克当量百分数自大而小的顺序排列，小于10%的离子不予表示；横线前依次表示特殊成分、气体成分及矿化度（以字母 M 为代号），三者单位均为 g/L；横线后表示水温（以字母 t 为代号），单位为摄氏度。即

$$\text{特殊成分含量(g/L)气体含量(g/L)矿化度(g/L)}\frac{\text{各阴离子含量(meq\%)}}{\text{各阳离子含量(meq\%)}}\text{水温(℃)}$$

式中　各阴、阳离子均依含量递减次序排列；各种成分含量一律标在该成分符号的右下角；各元素的原子数均移至右上角。

如：

$$H^2SiO^3_{0.1}H^2S_{0.012}CO^2_{0.019}M_{2.5}\frac{HCO^3_{50}SO^4_{36}Cl_{12}}{Ca_{60}Mg_{22}Na_{14}}t_{13}。$$

化学表达式（库尔洛夫式，分子式）可以简明地反映水的化学特点，目前使用非常普遍。

2.4.6 水化学分析成果的检查

为了检查水化学分析的质量，可对同一样品作平行试验，若误差不超过±2%，则认为水化学分析成果是合乎质量的。

为了保证水化学分析成果的正确性，可依据水化学原理对以下几个方面进行检查。

（1）离子总含量的检查。经离子交换法测得的离子总含量（meq/L）应与分析所得各离子含量（meq/L）的总和相接近，最大误差不超过±5%。

（2）阴、阳离子毫克当量总数的检查。当 K^+、Na^+ 为直接测定的分析成果时，若水化学分析成果中的阴、阳离子毫克当量总数相等，则水化学分析结果是准确的；否则，存在误差。误差的计算公式为

$$\delta=\frac{\sum K-\sum A}{\sum K+\sum A}\times 100\% \quad (2.26)$$

式中 $\sum K$——阳离子毫克当量总数；

$\sum A$——阴离子毫克当量总数。

通常，简分析的误差 δ 不应超过±5%；全分析的误差 δ 不应超过±2%。若超出此范围，则说明分析项目不够全面或分析成果有错误。但当 $\sum K+\sum A<5$meq/L 时，可不追求误差 δ。

当水分析未测定 K^+、Na^+ 时，水样学分析成果中的阴离子毫克当量总数一般应大于阳离子毫克当量总数（除 K^+、Na^+ 外），否则不得超过表 2.23 列出的界限值。

表 2.23 水分析允许误差界线

阴、阳离子总量/(mg/L)	允许误差界限（占阴、阳离子总量的百分比）/%
<300	5
≥300	3

（3）矿化度的检查。蒸干法所得的矿化度与分析测得各离子含量的总和（mg/L）减去重碳酸根离子含量之半的结果应当接近，误差不应超过±5%。对于含盐量很小的水来说，其误差可能还要大一些，如含盐量小于 100mg/L 时，允许相差 10%。

（4）pH 值与其有关离子之间关系的检查。

1）对于含有机物质不多，矿化度不大的水来说，水温为 25℃时 pH 值与游离 CO_2 和 HCO_3 含量间的关系如下：

$$pH=6.37+\lg C_{HCO_3^-}-\lg C_{CO_2} \quad (2.27)$$

式中 $C_{HCO_3^-}$——重碳酸根离子的浓度，mg/L；

C_{CO_2}——游离二氧化碳的浓度，mg/L。

实测 pH 值与计算所得结果一般不超过 0.1pH 单位，最大误差为 0.2pH 单位。

2）对于含有机物质较多，矿化度较大的水来说，水温为25℃时pH值与游离HCO_3和CO_3^{2-}含量间的关系如下：

$$pH=10.31-\lg C_{HCO_3^-}-\lg C_{CO_3^{2-}} \tag{2.28}$$

式中　$C_{HCO_3^-}$——重碳酸根离子的浓度，mg/L；

$C_{CO_3^{2-}}$——碳酸根离子的浓度，mg/L。

实测pH值与计算所得结果一般不超过0.1pH单位，最大误差为0.2pH单位。

3）通常在pH值小于7时，水中游离CO_2占优势；而pH值在8.4时，则主要为HCO_3^-；当pH更大时，溶液中CO_3^{2-}含量逐渐增加。

（5）HCO_3^-、$Ca^{2+}+Mg^{2+}$与$HCO_3^-+SO_4^{2-}$关系的检查。对于大多数矿化度小于1000mg/L的水，通常存在如下关系：$HCO_3^-<Ca^{2+}+Mg^{2+}<HCO_3^-+SO_4^{2-}$（meq/L）。

若在分析淡水时不符合上述关系，则应将分析结果与该种水质的其他分析结果相比较，如有不同或得到另外的关系，则属可疑。

（6）硬度、碱度与离子间关系的检查。

1）$Ca^{2+}+Mg^{2+}$(meq/L)＝实测总硬度（meq/L），误差不应超过1meq/L。

2）当有永久硬度时，无负硬度存在，$Cl^-+SO_4^{2-}>K^++Na^+$(meq/L)，总硬度＞总碱度；暂时硬度等于重碳酸根离子的含量。

3）当无永久硬度时，有负硬度存在，总硬度＝暂时硬度；总硬度＜总碱度；负硬度＜K^++Na^+(meq/L)。

如果上述分析有误，一般认为总硬度与Ca^{2+}分析是正确的，而据此修正Mg^{2+}值。

（7）耗氧量、透明度、色度关系的检查。耗氧量的大小一般与透明度、色度相对应：高耗氧水中，透明度小，色度大，否则即含大量亚铁盐或硫化氢。

（8）侵蚀性CO_2的检查。对于一般天然水而言，由侵蚀性CO_2所形成的溶蚀$CaCO_3$容量的实测值与理论计算值应接近。

理论值按下式计算：

$$[HCO_3^-]^3+(2[Ca^{2+}]_0-[HCO_3^-]_0)[HCO_3^-]^2+\frac{1}{Kf}[HCO_3^-]-\frac{1}{Kf}(2[CO_2]_0+[HCO_3^-]_0)=0 \tag{2.29}$$

式中　$[Ca^{2+}]_0$——水中Ca^{2+}的实测浓度，mmol/L；

$[HCO_3^-]_0$——水中HCO_3^-的实测浓度，mmol/L；

$[CO_2]_0$——水中游离CO_2的实测浓度，mmol/L；

$[HCO_3^-]$——水样加入$CaCO_3$后，达到平衡时HCO_3^-的浓度，mmol/L；

K——平衡常数，其值见表2.24；

f——活度系数，其值见表2.25。

表2.24　不同温度下的平衡常数（K）值

温度/℃	0	5	10	15	20	25	30
K	0.0160	0.0152	0.0171	0.0189	0.0222	0.0260	0.0328

表 2.25　　不同离子强度（μ）下的活度系数（f）值

μ	f	μ	f	μ	f	μ	f
0.001	0.809	0.012	0.522	0.032	0.381	0.055	0.307
0.002	0.745	0.014	0.499	0.034	0.372	0.060	0.297
0.003	0.703	0.016	0.480	0.036	0.364	0.065	0.286
0.004	0.668	0.018	0.463	0.038	0.357	0.070	0.277
0.005	0.641	0.020	0.449	0.040	0.350	0.075	0.269
0.006	0.616	0.022	0.434	0.042	0.343	0.080	0.261
0.007	0.597	0.024	0.421	0.044	0.337	0.085	0.254
0.008	0.579	0.026	0.410	0.046	0.331	0.090	0.247
0.009	0.562	0.028	0.400	0.048	0.325	0.095	0.241
0.010	0.547	0.030	0.390	0.050	0.320	0.100	0.235

表 2.25 中：

$$\mu=\frac{1}{2}\sum C_iZ_i^2$$

式中　C_i——离子浓度；

Z_i——离子电荷数。

（9）NO_3^- 与 NO_2^- 的检查。由于水的成分非常复杂，水分析成果审查必须从多方面来考虑，并要结合野外取样、运送、储存情况，加以分析判断。若天然水中无 NO_3^-，则亦不含 NO_2^-。

2.4.7　地下水的水化学分类方法

地下水按其化学成分的分类方法很多，大多数在一定程度上都是利用主要阴离子与阳离子间的对比关系来进行划分的。常见的分类方法有：舒卡列夫分类法、派珀三线图解法、布罗茨基分类法和阿廖金分类法。

2.4.7.1　舒卡列夫分类法

苏联学者舒卡列夫（C. A. Щукалев）根据地下水中常见的 6 种主要离子成分 HCO_3^-、SO_4^{2-}、Cl^-、Ca^{2+}、Mg^{2+}、Na^+（K^+ 合并于 Na^+ 中）及矿化度对地下水进行分类，将含量大于 25 毫克当量百分数的阴离子和阳离子进行组合，共分成 49 型水，每型以一个阿拉伯数字作为代号（表 2.26）；然后按矿化度分为四组：A 组矿化度小于 1.5g/L，B 组矿化度为 1.5～10g/L，C 组矿化度为 10～40g/L，D 组矿化度大于 40g/L。

表 2.26　　舒卡列夫分类表

超过25%毫克当量的阴离子 / 超过25%毫克当量的阳离子	HCO_3^-	$HCO_3^-+SO_4^{2-}$	$HCO_3^-+SO_4^{2-}+Cl^-$	$HCO_3^-+Cl^-$	SO_4^{2-}	$SO_4^{2-}+Cl^-$	Cl^-
Ca^{2+}	1	8	15	22	29	36	43
$Ca^{2+}+Mg^{2+}$	2	9	16	23	30	37	44
Mg^{2+}	3	10	17	24	31	38	45
Na^++Ca^{2+}	4	11	18	25	32	39	46
$Na^++Ca^{2+}+Mg^{2+}$	5	12	19	26	33	40	47
$Na^{2+}+Mg^{2+}$	6	13	20	27	34	41	48
Na^+	7	14	21	28	35	42	49

注　表中影线格水型目前尚未发现。

水型按阴离子在前、阳离子在后，含量大的在前、含量小的在后的顺序命名。不同化学成分的水都可以用一个简单的符号代替，并赋以一定的成因特征。如：1－A 型水，即低矿化的 HCO_3－Ca 型水，是沉积岩地区典型的溶滤水；49－D 型水，即高矿化的 Cl－Na 型水，可能是与海水及海相沉积有关的地下水，或者是大陆盐化潜水。

这种分类形式简明，使用方便，基本上可反映地下水的形成过程，对小比例尺制图尤为方便，在我国应用非常广泛。在利用该方法系统整理水分析资料时，从表 2.26 的左上角向右下角大体与地下水总的矿化作用过程一致。其缺点是：首先，将毫克当量百分数大于 25%作为划分地下水类型的界限无充分根据，带有人为性；其次，当超过 25%的阴（或阳）离子多于两种时，未考虑其主次关系，反映水质变化不够细致；再次，以组合关系划分的 49 种类型中，有的在自然界尚未发现。

2.4.7.2　派珀三线图解法

派珀（A. M. Piper）三线图解法是以地下水中常见的 6 种主要离子成分 HCO_3^-、SO_4^{2-}、Cl^-、Ca^{2+}、Mg^{2+}、Na^+（K^+合并于 Na^+中）为基础，讨论水的化学特征，由两个三角形和一个菱形组成（图 2.34）。两个三角形位于派珀三线图的下方，分别表示阴、阳离子毫克当量的百分数：左下角三角形的三条边线分别表示阳离子中 $Na^+ + K^+$、Ca^{2+}及 Mg^{2+}的毫克当量百分数，右下角三角形的三条边线分别表示阴离子 HCO_3^-、SO_4^{2-} 及 Cl^-的毫克当量百分数。

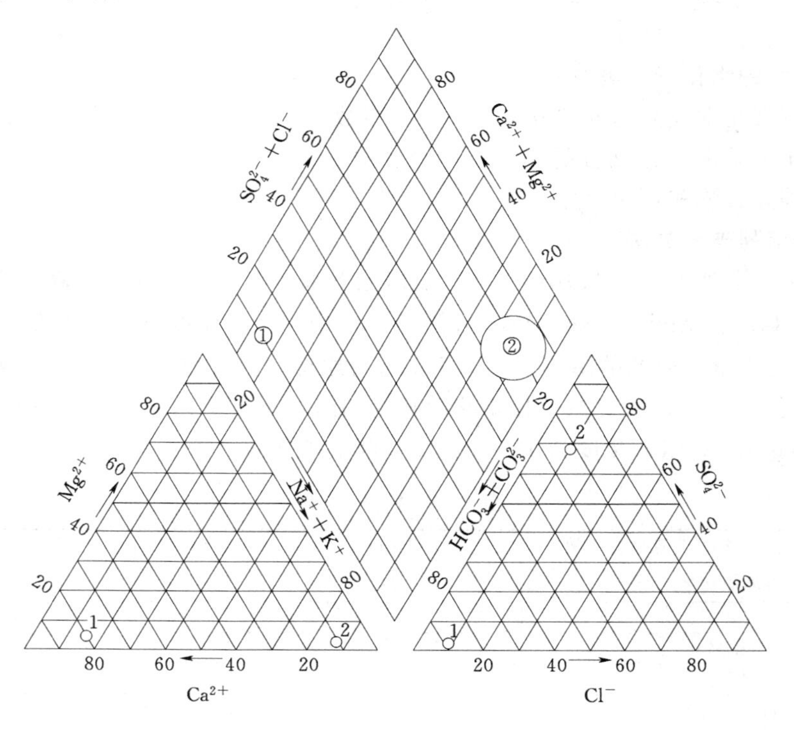

图 2.34　派珀三线图解

任一水样的阴、阳离子的相对含量分别在两个三角形中以标号的圆圈表示。菱形位于派珀三线图的上方，两三角形中的点分别延线，在菱形中的交点即表示地下水的化学特征，用圆圈的大小表示地下水的矿化度。

派珀把菱形分成9个区（图2.35），落在菱形中不同区域的水样具有不同化学特征：1区碱土金属离子超过碱金属离子，2区碱金属离子超过碱土金属离子，3区弱酸根超过强酸根，4区强酸根超过弱酸根，5区碳酸盐浓度超过50%，6区非碳酸盐浓度超过50%，7区以碱金属离子及强酸根为主，非碳酸盐碱浓度超过50%，8区以碱土金属离子及弱酸根为主，碳酸盐碱浓度超过50%，9区任一对阴阳离子含量均不超过50%毫克当量百分数。

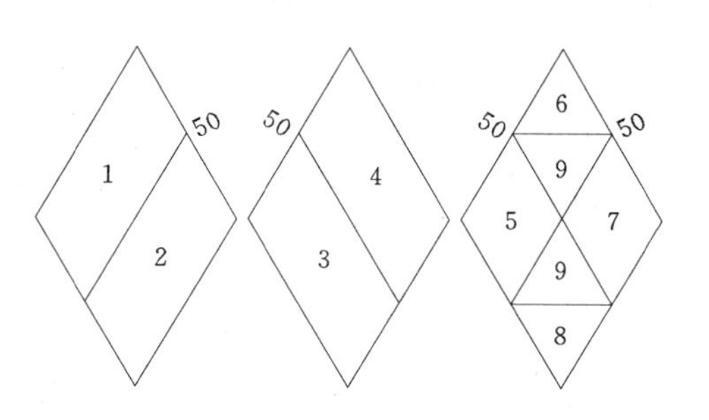

图2.35　派珀三线图解分区

这种方法的优点是不受人为影响，从菱形中可以看出水样的一般化学特征，从三角形中可以看出各种离子的相对含量。将一个地区的水样标在图上，还可以分析地下水化学成分的演变规律。

2.4.7.3　布罗茨基分类法

布罗茨基依据常见的6种离子 HCO_3^-、SO_4^{2-}、Cl^-、Ca^{2+}、Mg^{2+}、Na^+ 及矿化度对地下水进行分类：将离子含量以毫克当量数表示，并对阴、阳离子都分别考虑了含量占第一位及第二位的两种离子，依此将地下水划分成36种水型；然后按矿化度的大小划分亚类，并以符号表示矿化度大小（图2.36）。

阳离子 \ 阴离子		HCO_3^-		SO_4^{2-}		Cl^-	
		Cl^-	SO_4^{2-}	HCO_3^-	Cl^-	SO_4^{2-}	HCO_3^-
Ca^{2+}	Mg^{2+}	▽ →	○				
	Na^+		▽	△			
Na^+	Ca^{2+}			○	□		
	Mg^{2+}				△	⬡ □	
Mg^{2+}	Ca^{2+}						
	Na^+						

▽ 1　○ 2　△ 3　□ 4　⬡ 5　——→ 6　- - -→ 7

图2.36　布罗茨基分类图解

1—矿化度<0.5g/L；2—矿化度=0.5～1.0g/L；3—矿化度=1.0～5.0g/L；4—矿化度=5.0～30g/L；5—矿化度>30g/L；6—沉积岩地区溶滤水的化学成分变化；7—火成岩变质岩区溶滤水的化学成分变化

水型按阴离子在前、阳离子在后，离子毫克当量数大的在前、离子毫克当量数小的在后的顺序命名。如：左上方第一格为重碳酸氯化物钙镁型水。

这种分类方法的优点是省去了毫克当量百分数的换算手续，突出了离子含量的主次关系，能较好地反映地下水的形成过程和循环条件。缺点是当两种离子含量相差太小或相差太大时，强调主次，就显得累赘了；且命名中不能知道水中化学成分的比较确切的含量。

2.4.7.4　阿廖金分类法

阿廖金（O. A. Aleken）分类法以地下水中常见的6种主要阴离子（HCO_3^-、SO_4^{2-}、Cl^-）与阳离子（Ca^{2+}、Mg^{2+}、Na^+）为基础对地下水进行分类：首先按照含量最多的阴离子分为三大类：重碳酸（HCO_3^-）及碳酸（CO_3^{2-}）水、硫酸（SO_4^{2-}）水和氯化（Cl^-）水；每一类再按含量最多的阳离子分为三个组：钙（Ca）组、镁（Mg）组和钠（Na）组；每一组又根据阴离子和阳离子含量（毫克当量）的对比关系再划分为三个型。如此将地下水共划分成27种，分属4种不同水型（图2.37）。

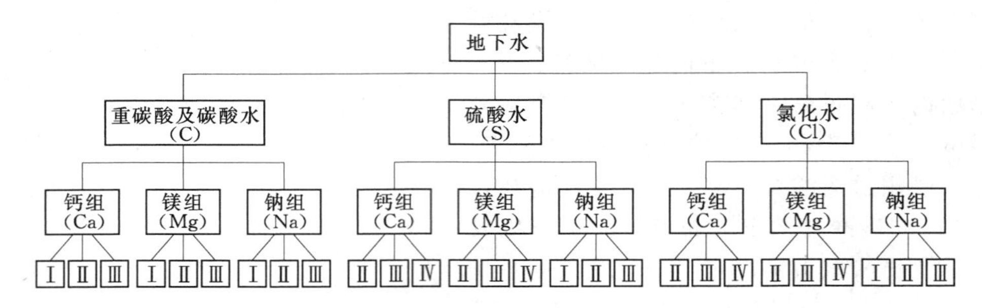

图2.37　阿廖金分类图解

第一型水（Ⅰ）：$HCO_3^- > Ca^{2+} + Mg^{2+}$，属弱矿化水，为火成岩地区溶滤作用或$Ca^{2+}$对$Na^+$进行交替作用形成的。这一型水多半硬度小、水质好。硫酸水（S）与氯化水（Cl）类的钙组（Ca）及镁组（Mg）组中无此类型水。

第二型水（Ⅱ）：$HCO_3^- < Ca^{2+} + Mg^{2+} < HCO_3^- + SO_4^{2-}$，多为沉积岩与风化产物中的水。这一型水以低矿化或中等矿化为特征，大多数地表水（河水、湖水等）及浅层地下水都属于这一型。

第三型水（Ⅲ）：$Cl^- > Na^+$或$HCO_3^- + SO_4^{2-} < Ca^{2+} + Mg^{2+}$，为封闭盆地水和因离子交换而发生显著变化的高矿化水。海水、强矿化地下水属此类型。

第四型水（Ⅳ）：$HCO_3^- = 0$，为酸性水。重碳酸及碳酸水（C）类中及硫酸水（S）与氯化水（Cl）类的钠组（Na）中均无此类型水。

水型按类在前、组居中、型在后的顺序命名。如：重碳酸水类、钙组、第二型水。也可以用符号来表示：水的类别为基号，由主要阴离子的名称中的第一个字母（C、S、Cl）来表示；组别为上脚号，由主要阳离子的化学符号（Ca、Mg、Na）来表示；型为下脚号，由罗马数字（Ⅰ、Ⅱ、Ⅲ、Ⅳ）表示。如重碳酸水类、钙组、第二型水，可以用符号表示为$C_{\text{Ⅱ}}^{Ca}$。

这种分类方法的优点是简明、易记，兼顾了主要阴、阳离子及其含量间的对比关系，能较好地解释水的成因和化学性质，且反映了天然水中矿化度的变化规律。

第3章　地下水允许开采量评价

3.1　地下水资源量的类别

随着地下水科学的发展，人们对地下水资源的认识不断深入。20世纪70年代后期我国提出了地下水资源分类方案，该方案于1989年由国家计划委员会正式批准为国家标准GB 927—88。建设部于2001年颁布的国家标准《供水水文地质勘察规范》（GB 50027—2001）中仍执行该方案。

该方案将地下水资源分成补给量、储存量和允许开采量。

3.1.1　补给量

补给量是指天然状态或开采条件下，单位时间通过各种途径进入含水系统的水量。补给量的形成和大小受外界补给条件制约，随水文气象周期变化而变化。补给量是地下水资源的可恢复量，地下水资源的循环再生性，主要体现在当其被消耗时，可以通过补给获得补偿；当消耗的地下水资源不超过总补给量时，会得到全部补偿。通常所说的某地区地下水资源丰富，表明该地区地下水资源补给量充足。因此，可依据地下水补给量的多少表征地下水资源的丰富程度。

补给量按开采前后形成的条件不同可分为天然补给量和开采补给增量。天然补给量是天然条件下形成并进入含水系统的水量，包括降水入渗、地表水入渗、地下水侧向径流补给、垂向越流补给等。目前，许多地区都已有不同程度的开采，保持天然状态的情况很少，通常是计算现状条件的补给量，然后再计算开采补给增量。

地下水开采补给增量又称激发补给量、开采袭夺量或诱发补给量，是开采前不存在，因开采地下水产生水动力条件改变而进入含水系统的水量。常见的补给增量由下列来源组成。

（1）来自地表水的增量：当取水工程靠近地表水时，由于开采地下水，水位下降漏斗扩展到地表水体，可使原来补给地下水的地表水补给量增大，或使原来不补给地下水，甚至排泄地下水的地表水体变为补给地下水，形成开采时地表水对地下水的补给增量。

（2）来自降水入渗的补给增量：由于开采地下水形成降落漏斗，除漏斗疏干体积增加部分降水渗入外，还使漏斗范围内原来不能接受降水渗入补给的地区（例如沼泽、湿地等），腾出可以接受补给的储水空间，因而增加了降水渗入补给量。此外，由于地下水分水岭向外扩展，增加了降水渗入补给面积，使原来属于相邻含水系统（或水文地质单元）的一部分降水入渗补给量，变为本漏斗区的补给量。

（3）来自相邻含水层越流的补给增量：由于开采含水层的水位降低，与相邻含水层的水位差增大，可使越流量增加，或使相邻含水层从原来的开采含水层获得越流补给变为补给开采层。

(4) 增加的侧向流入补给量：由于降落漏斗的扩展，可夺取属于另一含水系统（或均衡地段）地下水的侧向流入补给量，或某些侧向排泄量因漏斗水位降低，而转为补给增量。

(5) 人工增加的补给量：包括开采地下水后各种人工用水的回渗量增加而多获得的补给量。

补给增量的大小不仅与水源地所处的自然环境有关，同时还与取水建筑物的种类、结构和布局（即开采方案和开采强度）有关。当自然条件有利、开采方案合理、开采强度较大时，夺取的补给增量可以远远超过天然补给量。例如，在傍河地段取水，沿岸布井开采时，可获得大量地表水的入渗补给增量，并远大于原来的天然补给量，成为可开采量的主要组成部分。

但是，开采时的补给增量也不是无限制的。从上述补给增量的来源可以看出，它无非是夺取了本计算含水层或含水系统以外的水量。从整个地下水资源的观点来看，邻区、邻层的地下水资源也要开发利用。这里补给量增加了，那里就减少了。再从“三水”转化的总水资源的观点考虑，如果河水已被规划开发利用，这里再加大开采强度，大量夺取河水的补给增量，则会减少了地表水资源。因此，在计算补给增量时，应全面考虑合理的袭夺，而不能盲目无限制地扩大补给增量。

计算补给量时，应以天然补给量为主，同时考虑合理的补给增量。地下水的补给量是使地下水运动、排泄、交替的主导因素，它维持着水源地的连续长期开采。允许开采量主要取决于补给量，因此，计算补给量是地下水资源评价的核心内容。

3.1.2　储存量

储存量是指地下水补给与排泄的循环过程中，某一时间段内在含水介质中聚积并储存的重力水体积。潜水含水层的储存量，称为容积储存量，可用式（3.1）计算：

$$W=\mu \cdot V \tag{3.1}$$

式中　W——地下水的储存量，m^3；

μ——含水介质的给水度；

V——潜水含水层的体积，m^3。

承压含水层除了容积储存量外，还有弹性储存量，可按式（3.2）计算：

$$W_{弹}=\mu^{*} \cdot F \cdot h \tag{3.2}$$

式中　$W_{弹}$——承压含水层的弹性储存量，m^3；

μ^{*}——储水（或释水）系数；

F——承压含水层的分布面积，m^2；

h——自承压含水层顶板算起的压力水头高度，m。

由于地下水的补给与排泄通常处于不均衡状态，地下水的水位总是随时间变化，因此，地下水储存量也是随时间变化的。天然条件下，随水文气象周期呈周期性变化；开采条件下，则由开采状态控制其量的变化趋势。若开采量小于补给量，储存量仍呈周期性变化；若开采量大于补给量，储存量呈逐年衰减趋势变化。地下水储存量不论在天然条件还是开采条件下，都具有调节作用。天然条件下，调节补给与排泄的不平衡性，当补给大于排泄时，盈余的补给量转化为储存量储存在含水层中，储存量增加；当补给小于排泄量时，储存量转化为消耗量，储存量减少。开采条件下，当水文地质条件有利时，可以暂借储存量平衡开采量。

3.1.3 允许开采量

允许开采量，又称可开采量或可开采资源，是指通过技术经济合理的取水建筑物，在整个开采期内出水量不会减少，动水位不超过设计要求，水质和水温变化在允许范围之内，不影响已建水源地正常开采，不发生危害性环境地质现象等前提下，单位时间内从含水系统或取水地段开采含水层中可以取得的水量，常用单位为 m^3/d 或 m^3/a。简言之，允许开采量就是用合理的取水工程，单位时间内能从含水系统或取水地段取出来，并且不发生一切不良后果的最大出水量。允许开采量是属于可再生的地下水资源量，一旦被取出，可以通过外界补给获得补偿，但是，允许开采量不是地下水资源存在的一种自然形式，是人们为合理开发利用地下水提出来的。允许开采量主要由补给量组成，其大小也随时空变化，同时还受开采技术、环境等条件限制。

允许开采量与开采量的概念是不同的。开采量是取水工程取出的地下水量，反映了取水工程的产水能力。对于供水工程而言，开采量不应大于含水系统或取水地段的允许开采量。对于消耗储存量维持开采的水源地，开采量可大于允许开采量。

3.2 地下水允许开采量计算

计算地下水允许开采量是地下水资源评价的核心问题。计算地下水允许开采量的方法，也称为地下水资源评价的方法。允许开采量的大小，主要取决于补给量，局域地下水资源评价还与开采的经济技术条件及开采方案有关。有时为了确定含水层系统的调节能力，还需计算储存量。

目前地下水允许开采量的计算方法有几十种，国内学者尝试对众多计算方法进行分类，有些学者依据计算方法的主要理论基础、所需资料及适用条件进行了分类，见表3.1。在实际工作中，可依据计算区的水文地质条件、已有资料的详细程度、对计算结果精度的要求等选择一种或几种方法进行计算，以相互印证及择优。本书着重介绍几种主要的计算方法。

表 3.1　地下水资源评价方法分类表

评价方法分类	主要方法名称	所需要资料数据	适用条件
以渗流理论为基础的方法	解析法	渗流运动参数和给定边界条件、初始条件 一个水文年以上的水位、水量动态观测或一段时间抽水流场资料	含水层均质程度较高，边界条件简单，可概化为已有计算公式要求模式
	数值法（有限元、有限差分、边界元等），电模拟法		含水层非均质，但内部结构清楚，边界条件复杂，但能查清，对评价精度要求较高，面积较大
	泉水流量衰减法	泉动态和抽水资料	泉域水资源评价
以观测资料统计理论为基础的方法	水力消减法	抽水试验或开采过程中的动态观测资料	岸边取水
	系统理论方法（黑箱法），相关外推法，$Q-S$ 曲线外推法，开采抽水试验法		不受含水层结构及复杂边界条件的限制，适于旧水源地或泉水扩大开采评价

续表

评价方法分类	主要方法名称	所需要资料数据	适用条件
以水均衡理论为基础的方法	水均衡法，单项补给量计算法，综合补给量计算法，开采模数法	测定均衡区内各项水量均衡要素	最好为封闭的单一隔水边界，补给项或消耗项单一，水均衡要素易于确定
以相似比理论为基础的方法	直接比拟法（水量比拟法），间接比拟法（水文地质参数比拟法）	类似水源地的勘探或开采统计资料	已有水源地和勘探水源地地质条件和水资源形成条件相似

3.2.1　水量均衡法

水量均衡法是全面研究计算区（均衡区）在一定时间段（均衡期）内地下水补给量、储存量和消耗量之间数量转化关系的方法。通过均衡计算，计算出地下水允许开采量。水量均衡法是水量计算中最常用、最基本的方法。还常用该方法验证其他计算方法的准确性。

3.2.1.1　基本原理

一个均衡区内的含水层系统，任一时间段（Δt）内的补给量与排泄量恒等于含水层系统中水体积的变化量，即

$$Q_{补}-Q_{排}=\pm S\cdot F\cdot\frac{\Delta h}{\Delta t},\ S=\begin{cases}\mu & （潜水）\\ \mu^{*} & （承压水）\end{cases} \tag{3.3}$$

式中　$Q_{补}$——含水层系统获得的各种补给量之和，m^3/a 或 m^3/d；

$Q_{排}$——含水层系统通过各种途径的排泄量之和，m^3/a 或 m^3/d；

μ，μ^{*}——重力给水度和弹性释水系数；

Δh——Δt 时段内均衡区平均水位（头）变化值，m；

F——均衡区含水层的分布面积，m^2。

若要保持均衡区内的地下水资源可持续开采，则允许开采量为

$$Q_{允}=\Delta Q_{补}+\Delta Q_{排} \tag{3.4}$$

在实际工作中，应分析确定均衡区内的各个均衡项目，计算出均衡区内截取的各种排泄量和合理夺取的开采补给量，两者之和为该均衡区地下水的允许开采量。

补给量（$Q_{补}$）和消耗量（$Q_{排}$）的组成项目很多，并且要准确地测得这些数据往往也是困难的。但对某一个具体的地区来说，常常不是包含全部项目，有的甚至非常简单。例如，在我国西北干旱气候条件下的山前冲洪积扇地区，年降水量很少而蒸发强烈，降水渗入补给（$Q_{雨渗}$）几乎可以忽略不计。如果山前基岩裂隙也不发育，则侧向补给（$Q_{流入}$）也可略去。当含水层为一较单一的砂卵砾石层，无越流补给，也没有各种人工补给时，则地下水的补给量主要靠从山区流出的河水渗入补给（$Q_{河渗}$）。开采后，由于水位降低，可以使消耗项中的蒸发（$Q_{蒸发}$）、溢出（$Q_{溢出}$）都变为零。在这种条件下，水均衡方程可简化为

$$Q_{河渗}-Q_{流出}-Q_{实开}=\mu\cdot F\cdot\frac{\Delta h}{\Delta t} \tag{3.5}$$

最大允许开采量可用式（3.6）确定：

$$Q_{允开} \approx Q_{河渗} \tag{3.6}$$

因此，在这里准确测定河流渗入量是用水均衡法评价地下水资源的关键。

又如，我国南方的岩溶水地区，主要补给来源是$Q_{雨渗}$和$Q_{河渗}$，其次是侧向流入$Q_{流入}$，消耗项中主要是$Q_{溢出}$，其次是$Q_{流出}$和$Q_{蒸发}$。只要采取恰当的开采方式，可以充分截取补给，减少消耗，则计算允许开采量的公式可简化为

$$Q_{允开} \approx Q_{雨渗} + Q_{河渗} \tag{3.7}$$

因此，在各种情况下，都应按具体条件建立具体的水均衡方程式。

3.2.1.2 计算步骤

（1）划分均衡区。均衡区的划分依据地下水资源评价的目的和要求而定，在区域地下水资源评价中，应以天然地下水系统边界圈定的范围作为均衡区。局域地下水水量计算的均衡区需人为划分，划分时均衡区的边界应尽量选择天然边界或边界上地下水的交换量容易确定。当均衡区面积比较大时，水文地质条件复杂，均衡要素可能差别较大，还可以按含水介质成因类型和地下水类型进行分区。如果仍感困难，可以按不同的定量指标（如含水介质的导水系数、给水度、水位埋深、动态变幅等）进行二级或更细的划分。

（2）确定均衡期。地下水资源具有四维性质，不仅随空间坐标变化，还随时间变化，因此，水量均衡计算需要确定出计算时间段。时间段的长短可以根据水量评价的目的、要求和资料情况决定。一般以一个水文年为单位，也可以将一个大水文周期作为均衡期，但计算时仍以水文年为单位逐年计算，然后再进行均衡期内总水量平衡计算。也可以将一个旱季或雨季作为均衡期。

（3）确定均衡要素，建立均衡方程。均衡要素是指通过均衡区周边界及垂向边界流入或流出的水量项。进入均衡区的水量项称为补给项或收入项，流出的水量项统称排泄项或支出项。

不同的均衡区均衡要素的组成不同，应根据均衡区的水文地质条件确定补给项或排泄项。首先确定天然条件下各项补给量和排泄量，然后再分析计算开采条件下可能增加开采补给量和截取的排泄量，以此建立地下水均衡方程。

（4）计算与评价。将各项均衡要素值代入均衡方程中，计算$Q_{补}$与$Q_{排}$的差值，检查其与地下水储存量的变化是否相符。若不符合，检查各项均衡要素的计算是否准确，作适当修改后，再进行平衡计算，使方程平衡为止。

评价时，可根据含水层厚度和最大允许降深，将允许开采量作为排泄项纳入均衡方程中，经多年水均衡调节计算，检查地下水位下降能否超过最大允许降深，若超过，则应调整允许开采量，直到地下水位下降不超过并且接近最大允许降深为止。也可以将总补给量作为允许开采量。

进行水量均衡计算，应密切结合均衡区的水文地质条件，根据均衡计算的目的要求，确定最佳计算时段，同时要获得可靠的各类计算所需的参数，保证各个均衡要素计算的精度，才能较准确地计算出地下水允许开采量。

3.2.2 数值法

数值法是随着电子计算机的发展，而迅速发展起来的一种近似计算方法。地下水运移的数学模型比较复杂，计算区的形状一般是不规则的，含水介质往往是多层的、非均质和

各向异性的，不易求得解析解，常用数值方法求得近似解。虽然数值法只能求出计算域内有限个点某时刻的近似解，但这些解完全能满足精度要求，数值法已成为地下水资源评价的常用方法。

用于地下水资源评价的数值法有三种，即有限差分法、有限单元法和边界元法。有限单元法和有限差分法两者在解题过程中有很多相似之处，都将计算域剖分成若干网格（有限差分法常剖分成矩形、正方形、三角形，有限单元法常剖分成三角形），都将偏微分方程离散成线性代数方程组，用计算机联立求解线性方程组，所不同的是网格剖分及线性化方法上有差别。

边界元法也称边界积分方程法，该方法不需要对整个计算区域剖分，只需剖分区域边界。在求出边界上的物理量后，计算域内部的任一点未知量可通过边界上已知量求出。因此，所需准备的输入数据比有限差分法和有限单元法少。边界元法处理无限边界比较容易。但是，边界元法也有不足，用于求解均质区域的稳定流问题（拉普拉斯方程）比较快速、有效。当用于非均质区，尤其是非均质区域的非稳定流问题，计算相当复杂，优越性不明显。

目前常用的数值法是有限差分法和有限单元法。在线性化的数学推导过程中，有限差分法简单易懂，物理定义明确。有限元法较复杂，涉及的数学知识较深。关于其具体的推导过程和详细的解题方法等，在《地下水流数值模拟》等相关文献中有详细论述。这里仅介绍运用数值法进行地下水资源评价的一般步骤。

（1）建立水文地质概念模型。在充分研究和了解计算区的地质和水文地质条件的基础上，结合评价的任务、取水工程的类型、布局等，对实际的水文地质条件进行概化，抽象出能用文字、数据或图形等简洁方式表达出来，反映出地下水运动规律的水文地质概念模型。所建立的水文地质概念模型应符合下列要求：①根据目的要求，所建立的水文地质概念模型应反映计算区地下水系统的主要功能和特征；②概念模型应尽量简单明了；③概念模型应能用于定量描述，便于建立描述符合计算区地下水运动规律的数学模型。

对水文地质条件概化的主要内容如下。

1）计算范围和边界条件的概化。首先，应明确计算层位，然后据评价要求圈定出计算区的范围。计算区应该是一个独立的天然地下水系统，具有自然边界，便于较准确地利用其真实的边界条件，以避免人为边界在提供资料上的困难和误差。但在实际工作中因勘探范围有限，常常不能完全利用自然边界。此时，需利用调查、勘探和长观资料建立人为边界。计算区范围确定后，可概化为由折线组成的多边形边界。

边界位置确定后，应进一步判明边界的性质，给出定量的数值。当地表水体直接与含水层接触时，可以认为是一类边界，但不能说凡是地表水体都一定是水头边界。只有当地表水与含水层有密切的水力联系，经动态观测证明有统一的水位，地表水对含水层有无限的补给能力，降落漏斗不可能超越此边界线时，才可以确定为水头补给边界。因为水头补给边界对计算成果的影响很大，所以确定时应慎重。如果只是季节性的河流，只能在有水期间定为水头边界。若只有某段河水与地下水有密切水力联系，则只将这段确定为水头边界。如果河水与地下水没有水力联系，或河床渗透阻力较大，仅仅是垂直入渗补给地下水，则应作为二类定流量补给边界。

断层接触边界可以是隔水边界或透水边界，一般情况下处理为流量边界，在特殊条件下，也可能成为水头边界。如果断层本身是不透水的，或断层的另一盘是隔水层，则构成隔水边界。如果断裂带本身是导水的，计算区内为富含水层，区外为弱含水层，这种透水边界可形成流量边界。如果断裂带本身是导水的，计算区内为导水性较弱的含水层，而区外为强导水的含水层时（这种情况，供水中少有，多出现在矿床疏干时），则可以定为水头补给边界。

岩体或岩层接触边界，一般多属隔水边界，这类边界多处理为流量边界。地下水的天然分水岭，可以作为隔水边界，但应考虑开采后是否会移动位置。

含水层分布面积很大或在某一方向延伸很远，成为无限边界时，如用数值法，不可能将整个含水层分布范围作为计算区，在这种情况下，可用设置缓冲带的方法，即在勘探区外围确定一适当宽度的地方作为水头边界，其宽度一般为 2～3 层单元。缓冲带的参数应比含水层小（有人认为应小 50～100 倍），这就等价于一个无限边界。也可取距离重点评价区足够远的地段，根据长观资料，人为处理为水位边界或流量边界。

凡是流量边界，应测得边界处岩石的导水系数及边界内外的水头差，算出水力坡度，计算出流入量或流出量。边界条件对于计算结果影响是很大的。在勘探工作中必须重视。对复杂的边界条件，如给出定量数据有困难时，应通过专门的抽水试验来确定。个别地段，也可以在识别模型时反求边界条件，但不能遗留得太多。

另外，还需确定计算层的上下边界有无越流、入渗、蒸发等现象，并给出定量数值。

最后，还应根据动态观测资料，概化出边界上的动态变化规律。在进行水位中长期预报时，给定预测期边界值。

2）含水层内部结构的概化。①确定含水层类型，查明含水层在空间的分布形状。对承压水，可用顶底板等值线图或含水层等厚度图来表示；对潜水，则可用底板标高等值线来表示。②查明含水层的导水性、储水性及主渗透方向的变化规律，用导水系数 T 储水系数 μ^*（或给水度 μ）进行概化的均质分区。实际上，绝对均质或各向同性的岩层在自然界是不存在的，只要渗透性变化不大，就可相对地视为均质区。此外，还要查明计算含水层与相邻含水层、隔水层的接触关系，是否有“天窗”、断层等沟通。

3）含水层水力特征的概化。将复杂的地下水流实际状态概化为较简单的流态，以便于选用相应的计算方程。一是层流、紊流的问题，一般情况下，在松散含水层及发育较均匀的裂隙、岩溶含水层中的地下水流，大都视为层流，符合达西定律。只有在极少数大溶洞和宽裂隙中的地下水流，才不符合达西定律，呈紊流。二是平面流和三维流问题，严格地讲，在开采状态下，地下水运动存在着三维流，特别是在区域降落漏斗附近及大降深的开采井附近，三维流更明显。但在实际工作中，由于三维流场的水位资料难以取得，目前在实际计算中，多数将三维流问题按二维流处理。所引起的计算误差基本上能满足水文地质计算的要求。

（2）建立计算区的数学模型。根据上述水文地质概念模型，就可以建立计算区相应的数学模型。地下水流数学模型是刻画实际地下水流在数量、空间和时间上的一组数学关系式。它具有复制和再现实际地下水流运动状态的能力。实际上，数学模型就是把水文地质概念模型数学化。描述地下水流的数学模型的种类很多，我们这里指的是用偏微分方程及其定解条件构成的数学模型，定解条件包括边界条件和初始条件。

例如，若概化后的水文地质概念模型如下。

1）分区均质各向同性的承压含水层。

2）有越流补给，其补给量随开采层水位变化而变化。

3）水流为平面非稳定流，并服从达西定律。

4）初始水头为任意分布 $H_0(x,y)$。

5）有开采井，在井数多而集中的单元概化为开采强度 $Q_V(x,y,t)$ $[m^3/(d\cdot m^2)]$。

6）边界条件有第一类（Γ_1）和第二类（Γ_2）边界。

则其数学模型为

$$\begin{cases} \dfrac{\partial}{\partial x}\left(T\dfrac{\partial h}{\partial x}\right)+\dfrac{\partial}{\partial y}\left(T\dfrac{\partial h}{\partial y}\right)+\dfrac{K'}{m'}(H-h)+Q_E(x,y,t)-Q_V(x,y,t)=\mu^*\dfrac{\mathrm{d}h}{\mathrm{d}t} \\ h(x,y,0)=H_0(x,y) \\ h(x,y,t)\big|_{\Gamma_1}=H_1(x,y) \\ T\dfrac{\partial h}{\partial n}\bigg|_{\Gamma_2}=-q(x,y,t) \end{cases}$$

式中　h，H——含水层，补给层的水头，m；

T，μ^*——含水层的导水系数和弹性释水系数；

K'，m'——弱透水层的渗透系数和厚度；

Q_E——补给强度，m/d；

Q_V——开采强度，m/d；

H_0——初始流场的水头分布，m；

H_1——第一类边界（Γ_1）上的已知水头，m；

q——第二类边界（Γ_2）上单位长度的侧向补给量，m^2/d；

x，y——平面直角坐标：

t——时间，d；

n——第二类边界上的内法线。

有限单元法和有限差分法都是将所建立的数学模型用不同方式离散化，使复杂的定解问题化成简单的代数方程组，通过编程应用计算机求解代数方程组，解出有限个点不同时刻的数值解。

（3）从空间和时间上离散计算域。将计算域进行剖分，离散为若干小单元，做出剖分网格图。剖分时，首先要选好节点，节点最好是观测孔，以便获得较准确的水位资料。但一个计算域的节点不可能都是观测孔，需要许多插值点来补充。插值点应放在水位变化显著的地方、参数分区的部位及井孔节点稀疏的地方。

选好节点后，在将点连接成单元时，还应按单元剖分的原则做适当的点位调整。单元剖分的原则是：相邻单元的大小不要相差太大；对三角形单元来说，三个边长不要相差太大；最长与最短边之比不能超过3∶1；三角形的内角宜在39°～90°之间为好，必要时可允许出现个别的钝角，但面积不要太小；若钝角三角形太多，会影响解的收敛；在水力坡度变化较大的地段及资料较多的中心地带，网格可加密些，边远地带可放稀些。剖分后，按一定的顺序对节点和网格进行系统的编号，准备相应的数据。

时间离散前先要确定模拟期和预报期。模拟期主要用来识别水文地质条件和计算地下水补给量，而预报期用于评价地下水可开采量和预测地下水位的变化。一般取一个水文年或若干水文年作为模拟期，在一个较完整的水文周期年识别数学模型，可提高识别的可信度。预测期依据评价目的和要求确定。

模拟期确定后，应给出初始时刻地下水流场，并给出各结点的水位。为了反映出模拟期地下水位的动态变化，还应将模拟期划分成若干个时段，称为时间离散。模拟期时间的离散，可根据水头变化的快慢规律，确定适当的时间步长。对模拟抽水试验来说，开始以分钟为单位，以后以小时、天为单位。模拟大量开采时，可以月、季（丰水、枯水）及年为单位。

（4）校正（识别）数学模型。模型的识别在数学运算过程中称为解逆问题。在识别过程中，不仅要对水文地质参数进行调整，对地下水的补排量、含水层结构及边界条件都可进行适当调整，所以，解逆问题具有多解性。识别因素越少，则识别愈容易。解逆问题有两种：直接解法和间接解法。由于直接解法要求每个节点的水头均应是实际观测值，这在实际上很难办到，所以应用较少，常用的是间接解法。

间接解法就是试算法，即根据所建立的数学模型，选择相应的通用程序或专门编制的程序，用勘探试验所取得的参数和边界条件作为初值，选定某一时刻作为初始条件，按程序所要求的输入数据的顺序输入进去，按正演计算模拟抽水试验或开采，输出各观测孔各时段的水位变化值和抽水结束时的流场情况。把计算所得水头值与实际观测值对比，如果相差很大，则修改参数或边界条件，再一次进行模拟计算，如此反复调试，直到满足判断准则为止。这时所用的一套参数和边界条件及数学模型就可认为是符合客观实际的。

调试的方法也有两种：一是人工调试，二是机器自动优选。人工调试方便简单，特别是在对计算区水文地质条件认识较清楚、正确时，容易达到误差要求。机器自动调试，由于存在多解性，有时可能同时得出几组参数都能满足数学上的要求，这就需要根据水文地质条件人为地分析确定。

逆演问题的唯一性，目前在数学上还没有很好地解决，参数和边界条件可以存在多种组合。因此，识别模型的过程往往很长，要反复调试多次，才能得到较满意的结果。对水文地质条件的正确认识至关重要，如果对条件认识不确切，不管用什么办法进行识别，都难以达到满意的结果。

（5）验证数学模型。为了检验所建立的数学模型是否符合实际，还要用实测的水位动态进行校正，即在给定边界、初始条件及参数、各项补排量，通过比较计算水位与实测水位，检验模型的正确性，这一过程称为模型识别（校正），校正既可以对水文地质参数进行识别，也可以对边界性质、含水层结构等水文地质条件重新认识。识别的判别准则为：①计算的地下水流场应与实测地下水流场基本一致；②控制观测井地下水位的模拟计算值与实测值的拟合误差应小于拟合计算期间水位变化值的10%，水位变化值较小（小于5m）的情况下，水位拟合误差一般应小于0.5m；③实际地下水补排差应接近计算的含水层储存量的变化量；④识别后的水文地质参数、含水层结构和边界条件符合实际水文地质条件。满足上述要求，则认为所建立的数学模型基本上真实地刻画了水文地质概念模型。

(6) 模拟预报，进行水资源评价。经过验证的模型，虽然符合客观实际，但只能反映勘探阶段的实际情况，而未来大量开采后。其边界条件和补给、排泄条件还可能发生变化。如果进行抽水试验的水位降深不够大，延续时间不够长，边界条件尚未充分暴露，则大量开采后就可能发生变化。因此，在运用验证后的模型进行地下水开采动态的水位预报时，还要依据边界条件的可能变化情况作出修正。对变水头边界，应推算出各时刻的水头值；流量边界，应给出各计算时段的流量；垂向补给排泄量有变化时，应推算出各时段的补排量。这些下推量的准确程度，会影响到数值法成果的精度。因此，只有在边界条件和补、排条件变化不大时，数值法的结果才是较准确的。否则，做短期预报还可以，做长期预报时，则依赖于对气候、水文因素预报的准确性。

根据开采资料对模型进行修改以后，可以用于正演计算，可以解决如下一些问题。

1) 可预报在一定开采方案下水位降深的空间分布和随时间的演化，可用于预测未来一定时期的水位降深、看其是否超过允许降深，但其准确性则依赖于降水量预测的准确性。

2) 预报合理的开采量。根据开采区的现有开采条件，拟定出该区的开采年限和允许降深，以及井位井数等。最后计算出在预定开采期内、在允许降深的条件下，能取出的地下水量。

3) 研究某些水均衡要素。可计算出侧向补给量、垂向补给量及总补给量；模拟开采条件下的补给量，求出稳定开采条件下的开采量；可进行不同开采方案的比较，选择最佳开采方案。

4) 计算满足开采需要的人工补给量，以及模拟人工补给后水位的变化情况。

5) 研究地表水与地下水的统一调度、综合利用，进行水资源的综合评价，以及研究其他许多水文地质问题。

根据计算成果，可以对地下水资源作出全面评价。

3.2.3 解析法

解析法是直接选用地下水动力学的井流公式进行地下水资源计算的常用方法。地下水动力学公式是依据渗流理论，在理想的介质条件、边界条件及取水条件（取水建筑物的类型、结构）下建立起来的。在理论上是严密的，只要符合公式假定条件，计算出来的开采量就是既能取出又有补给保证的地下水允许开采量。但是，由于水文地质条件的复杂性，如客观存在的含水介质的非均质性、边界条件非规则性等，使计算得到的允许开采量常常产生误差，其误差的大小取决于与公式假设条件的符合程度，因此，用解析法计算出来的允许开采量，常需要用水量均衡法论证其保证程度。

解析法的计算过程如下。

(1) 建立水文地质概念模型。由于地下水动力学公式是描述各种理想条件下水文地质模型的，所以应用解析法首先要概化水文地质条件，建立水文地质概念模型。一般是根据水文地质概念模型选用公式，也常根据公式的应用条件建立水文地质概念模型，两者相互依存，相互制约。同时，根据水文地质概念模型对勘探工作提出技术要求。

(2) 选择计算公式。根据概念模型选择公式时应考虑如下问题：①根据补给条件和计算的目的、要求，选用稳定流公式还是非稳定流公式。如在补给量充足地区，会出现稳定流，可选用稳定流公式计算；在矿床疏干工作中，常采用非稳定流公式计算。②根据地下水类型确定选择承压水还是潜水井流公式。③考虑边界的形态、水力性质，含水介质的均质程度以及取水建筑物的类型、结构、布局、间距等。

依据上述几个方面选择相应的井流公式计算地下水允许开采量。在现有公式不能满足要求时，也可根据所建立的水文地质概念模型依据渗流理论，推导新的计算公式。

（3）确定所需的水文地质参数。一般情况下应采用计算区勘察试验阶段所获得的水文地质参数，如渗透系数（K）、导水系数（T）、重力给水度、弹性释水系数等。如缺少资料，也可以在水文地质条件相似且能满足精度要求的情况下，引用其他地区参数或经验数据。

（4）计算与评价。根据水文地质概念模型，拟定开采（或疏干）方案，确定计算公式，计算开采量并检查水位降深，经过反复调整计算选出最佳方案，然后进行评价。若计算区补给充足，则计算出来的开采量就是既能取出又有补给保证的地下水允许开采量。由于水文地质条件概化时会出现误差，一般情况下，均应计算地下水补给量，论证所计算开采量的保证程度，最后确定出计算区的地下水允许开采量。

在地下水资源评价中，常用的解析法是干扰井群法和开采强度法。

1）干扰井群法。干扰井群法适用于井数不多、井位集中、开采面积不大的地区。在有地表水直接补给的地区，可直接采用稳定流干扰井公式计算开采量。例如一侧有河流补给的半无限含水层的干扰井公式：

$$\varphi_R - \varphi_W = \frac{1}{2\pi}\sum_{i=1}^{n} Q_i \ln \frac{r'_i}{r_i} \tag{3.8}$$

承压井时：

$$\varphi_R - \varphi_W = KM(H-h)$$

潜水井时：

$$\varphi_R - \varphi_W = \frac{1}{2}K(H^2-h^2)$$

式中　K——渗透系数，m/d；

M——承压含水层厚度，m；

H——天然水头，m；

h——观测点的动水头，m；

Q_i——井 i 的流量，m^3/d；

r_i，r'_i——实井和虚井到观测点的距离，m。

在远离地表水补给地区，应采用非稳定流干扰井公式进行计算。如无界含水层非稳定流干扰井公式：

$$\varphi_R - \varphi_W = \frac{1}{4\pi}\sum_{i=1}^{n} Q_i W(u_i) \tag{3.9}$$

其中

$$u_i = \frac{r_i^2}{4at}$$

式中　$W(u_i)$——泰斯井函数；

a——导压系数；

t——开采时间；

其余符号意义同前。

在计算过程中，在拟定的开采方案基础上，反复调整开采布局（井数、间距、井位、井流量等），设计降深、开采年限及开采设备，直到开采方案达到最优为止。

2）开采强度法。在开采面积很大的地区，如平原区农业供水，井数很多，井位分散，不宜使用干扰井群法，宜使用开采强度法计算允许开采量。

开采强度法的原理就是把井位分布较均匀、流量彼此相近的井群区概化成规则的开采区，如矩形区或圆形区，再把井群的总开采量概化成开采强度（单位面积上的开采量），利用开采强度公式计算开采量。现以无界承压含水层中的矩形开采区为例，说明开采强度法的原理和应用过程。

在矩形开采区内，以点 (ξ,η) 为中心，取一微分面积 $dF=d\xi d\eta$，并把它看成开采量为 dQ 的一个点井，在此点井作用下，开采区内外将形成水位降的非稳定场，对任一点引起的水位降 dS，可用点函数表示：

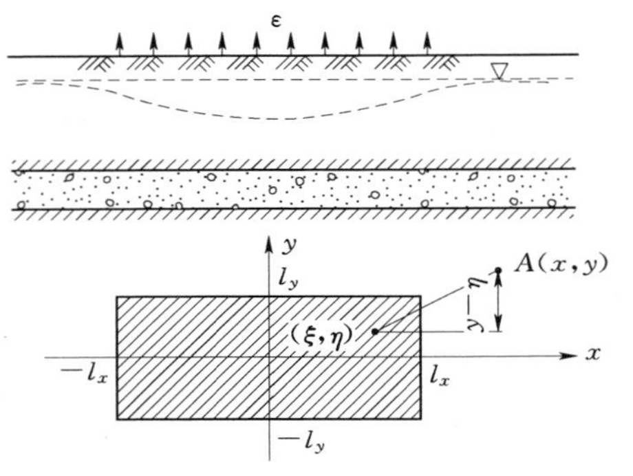

图 3.1　概化的矩形开采区示意图

$$dS=\frac{dQ}{4\pi T}\int_0^t\frac{e^{-\frac{r^2}{4a\tau}}}{\tau}d\tau \tag{3.10}$$

式中　T——导水系数；

a——导压系数；

t——时间；

r——点井到 $A(x,y)$ 点的距离。

由图 3.1 知，$r^2=(x-\xi)^2+(y-\eta)^2$。如设开采强度为 ε，则有 $dQ=\varepsilon d\xi d\eta$，同时置换 $T=a\mu^*$，μ^* 为弹性释水系数。把这些关系代入式(3.10)，并在矩形区内积分，即得 A 点的总水位降：

$$S(x,y,t)=\frac{\varepsilon}{4\mu^* a}\int_0^t\left(\int_{-l_x}^{l_x}\frac{e^{-\frac{(x-\xi)^2}{4a\tau}}}{\sqrt{\pi\tau}}d\xi\int_{-l_y}^{l_y}\frac{e^{-\frac{(y-\eta)^2}{4a\tau}}}{\sqrt{\pi\tau}}d\eta\right)d\tau \tag{3.11}$$

对 ξ 和 η 做变量置换，并用相对时间 $\bar{\tau}=\frac{\tau}{t}$ 置换 τ，即得开采强度公式：

$$S(x,y,t)=\frac{\varepsilon t}{4\mu^*}[S^*(\alpha_1,\beta_1)+S^*(\alpha_1,\beta_2)+S^*(\alpha_2,\beta_1)+S^*(\alpha_2,\beta_2)] \tag{3.12}$$

式中　$\alpha_1=\frac{l_x-x}{2\sqrt{at}}$，$\alpha_2=\frac{l_x+x}{2\sqrt{at}}$，$\beta_1=\frac{l_y-y}{2\sqrt{at}}$，$\beta_2=\frac{l_y+y}{2\sqrt{at}}$；

$S^*(\alpha,\beta)=\int_0^1\text{erf}\left(\frac{\alpha}{\sqrt{\bar{\tau}}}\right)\text{erf}\left(\frac{\beta}{\sqrt{\bar{\tau}}}\right)d\bar{\tau}$，$S^*(\alpha,\beta)$的数值见表 3.2；

$\text{erf}(z)=\frac{2}{\sqrt{\pi}}\int_0^z e^{-z^2}dz$——概率积分。

表 3.2 函数 $S^*(\alpha,\beta)=\int_0^1 \mathrm{erf}\left(\frac{\alpha}{\sqrt{\tau}}\right)\mathrm{erf}\left(\frac{\beta}{\sqrt{\tau}}\right)\mathrm{d}\tau$

α \ β	0.02	0.04	0.06	0.08	0.10	0.14	0.18	0.22	0.26	0.30	0.34	0.38
0.02	0.0041	0.0073	0.0101	0.0125	0.0146	0.0184	0.0216	0.0243	0.0267	0.0288	0.0306	0.0322
0.04	0.0073	0.0135	0.0188	0.0236	0.0278	0.0353	0.0416	0.0470	0.0518	0.0559	0.0596	0.0628
0.06	0.0101	0.0188	0.0266	0.0335	0.0398	0.0509	0.0602	0.0684	0.0754	0.0817	0.0871	0.0920
0.08	0.0125	0.0236	0.0335	0.0425	0.0508	0.0652	0.0776	0.0884	0.0978	0.1060	0.1133	0.1197
0.10	0.0146	0.0278	0.0398	0.0508	0.0608	0.0786	0.0939	0.1072	0.1188	0.1290	0.1381	0.1461
0.14	0.0184	0.0355	0.0509	0.0652	0.0786	0.1025	0.1232	0.1414	0.1573	0.1714	0.1839	0.1949
0.18	0.0216	0.0416	0.0602	0.0776	0.0939	0.1232	0.1490	0.1716	0.1916	0.2029	0.2251	0.2391
0.22	0.0243	0.0470	0.0684	0.0884	0.1072	0.1414	0.1716	0.1984	0.2222	0.2433	0.2621	0.2789
0.26	0.0267	0.0518	0.0754	0.0978	0.1188	0.1573	0.1916	0.2222	0.2494	0.2737	0.2954	0.2147
0.30	0.0288	0.0559	0.0817	0.1060	0.1290	0.1714	0.2094	0.2433	0.2737	0.3009	0.3252	0.3470
0.34	0.0306	0.0596	0.0871	0.1133	0.1381	0.1839	0.2251	0.2621	0.2954	0.3252	0.3520	0.3761
0.38	0.0322	0.0628	0.0920	0.1197	0.1461	0.1949	0.2391	0.2789	0.3147	0.3470	0.3761	0.4022
0.42	0.0337	0.0657	0.0963	0.1254	0.1532	0.2048	0.2515	0.2938	0.3320	0.3665	0.3976	0.4256
0.46	0.0349	0.0683	0.1001	0.1305	0.1595	0.2135	0.2626	0.3071	0.3474	0.3839	0.4169	0.4466
0.50	0.0361	0.0705	0.1035	0.1350	0.1650	0.2212	0.2724	0.3189	0.3612	0.3995	0.4341	0.4654
0.54	0.0371	0.0725	0.1065	0.1389	0.1700	0.2281	0.2812	0.3295	0.3735	0.4134	0.4485	0.4823
0.58	0.0380	0.0743	0.1091	0.1425	0.1744	0.2343	0.2890	0.3389	0.3844	0.4257	0.4633	0.4973
0.62	0.0387	0.0759	0.1115	0.1456	0.1783	0.2397	0.2959	0.3472	0.3941	0.4368	0.4756	0.5108
0.66	0.0394	0.0773	0.1136	0.1484	0.1818	0.2445	0.3020	0.3547	0.4027	0.4466	0.4865	0.5227
0.70	0.0401	0.0785	0.1154	0.1509	0.1849	0.2488	0.3075	0.3612	0.4104	0.4553	0.4952	0.5334
0.74	0.0406	0.0796	0.1171	0.1531	0.1876	0.2526	0.3123	0.3671	0.4172	0.463	0.5048	0.5429
0.78	0.0411	0.0806	0.1185	0.1550	0.1900	0.2559	0.3166	0.3722	0.4232	0.4699	0.5125	0.5513
0.82	0.0415	0.0814	0.1198	0.1577	0.1921	0.2586	0.3203	0.3768	0.4286	0.4760	0.5192	0.5587
0.86	0.0419	0.0822	0.1209	0.1582	0.1940	0.2615	0.3237	0.3808	0.4333	0.4813	0.5252	0.5653
0.90	0.0422	0.0828	0.1219	0.1595	0.1957	0.2638	0.3266	0.3844	0.4374	0.4860	0.5305	0.5711
0.94	0.0425	0.0834	0.1228	0.1607	0.1971	0.2658	0.3392	0.3875	0.4411	0.4902	0.5351	0.5762
0.98	0.0428	0.0839	0.1236	0.1617	0.1984	0.2676	0.3314	0.3902	0.4442	0.4938	0.5392	0.5807
1.00	0.0429	0.0842	0.1239	0.1622	0.1990	0.2684	0.3324	0.3914	0.4457	0.4955	0.5410	0.5827
1.20	0.0437	0.0858	0.1263	0.1654	0.2030	0.2740	0.3396	0.4001	0.4558	0.5070	0.5540	0.5969
1.40	0.0441	0.0866	0.1275	0.1669	0.2049	0.2767	0.3431	0.4043	0.4608	0.5127	0.5603	0.6039
1.80	0.0444	0.0871	0.1283	0.1680	0.2062	0.2785	0.3454	0.4071	0.4641	0.5165	0.5645	0.9086
2.00	0.0444	0.0871	0.1284	0.1681	0.2064	0.2787	0.3457	0.4075	0.4645	0.5169	0.5651	0.9092
2.20	0.0440	0.0872	0.1284	0.1682	0.2065	0.2788	0.3458	0.4076	0.4646	0.5171	0.5653	0.9094
2.50	0.0440	0.0872	0.1284	0.1682	0.2065	0.2788	0.3458	0.4077	0.4647	0.5172	0.5653	0.9095
3.00	0.0440	0.0872	0.1284	0.1682	0.2065	0.2789	0.3458	0.4077	0.4647	0.5172	0.5654	0.9095

续表

β / α	0.42	0.46	0.50	0.54	0.58	0.62	0.66	0.70	0.74	0.78	0.82	0.86
0.02	0.0337	0.0349	0.0361	0.0371	0.038	0.0387	0.0394	0.0401	0.0406	0.0411	0.0415	0.0419
0.04	0.0657	0.0683	0.0705	0.0725	0.0743	0.0759	0.0773	0.0785	0.0796	0.0806	0.0814	0.0822
0.06	0.0963	0.1001	0.1035	0.1065	0.1091	0.1115	0.1136	0.1154	0.1171	0.1185	0.1198	0.1209
0.08	0.1264	0.1305	0.1350	0.1389	0.1425	0.1456	0.1484	0.1509	0.1531	0.1550	0.1567	0.1582
0.10	0.1532	0.1595	0.1650	0.1700	0.1744	0.1783	0.1818	0.1849	0.1976	0.1906	0.1921	0.1940
0.14	0.2048	0.2135	0.2212	0.2281	0.2343	0.2389	0.2445	0.2488	0.2526	0.2559	0.2589	0.2615
0.18	0.2515	0.2626	0.2724	0.2812	0.2890	0.2959	0.3020	0.3055	0.3123	0.3166	0.3203	0.3237
0.22	0.2938	0.3071	0.3189	0.3295	0.3389	0.3472	0.3547	0.3612	0.3671	0.3722	0.3768	0.3808
0.26	0.3320	0.3474	0.3612	0.3735	0.3844	0.3941	0.4027	0.4104	0.4172	0.4232	0.4286	0.4333
0.30	0.3665	0.3839	0.3995	0.4134	0.4257	0.4386	0.4466	0.4553	0.463	0.4699	0.476	0.4813
0.34	0.3976	0.4169	0.4341	0.4495	0.4633	0.4756	0.4865	0.4962	0.5048	0.5125	0.5192	0.5252
0.38	0.4256	0.4466	0.4651	0.4823	0.4973	0.5108	0.5227	0.5334	0.5429	0.5513	0.5587	0.5653
0.42	0.4508	0.4734	0.4937	0.5119	0.5281	0.5472	0.5556	0.5672	0.5774	0.5865	0.5946	0.6017
0.46	0.4734	0.4975	0.5191	0.5385	0.5559	0.5715	0.5854	0.5977	0.6087	0.6185	0.6272	0.6348
0.50	0.4937	0.5191	0.5420	0.5625	0.5810	0.5975	0.6122	0.6254	0.6311	0.6475	0.6567	0.6648
0.54	0.5119	0.5385	0.5626	0.5842	0.6036	0.6209	0.6364	0.6503	0.6627	0.6736	0.6834	0.6920
0.58	0.5281	0.5559	0.581	0.6036	0.6238	0.6420	0.6582	0.6728	0.6857	0.6972	0.7074	0.7100
0.62	0.5427	0.5715	0.5975	0.6209	0.6420	0.6609	0.6778	0.6929	0.7064	0.7184	0.7291	0.7386
0.66	0.5556	0.5854	0.6122	0.6364	0.6582	0.6778	0.6953	0.7110	0.7250	0.7375	0.7486	0.7584
0.70	0.5672	0.5977	0.6254	0.6503	0.6728	0.6929	0.7110	0.7272	0.7417	0.7546	0.7660	0.7762
0.74	0.5774	0.6087	0.6371	0.6627	0.6857	0.7064	0.725	0.7417	0.7566	0.7698	0.7816	0.7921
0.78	0.5865	0.6185	0.6475	0.6736	0.6972	0.7184	0.7375	0.7546	0.7698	0.7834	0.7956	0.8083
0.82	0.5946	0.6272	0.6567	0.6834	0.7074	0.7291	0.7486	0.7660	0.7816	0.7956	0.8080	0.8190
0.86	0.5017	0.6348	0.6648	0.6920	0.7165	0.7386	0.7584	0.7762	0.7921	0.8063	0.8190	0.8302
0.90	0.5080	0.6416	0.6721	0.6996	0.7245	0.7469	0.7671	0.7852	0.8014	0.8159	0.8288	0.8402
0.94	0.6136	0.6476	0.6784	0.7062	0.7316	0.7643	0.7784	0.7932	0.8096	0.8243	0.8374	0.8491
0.98	0.6184	0.6528	0.6840	0.7123	0.7378	0.7608	0.7816	0.8002	0.8168	0.8317	0.8450	0.8569
1.00	0.6206	0.6552	0.6865	0.7150	0.7406	0.7638	0.7846	0.8034	0.8201	0.8351	0.8485	0.8604
1.20	0.6362	0.6719	0.7044	0.7339	0.7605	0.7846	0.8064	0.8259	0.8434	0.8591	0.8731	0.8604
1.40	0.6438	0.6801	0.7132	0.7432	0.7704	0.7949	0.8171	0.8370	0.8549	0.8710	0.8853	0.8604
1.80	0.6488	0.6856	0.7190	0.7494	0.7769	0.8018	0.8243	0.8445	0.8627	0.8789	0.8935	0.8604
2.00	0.6495	0.6863	0.7198	0.7502	0.7778	0.8207	0.8252	0.8454	0.8636	0.8799	0.8945	0.8604
2.20	0.6497	0.6865	0.7200	0.7505	0.7781	0.803	0.8255	0.8458	0.8640	0.8803	0.8949	0.8604
2.50	0.6498	0.6867	0.7202	0.7506	0.7782	0.8032	0.8257	0.8460	0.8642	0.8805	0.8951	0.8604
3.00	0.6499	0.6867	0.7202	0.7506	0.7782	0.8032	0.8257	0.8460	0.8642	0.8805	0.8951	0.8604

续表

β α	0.90	0.94	0.98	1.00	1.20	1.40	1.80	2.00	2.20	2.50	3.00
0.02	0.0422	0.0425	0.0428	0.0429	0.0437	0.0441	0.0444	0.0444	0.0444	0.0444	0.0444
0.04	0.0828	0.0834	0.0839	0.0842	0.0858	0.0866	0.0871	0.0871	0.0872	0.0872	0.0872
0.06	0.1219	0.1228	0.1236	0.1239	0.1263	0.1275	0.1283	0.1284	0.1284	0.1284	0.1284
0.08	0.1595	0.1607	0.1617	0.1622	0.1654	0.1669	0.1680	0.1681	0.1682	0.1682	0.1682
0.10	0.1957	0.1971	0.1984	0.199	0.203	0.2049	0.2062	0.2064	0.2065	0.2065	0.2065
0.14	0.2638	0.2658	0.2676	0.2084	0.2740	0.2767	0.2785	0.2787	0.2788	0.2788	0.2789
0.18	0.3266	0.3292	0.3314	0.3324	0.3396	0.3431	0.3454	0.3457	0.3458	0.3458	0.3458
0.22	0.3844	0.3375	0.3902	0.3914	0.4001	0.4043	0.4071	0.4075	0.4076	0.4077	0.4077
0.26	0.4374	0.4411	0.4442	0.4457	0.4558	0.4608	0.4641	0.4645	0.4646	0.4647	0.4647
0.30	0.4860	0.4902	0.4938	0.4955	0.5770	0.5127	0.5165	0.5169	0.5111	0.5172	0.5172
0.34	0.5305	0.5351	0.5392	0.5410	0.5540	0.5603	0.5645	0.5651	0.5653	0.5653	0.5654
0.38	0.5711	0.5762	0.5807	0.5827	0.5969	0.6039	0.6086	0.6092	0.6094	0.6095	0.6095
0.42	0.6080	0.6636	0.6184	0.6206	0.6362	0.6438	0.6489	0.6495	0.6497	0.6498	0.6499
0.46	0.6416	0.6776	0.6528	0.6552	0.6719	0.6801	0.6856	0.6863	0.6865	0.0857	0.6867
0.50	0.6721	0.6784	0.6840	0.6865	0.7044	0.7132	0.7190	0.7198	0.7200	0.7202	0.7202
0.54	0.6996	0.7063	0.7123	0.7150	0.7339	0.7432	0.7494	0.7502	0.7505	0.7506	0.7506
0.58	0.7245	0.7316	0.7378	0.7406	0.7605	0.7704	0.7769	0.7778	0.7781	0.7782	0.7782
0.62	0.7469	0.7543	0.7808	0.7638	0.7846	0.7949	0.8018	0.8027	0.8030	0.8032	0.8032
0.66	0.7671	0.7748	0.7816	0.7846	0.8064	0.8171	0.8243	0.8252	0.8255	0.8257	0.8257
0.70	0.7852	0.7932	0.8002	0.8034	0.8259	0.8370	0.8415	0.8454	0.8458	0.8460	0.8460
0.74	0.8014	0.8086	0.8168	0.8201	0.8434	0.8549	0.8627	0.8636	0.8640	0.8642	0.8642
0.78	0.8159	0.8243	0.8319	0.8351	0.8591	0.8710	0.8789	0.8799	0.8803	0.8805	0.8805
0.82	0.8288	0.8374	0.8450	0.8485	0.8731	0.8853	0.8935	0.8945	0.8949	0.8951	0.8951
0.86	0.8402	0.8491	0.8569	0.8604	0.8855	0.8880	0.9065	0.9075	0.9079	0.9081	0.9081
0.90	0.8504	0.8594	0.8674	0.8710	0.8966	0.9094	0.9180	0.9191	0.9195	0.9197	0.9197
0.94	0.8594	0.8686	0.8767	0.8803	0.9064	0.9195	0.9282	0.9294	0.9298	0.9300	0.9300
0.98	0.8674	0.8767	0.8849	0.8886	0.9151	0.9284	0.9373	0.9384	0.9389	0.9391	0.9391
1.00	0.8710	0.8808	0.8886	0.8924	0.9191	0.9324	0.9414	0.9426	0.9430	0.9433	0.9433
1.20	0.8966	0.9064	0.9151	0.9194	0.9472	0.9614	0.9709	0.9722	0.9726	0.9728	0.9729
1.40	0.9094	0.9195	0.9284	0.9324	0.9614	0.9759	0.9858	0.9871	0.9875	0.9878	0.9878
1.80	0.9180	0.9282	0.9373	0.9414	0.9709	0.9858	0.9959	0.9972	0.9977	0.9979	0.9980
2.00	0.9191	0.9294	0.9384	0.9426	0.9722	0.9871	0.9972	0.9985	0.9990	0.9992	0.9993
2.20	0.9195	0.9298	0.9389	0.9430	0.9726	0.9875	0.9977	0.9990	0.9995	0.9997	0.9998
2.50	0.9197	0.9300	0.9391	0.9432	0.9728	0.9878	0.9979	0.9992	0.9997	1.0000	1.0000
3.00	0.9197	0.9300	0.9391	0.9433	0.9729	0.9878	0.9980	0.9963	0.9998	1.0000	1.0000

如令$\overline{S}=\frac{1}{4}[S^*(\alpha_1,\beta_1)+S^*(\alpha_1,\beta_2)+S^*(\alpha_2,\beta_1)+S^*(\alpha_2,\beta_2)]$，则式（3.12）表明，流场中任一点的水位降恒等于$\varepsilon t/\mu^*$和$\overline{S}(<1)$的乘积。$\varepsilon t/\mu^*$有简单的物理意义，如果开采过程中地下水没有补给，则经过t时间，开采区内就应当形成$\varepsilon t/\mu^*$大小的水位降。而实际上开采区外的地下水总是流向开采区，减缓降速使水位降变小的，所以$\varepsilon t/\mu^*$要乘以水位降的折减系数$\overline{S}(<1)$。

在资源评价中，人们最关心的地方是开采区中心部位，这里降深最大，最容易超过允许降深，引起吊泵停产。故令$x=y=0$，$\overline{S}=S^*(\alpha,\beta)$，式（3.12）简化为

$$S(t)=\frac{\varepsilon t}{\mu^*}S^*(\alpha,\beta) \tag{3.13}$$

其中
$$\alpha=\frac{l_x}{2\sqrt{at}},\quad \beta=\frac{l_y}{2\sqrt{at}}$$

如果潜水含水层厚度H较大，而水位降S相对较小，即$\frac{S}{H}<0.1$时，则式（3.12）和式（3.13）可以直接近似用于无界潜水含水层，计算结果不会过分歪曲实际。

如果$0.1<\frac{S}{H}<0.3$时，要用$\frac{1}{2h_c}(H^2-h^2)$代替S，用给水度μ代替μ^*，结果得

$$H^2-h^2=\frac{\varepsilon t}{2\mu}h_c[S^*(\alpha_1,\beta_1)+S^*(\alpha_1,\beta_2)+S^*(\alpha_2,\beta_1)+S^*(\alpha_2,\beta_2)]$$

$$H^2-h_0^2=\frac{\varepsilon t}{2\mu}h_cS^*(\alpha,\beta) \tag{3.14}$$

式中　h_c——开采漏斗内潜水含水层的平均厚度，$h_c=\frac{1}{2}(H+h)$；

h——任一点的动水位；

h_0——开采区中心的动水位。

3.2.4　开采试验法

3.2.4.1　开采抽水法

开采抽水法也称开采试验法，是确定计算地段补给能力、进行地下水资源评价的一种方法。其原理是在计算区拟定布井方案，打探采结合井，在旱季，按设计的开采降深和开采量进行一至数月开采性抽水，抽水降落漏斗应能扩展到计算区的天然边界，根据抽水结果确定允许开采量。

评价过程如下。

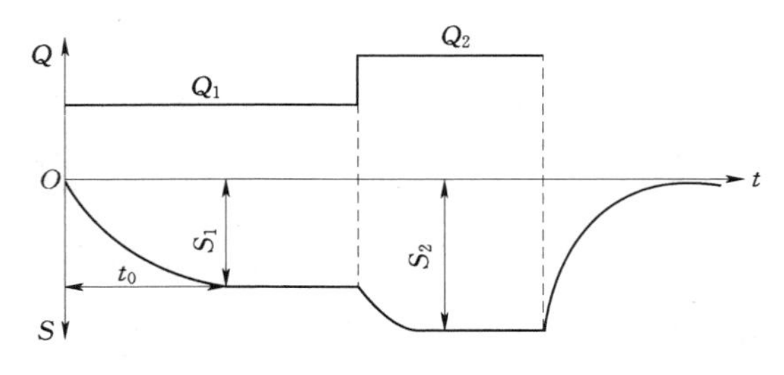

图 3.2　稳定开采抽水试验状态动水位历时曲线图

（1）动水位在达到或小于设计降深时，呈现出稳定流状态。在按设计需水量进行长期抽水时，主井或井群中心点的动水位，在等于或小于设计降深时，就能保持稳定状态，并且观测孔的水位也能保持稳定状态，其稳定状态均达到规范要求，而且在停抽后，水位又能较快地恢复到原始水位（动水位历时曲线如图 3.2）。这表

明实际抽水量小于或等于开采时的补给量，按设计需水量进行开采是有补给保证的，此时实际抽水量就是允许开采量。

（2）动水位始终处于非稳定状态。在长期抽水试验中，主孔及观测孔的水位一直持续缓慢下降，停止抽水后，水位虽有恢复，但始终达不到原始水位。说明抽水量大于补给量，消耗了含水层中的储存量。出现这种情况，应计算出补给量作为允许开采量。计算补给量的方法是选择抽水后期，主井与观测井出现同步等幅下降时的抽水试验资料，建立水量均衡关系式，求出补给量（$Q_补$）。此时，任一抽水时段（Δt）内产生水位降（图 3.3），若没有其他消耗时，水均衡关系式为

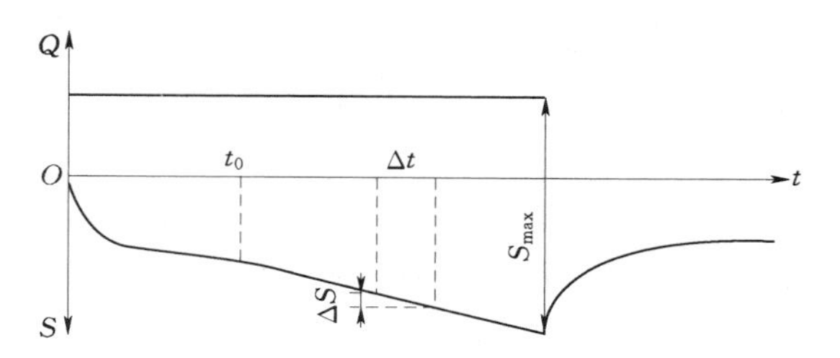

图 3.3 非稳定状态动水位历时曲线图

$$(Q_抽-Q_补)\cdot\Delta t=\mu F\cdot\Delta S \tag{3.15}$$

式中 $Q_抽$——抽水总量，m^3/d；

$Q_补$——抽水条件下的补给量，m^3/d；

μF——单位储存量，即水位下降 1m 时，含水层提供的储存量，m^3/m；

ΔS——Δt(d) 时段内的水位下降值，m。

由式（3.15）可得

$$Q_抽=Q_补+\mu F\frac{\Delta S}{\Delta t} \tag{3.16}$$

式（3.16）说明抽水量由两部分组成，即开采条件下的补给量和含水层消耗的储存量。只要选择水位等幅下降阶段若干个时段资料，就可利用消元法计算出补给量和 μF 值。为了检验所求补给量的可靠性，可利用水位恢复阶段的资料计算补给量进行检验，水位恢复时，$\Delta S/\Delta t$ 为水位回升速度，计算时应取负号。由式（3.16）得水位恢复时计算补给量的公式：

$$Q_补=\mu F\frac{\Delta S}{\Delta t} \tag{3.17}$$

以所求得的补给量作为允许开采量是具有补给保证的。但用旱季抽水资料求得的补给量作为允许开采量是比较保守的，没有考虑到雨季的降水补给量。因此，最好将抽水试验延续到雨季，用同样的方法求出雨季的补给量，并应用多年水位、气象资料进行分析论证，用多年平均补给量作为允许开采量。

用开采抽水法求得的允许开采量准确、可靠，但需要花费较多人力、物力。一般适用于中小型地下水资源评价项目，特别是水文地质条件复杂，短期内不易查清补给条件而又急需作出评价时，常采用这种方法。

3.2.4.2 补偿疏干法

补偿疏干法是在含水层有一定调蓄能力地区，运用水量均衡原理，充分利用雨洪水，扩大可开采量的一种方法。这种方法适用于含水层分布范围不大，但厚度较大，有较大的蓄水空间起调节作用；并且仅有季节性补给，旱季没有地下水补给来源，雨季有集中补

给，补给量充足，含水介质渗透系数较大，易接受降水和地表水入渗补给。如季节性河谷地区，构造断块岩溶发育地区等。这些地区若按天然补给量进行评价时，容易得出地下水资源贫乏的结论。若充分利用含水层系统储存量的调节作用，在旱季动用部分储存量，维持开采，等到雨季或丰水年得到全部补给，就可以增加地下水补给量，扩大地下水可开采资源量。

应用这种方法时，除考虑水文地质条件外，尚需注意下列三点：①可借用的储存量必须满足旱季连续开采；②雨季补给量除了满足当时的开采外，多余的补给量必须把借用的储存量全部补偿回来；③要注意计算区流域内水资源总量的合理优化配置。

补偿疏干法的步骤如下。

（1）计算最大开采量。通过旱季的抽水试验求得单位储存量 μF。因为旱季抽水时无任何补给来源，完全靠疏干储存量来维持抽水。由于含水层范围有限，抽水时的降落漏斗极易扩展到边界，所以抽水时的水均衡式为

$$Q_{\text{旱抽}}=\mu F\frac{\Delta S}{\Delta t}$$

则单位储存量为

$$\mu F=Q_{\text{旱抽}}\frac{\Delta t}{\Delta S}=Q_{\text{旱抽}}\frac{t_1-t_0}{S_1-S_0}\tag{3.18}$$

式中　μ——给水度；

F——含水层抽水影响面积，m^2；

$Q_{\text{旱抽}}$——旱季抽水量，m^3/d；

ΔS——水位下降值，m；

Δt——抽水时间，d；

t_0——抽水时水位急速下降后开始平稳等幅下降的时间，即降落漏斗扩展到边界的时间，d；

S_0——降落漏斗扩展到边界时的水位降深值，m；

t_1——旱季末时刻或任一抽水延续时刻；

S_1——t_1 时刻对应的水位降深值，m。

这种地区，μF 一般可视为常数，所以只要有一段平稳等幅下降的抽水试验资料便可以计算出来。如果不是常数，则用整个旱季的抽水试验资料，计算出一个平均值。

求出了单位储存量（μF）之后，再根据含水层的厚度和取水设备的能力，给出最大允许下降值 S_{max}，查明整个旱季的时间 $t_{\text{旱}}$，则可计算最大开采量（$Q_{\text{开}}$）。

$$Q_{\text{开}}=\mu F\frac{S_{max}-S_0}{t_{\text{旱}}}\tag{3.19}$$

（2）计算雨季补给量时，地下水雨季补给量除保证雨季开采外，多余部分补偿旱季借用的储存量，引起水位回升。可以根据旱季延续至雨季抽水试验资料，求出水位回升的速率$\dfrac{\Delta S'}{\Delta t'}$，可以认为水位回升时的单位补偿量 $\mu' F$ 与水位下降时的单位储存量 μF 是近似相等的。则雨季补给水量等于抽水量（$Q_{\text{雨抽}}$）与水位回升恢复的储存量之和。

$$Q_{补}=\mu F\frac{\Delta S'}{\Delta t'}+Q_{雨抽} \tag{3.20}$$

（3）评价开采量。如果地下水一年接受补给的时间为 $T_{雨}$，为了安全可以乘以修正系数 $r(r=0.5\sim1.0)$，则得到的补给总量为

$$V_{补}=Q_{补}\cdot T_{雨}\cdot r$$

把 $V_{补}$ 分配到全年，即得到每天的补给量为

$$Q_{补}=\left(\mu F\frac{\Delta S'}{\Delta t'}+Q_{雨抽}\right)\frac{T_{雨}\cdot r}{365} \tag{3.21}$$

若 $Q_{补}$ 大于或等于旱季最大开采量（$Q_{开}$），则 $Q_{开}$ 可作为允许开采量。若 $Q_{补}$ 小于 $Q_{开}$，则以 $Q_{补}$ 作为允许开采量。

3.2.4.3 *Q*－*S* 曲线外推法

（1）原理与应用条件。*Q*－*S* 曲线外推法与开采抽水法一样，适用于水文地质条件不易查清而又急于作出评价的地区，该方法广泛应用于开采及矿床疏干涌水量的计算中。

这种方法的基本原理是，根据稳定井流理论抽水，抽水井涌水量与水位降深之间，可以用 *Q*－*S* 曲线的函数关系表示，依据所建立的 *Q*－*S* 曲线方程，外推设计降深时的涌水量。

在实际抽水过程中出现的涌水量与水位降深关系极复杂，曲线形态特征与下列因素有关。

1）水文地质条件的影响。在含水层厚度大、分布广、补给条件好的地区，*Q*－*S* 曲线常呈抛物线型；在含水层规模有限，补给条件较差的地区，抽水开始时，曲线形态呈抛物线型，当水位降至一定深度后，曲线形态转化成幂曲线类型；当开采区或疏干区靠近隔水边界，或含水层规模很小，或补给条件极差时，*Q*－*S* 曲线呈对数曲线类型，此时抽水实验常难以达到真正的稳定，不能用不稳定的抽水资料去建立 *Q*－*S* 方程。

2）水位降深的影响。水位降深增大到一定程度，井周围出现三维流或紊流，也可能出现承压转无压的现象，都会使 *Q*－*S* 曲线方程无法外推预测，推断范围受到限制，一般不应超过抽水试验最大降深的 1.75～2 倍，超过时，预测精度会降低。

3）抽水井结构的影响。井的不同结构（如井的类型、直径、过滤器的长度及位置等）均影响 *Q*－*S* 曲线形态。如小口径在降深较大时水跃现象明显，而大口径井可减弱水跃现象发生。尤其是用勘探时抽水孔的口径抽水所得到的资料，推测矿床疏干竖井的涌水量，会有较大误差，更不宜用此资料预测复杂井巷系统的涌水量。

另外，抽水过程中其他一些自然和人为因素的干扰，也都会影响外推预测的精度。

因此，应用 *Q*－*S* 曲线外推法，必须重视抽水试验的技术条件，抽水试验条件（包括井孔位置、井孔类型、口径、降深等）应尽量接近未来开采条件，尽量排除抽水试验过程中其他干扰因素。

（2）计算方法与步骤。

1）建立各种类型 *Q*－*S* 曲线。*Q*－*S* 曲线的类型可归纳为直线型、抛物线型、幂曲线型、对数曲线型四类。对每一类型，均可建立一个相应的数学方程，见表 3.3。

表 3.3 常见的 $Q-S$ 曲线类型

类型	表达式	说明
直线型	$Q=q\cdot S$	q 为单位涌水量（$m^3\cdot a^{-1}\cdot m^{-1}$），$S$ 为水位降深值（m），在 $Q-S$ 坐标系中呈直线
抛物线型	$S=a+bQ^2$	在 $S/Q-Q$ 坐标系中为直线，为待定系数
幂曲线型	$Q=aS^b$	在 $\lg Q-\lg S$ 坐标系中呈直线
对数曲线型	$Q=a+b\lg S$	在 $Q-\lg S$ 坐标系中为直线

2）鉴别 $Q-S$ 曲线类型。

a. 伸直法：将曲线方程以直线关系式表示，以关系式中两个相对应的变量建立坐标系，把从抽水试验（或开采井巷排水）取得的涌水量和对应的水位降深资料，放到表征各直线关系式的不同直角坐标系中去，进行伸直判别。如其在哪种类型直角坐标中伸直了，则表明抽水（排水）结果符合哪种 $Q-S$ 曲线类型。如其在 $Q-\lg S$ 直角坐标系中伸直了，则表明 $Q-S$ 关系符合对数曲线。余者同理类推。

b. 曲度法：用曲度 n 值进行鉴别，其形式如下：

$$n=\frac{\lg S_2-\lg S_1}{\lg Q_2-\lg Q_1}$$

式中 Q，S——同次抽水的抽水量和水位降深。

当 $n=1$ 时，为直线；$1<n<2$ 时，为幂曲线；$n=2$ 时，为抛物线；$n>2$ 时，为对数曲线。如果 $n<1$，则抽水试验资料有误。

3）确定方程参数 a、b，外推预测降深时的涌水量。有以下两种方法。

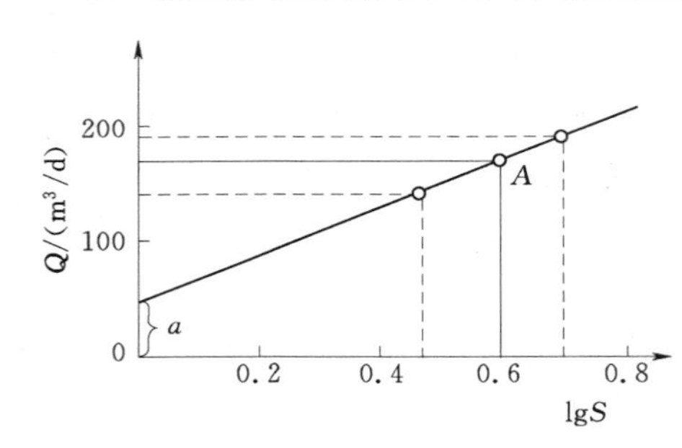

图 3.4 $Q=f(\lg S)$ 曲线

a. 图解法：利用相应类型的直角坐标系图解进行测定。参数 a 是各直角坐标系中直线在纵坐标上的截距长度；参数 b 是各直角坐标系图解中直线对水平倾角的正切，如图 3.4 所示，为 $Q=f(\lg S)$ 曲线，从图中求得 $a=50$；为求 b 值，在直线上取 A 点，得到 $\lg S_A=0.6$，$Q_A=170$，则

$$b=\frac{Q_A-a}{\lg S_A}=\frac{170-50}{0.6}=200$$

b. 最小二乘法：当精度要求较高时，通常用最小二乘法获取参数 a、b，公式如下：

抛物线方程：
$$\left.\begin{aligned}a&=\frac{N\sum S-\sum S\sum Q}{N\sum Q^2-(\sum Q)^2}\\ b&=\frac{\sum S-b\sum Q}{N}\end{aligned}\right\}$$

幂曲线方程：
$$\left.\begin{aligned}a&=\frac{N\sum\lg Q\sum\lg S-\sum\lg Q\sum\lg S}{N\sum(\lg S)^2-(\sum\lg S)^2}\\ b&=\frac{\sum\lg Q-b\sum\lg S}{N}\end{aligned}\right\}$$

对数曲线方程：

$$\left.\begin{aligned} a&=\frac{N\sum Q\sum \lg S-\sum Q\sum \lg S}{N\sum(\lg S)^2-(\sum \lg S)^2}\\ b&=\frac{\sum Q-b\sum \lg S}{N}\end{aligned}\right\}$$

式中　N——降深次数。

直线方程：q 为单位降深涌水量，可根据抽（放）水量大降深资料 $q=Q_{大}/Q_{小}$ 求得。

求出有关的方程参数后，将它和疏干设计水位降深（S）值代入原方程式，即可求得预测涌水量。

4）换算井径。当用抽水试验资料时，因钻孔径远比开采井筒直径小，为消除井径对涌水量的影响，需换算井径。

地下水呈层流时：

$$Q_{井}=Q_{孔}\left(\frac{\lg R_{孔}-\lg r_{孔}}{\lg R_{井}-\lg r_{井}}\right)$$

地下水呈紊流时：

$$Q_{孔}=Q_{井}\sqrt{\frac{r_{井}}{r_{孔}}}$$

井径对涌水量的影响，一般认为比对数关系大，比平方根关系小。

如广东某金属矿区，曾用 $Q-S$ 曲线预测＋50m 水平的涌水量为 14450m^3/d，与巷道放水外推的数值（14000m^3/d）接近，而用解析法预测的结果（12608m^3/d）则偏小 12%。

3.2.5　回归分析法

回归分析法是依据长期、系统的试验或观测资料，用数理统计法找出地下水资源量与地下水水位或其他变量之间的相关关系，并建立回归方程外推地下水资源量或预测地下水水位的变化。

在统计学中，将研究变量之间关系的密切程度称为相关分析，将研究变量之间联系形式称为回归分析，在实际应用中两者密不可分，故一般不加区别。

地下水资源量与许多因素有关，如地下水水位、降雨量、潜水蒸发量、开采区的面积等。若将这些因素作为自变量，则它们与地下水资源量之间存在统计相关关系，如果自变量只有一个，称为一元相关或简单相关；若有两个以上自变量，则称为多元相关或复相关。在多元相关中，只研究其中一个自变量对因变量的影响，而将其他自变量视为常量的称为偏相关；自变量为一次式，称为线性相关；为多次式的，称为非线性相关。

3.2.5.1　简相关

（1）一元线性回归方程。在地下水资源量计算中，常常需要确定开采量 Q 与水位降深 S 之间的关系，以研究两者之间的关系为例，介绍建立一元线性回归方程的原理和方法。

设有 i 组（$i=1$，2，3，…，n）系列观测统计资料 Q_i 和 S_i。资料数 n 称为样本容量。将这些资料展在 $Q-S$ 坐标图上，如图 3.5 所示，各点的位置比较分散，不能连成直线或光滑曲线，因而不能用某种函数关系来描述其变化规律。但从整体看，呈直线或曲线分布趋势。按其分布趋势，用最小二乘法原理，可以找出一条最佳配合直线或曲线（也称回归直线或曲线），使所有观测值偏离回归直线的距离最小。描述回归直线或曲线的方程称为回归方程。可以用来外推设计降深下的开采量。

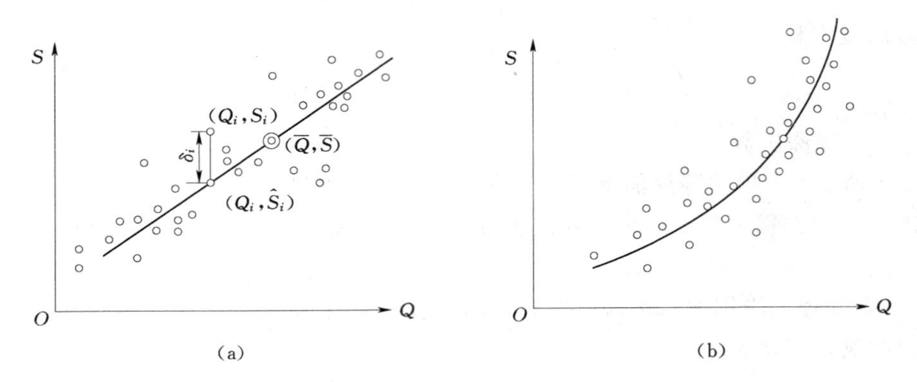

图 3.5　Q－S 散点分布趋势图

(a) 直线分布；(b) 曲线分布

现假设观测点的分布趋势为直线，则最佳配合直线的方程一般表达式为

$$S=A+BQ \tag{3.22}$$

式 (3.22) 中把降深 S 视为因变量，把开采量 Q 作为自变量，A 和 B 为待定系数。由于最佳配合直线的位置取决于 A 和 B，就将寻找最佳配合直线转化为如何求待定系数 A 的问题。采用研究区的大量实际观测统计资料，运用最小二乘法原理可求得待定系数 A 和 B。求待定系数的方法如下：

由图 3.5 (a) 可见，任一实测值 (Q_i，S_i) 与最佳配合直线的偏差 $\delta_i=S_i-\hat{S}=S_i-(A+BQ_i)$。若所有实测点的观测值与最佳配合直线的偏差平方和 $\Delta=\sum_{i=1}^{n}\delta_i^2$ 为最小，此时，由待定系数 A 和 B 确定的直线即为最佳配合直线。

即：$\Delta=\sum_{i=1}^{n}\delta_i^2=\sum_{i=1}^{n}[S_i-(A+BQ_i)]^2$ 最小。

因 Q_i 和 S_i 都是实际观测资料，故 Δ 可视为 A 和 B 的函数。若使函数值最小，则 Δ 对 A 和 B 的偏导数应等于零，即

$$\frac{\partial\Delta}{\partial A}=\frac{\partial}{\partial A}\left[\sum_{i=1}^{n}(S_i-A-BQ_i)^2\right]=-2\sum_{i=1}^{n}(S_i-A-BQ_i)=0$$

$$\frac{\partial\Delta}{\partial B}=\frac{\partial}{\partial B}\left[\sum_{i=1}^{n}(S_i-A-BQ_i)^2\right]=-2\sum_{i=1}^{n}(S_i-A-BQ_i)Q_i=0$$

用均值 $\overline{Q}=\frac{1}{n}\sum_{n=1}^{n}Q_i$，$\overline{S}=\frac{1}{n}\sum_{n=1}^{n}S_i$，$\overline{QS}=\frac{1}{n}\sum_{n=1}^{n}Q_iS_i$，$\overline{S^2}=\frac{1}{n}\sum_{n=1}^{n}Q_i^2$，代入上式得到

$$\begin{cases}\overline{S}-A-B\overline{Q}=0\\ QS-A\overline{Q}-B\overline{Q}^2=0\end{cases}$$

将两式联立求解可求得待定系数 A 和 B：

$$A=\overline{S}-B\overline{Q},B=\frac{\overline{QS}-\overline{Q}\cdot\overline{S}}{\overline{Q^2}-(\overline{Q})^2} \tag{3.23}$$

将求得的待定系数 A 代回式（3.22），则得

$$S=\overline{S}+B(Q-\overline{Q}) \tag{3.24}$$

式（3.24）即为常用的一元线性回归方程，B 是直线的斜率，称为回归系数。式（3.24）是降深倚流量的回归方程，同理可得到流量倚降深的方程：

$$Q=\overline{Q}+B(S-\overline{S}) \tag{3.25}$$

求得的回归方程虽然是最佳的，但任何系列的实测资料，无论多分散的点，都可以找到一条最佳配合直线，都可以求得最佳回归方程。回归方程只解决了变量联系形式问题，其实用价值有多大，还需判断因变量与自变量的密切联系程度。在数理统计中，用相关系数（r）衡量变量之间的密切程度。相关系数可用式（3.26）求得

$$\gamma=\frac{\sum_{i=1}^{n}(Q_i-\overline{Q})(S_i-\overline{S})}{\sqrt{\sum_{i=1}^{n}(Q_i-\overline{Q})^2\sum_{i=1}^{n}(S_i-\overline{S})^2}} \tag{3.26}$$

式中 $\sum_{i=1}^{n}(Q_i-\overline{Q})(S_i-\overline{S})$——变量 Q 和变量 S 的协方差；

$\sum_{i=1}^{n}(Q_i-\overline{Q})^2$——$Q$ 的方差；

$\sum_{i=1}^{n}(S_i-\overline{S})^2$——$S$ 的方差。

回归系数 B 也可以用相关系数和根方程表示：

$$B=r\sqrt{\frac{\sum_{i=1}^{n}(S_i-\overline{S})^2}{\sum_{i=1}^{n}(Q_i-\overline{Q})^2}} \tag{3.27}$$

相关系数取值介于 0～1 之间，即 $0\leqslant r\leqslant 1$，r 越接近 1，关系越密切，方程的实用价值越大，用所求得的回归方程外推计算，其误差平方和就越小；当 $r=1$ 时，称完全相关，两变量之间呈函数关系；反之 r 越接近于 0，联系越差，当 $r=0$ 时，两变量之间为零相关，没有关系。

在实际应用中，还需要判断 r 值多大时，所建立的回归方程才有价值。数理统计中应用相关系数检验表解决这个问题。表 3.4 中给出了不同取样数 N 在两种显著水平（即 $a=0.05$ 和 $a=0.01$）时，相关系数达显著时的最小值，所谓显著性水平就是指作出显著（即认为有价值）这个结论时，可能发生判断错误的概率，当 $a=0.05$ 时，说明判断错误的可能性不超过 5%；当 $a=0.01$ 时，这种可能性不超过 1%。说明当 a 小时，检验严格，要求的相关系数值大。在同一显著水平下，抽样数 N 越小，要求的相关系数值越大。这说明当两个变量的关系密切时，少量取样就反映出它们的关系。若两变量关系密切程度差时，必须有很多的抽样才能反映出它们的实际情况。经过显著性检验以后所建立的回归方程虽然是有价值的，若用以预报外推涌水量或水位降，仍然可能存在一定的误差，还需要研究预报的精度问题。

表 3.4　　相关系数显著性检验表

$N-2$ \ a	0.05	0.10	$N-2$ \ a	0.05	0.10
1	0.997	1.000	21	0.413	0.526
2	0.950	0.990	22	0.404	0.515
3	0.878	0.959	23	0.396	0.505
4	0.811	0.917	24	0.388	0.496
5	0.754	0.874	25	0.381	0.487
6	0.707	0.834	26	0.374	0.478
7	0.666	0.798	27	0.367	0.470
8	0.632	0.765	28	0.361	0.463
9	0.602	0.735	29	0.355	0.456
10	0.576	0.708	30	0.349	0.449
11	0.553	0.684	35	0.325	0.418
12	0.532	0.661	40	0.304	0.393
13	0.514	0.641	45	0.288	0.372
14	0.497	0.623	50	0.273	0.354
15	0.482	0.606	60	0.250	0.325
16	0.468	0.590	70	0.232	0.302
17	0.456	0.575	80	0.217	0.283
18	0.444	0.561	90	0.205	0.267
19	0.433	0.549	100	0.195	0.254
20	0.423	0.537	200	0.138	0.181

各实际观测值与回归方程计算值的误差称为剩余标准差，以 δ_s 表示，用式（3.28）计算：

$$\delta_s=\sqrt{\frac{\sum_{i=1}^{n}(S_i-\hat{S})^2}{n-2}} \tag{3.28}$$

式中　S_i——任一点（i 点）的实际水位降深；

$\hat{S}$——以 S_i 时观测的实际流量通过回归方程计算的水位降深。

也可用均方根差 σ_s' 和相关系数（γ）计算：

$$\delta_s=\sigma_s'\sqrt{1-\gamma^2}$$

其中

$$\sigma_s'=\sqrt{\frac{\sum(S_i-\overline{S})^2}{n-1}}$$

剩余标准差的大小，反映了各实测点偏离回归方程的程度，可以用来说明用此回归方程外推预报的精度。δ_s 越小，则预报精度越高。

根据概率论中随机变量成正态分布的理论可知，在 S_i 的全部观测值中，有 68.3%都可能落在回归直线两旁各一个剩余标准差的范围内，即任一观测值 S_i 可能落在$\hat{S}\pm\delta_i$ 之间的概率 P 等于 68.3%，或用下式表示（图 3.6）：

$$P[(\hat{S}-\delta_i)<S_i<(\hat{S}+\delta_i)]=68.3\%$$

$$P[(\hat{S}-2\delta_i)<S_i<(\hat{S}+2\delta_i)]=99.7\%$$

$$P[(\hat{S}-3\delta_i)<S_i<(\hat{S}+3\delta_i)]=99.7\%$$

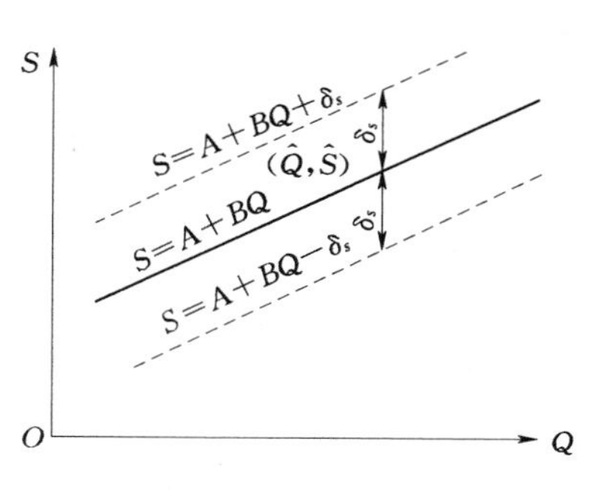

图 3.6　$S=A+BQ$ 的误差范围图

例如，当计算得知 $\delta_i=0.5\text{m}$，用回归方程预报 $Q=2\times10^4\text{m}^3/\text{a}$时 S 为 10m，则 $S=10\pm0.5\text{m}$ 的精度只有 68.3%的把握；而 $S=10\pm1.0\text{m}$ 的精度则有 95.4%的把握；若预报 $S=10\pm1.5\text{m}$ 的精度则几乎有百分之百（99.7%）的把握。应注意，只有当 A、B 和 δ 都精确已知时，图 3.6 中的置信限才是平直的；否则，为弧形的置信限。

由此可知，要提高预报的精度及预报的把握性，只有使剩余标准差的值为最小。由计算 δ_s 的公式可知，它取决于均方根差 δ_s'、相关系数 r 和观测数据的总量 n。因此，要提高预报精度，只有提高观测的准确性，尽量减少人为误差，观测数据要多，自变量的取值范围要大，相关系数要大。

以上以 S 与 Q 之间的关系为例，讨论了一元线性回归方程的建立，显著性检验及预报精度，同样可以分析其他量（如降水量与允许开采量或泉流量）之间的相关关系。

（2）曲线相关方程。若实际观测值在散点图上没有直线的趋势，而呈近似的曲线时，则可用上述相同的道理建立一个曲线回归方程。不过，用变换坐标的方法，把曲线变为直线（即线性化）更为方便，就可以直接利用前述的一元线性回归方程了。

例如，幂函数有满足多种曲线的性质，其一般式为

$$y=ax^b$$

式中　a，b——待定系数。

若两边取对数则变为

$$\lg y=\lg a+b\lg x$$

这个方程在对数坐标上则是一条直线，便可用前述方法建立线性回归方程。

如果研究的变量是开采量 Q 与降深 S 的关系，则其形式为

$$Q=AS^B$$

取对数：

$$\lg Q=\lg A+B\lg S$$

回归方程为

$$\lg Q=\overline{\lg Q}+B(\lg S-\overline{\lg S})$$

考虑到对数的均值与均值的对数相近，即$\overline{\lg S}\approx\lg\overline{S}$，$\overline{\lg Q}\approx\lg\overline{Q}$，去掉对数后，回归方程可表示为

$$Q=\overline{Q}\left(\frac{S}{\overline{S}}\right)^B \tag{3.29}$$

这就是幂函数的一元非线性回归方程，在水文地质计算中经常用到。回归系数 B 的

计算公式为

$$B=\gamma\sqrt{\frac{\sum_{i=1}^{n}(\lg Q_i-\overline{\lg Q})^2}{\sum_{i=1}^{n}(\lg S_i-\overline{\lg S})^2}} \tag{3.30}$$

相关系数的计算公式为

$$\gamma=\frac{\sum_{i=1}^{n}(\lg Q_i-\overline{\lg Q})(\lg S_i-\overline{\lg S})}{\sqrt{\sum_{i=1}^{n}(\lg Q_i-\overline{\lg Q})^2\sum_{i=1}^{n}(\lg S_i-\overline{\lg S})^2}} \tag{3.31}$$

3.2.5.2　复相关

实际上影响地下水水位下降的因素往往不止一个，而是多个独立自变量的同时影响。因此，需要进行复相关分析，用多元回归方程来进行外推预报。复相关的基本原理与建立一元回归方程基本相同，但计算较复杂。应用计算机编程可使计算很简便。

（1）二元直线回归方程。回归方程的一般形式为

$$y=a+b_1x_1+b_2x_2 \tag{3.32}$$

式中　a，b_1，b_2——待定系数；

x_1，x_2——两个相互独立的自变量，这里指影响地下水位的因素，例如开采量、降雨量、回灌量等。

同样可用最小二乘法的原理，求出各待定系数，其公式为

$$a=y-b_1\overline{x}_1-b_2\overline{x}_2$$

$$b_1=\frac{\gamma_{x_1,y}-\gamma_{x_1,x_2}\gamma_{x_2,y}}{1-r_{x_1,x_2}^2}\cdot\frac{\sigma_y}{\sigma_{x_1}}$$

$$b_2=\frac{\gamma_{x_2,y}-\gamma_{x_1,x_2}\gamma_{x_1,y}}{1-r_{x_1,x_2}^2}\cdot\frac{\sigma_y}{\sigma_{x_2}}$$

其中

$$\sigma_y=\sqrt{\sum_{i=1}^{n}(y_i-\overline{y})^2}$$

$$\sigma_{x_1}=\sqrt{\sum_{i=1}^{n}(x_{1i}-\overline{x}_1)^2}$$

$$\sigma_{x_2}=\sqrt{\sum_{i=1}^{n}(x_{2i}-\overline{x}_2)^2}$$

$$\gamma_{x_1,y}=\frac{\sum_{i=1}^{n}(x_{1i}-\overline{x}_1)(y_i-\overline{y})}{\sigma_{x_1}\cdot\sigma_y}$$

$$\gamma_{x_1,x_2}=\frac{\sum_{i=1}^{n}(x_{1i}-\overline{x}_1)(x_{2i}-\overline{x}_2)}{\sigma_{x_1}\cdot\sigma_{x_2}}$$

$$\gamma_{x_2,y}=\frac{\sum_{i=1}^{n}(x_{2i}-\overline{x}_2)(y_i-\overline{y})}{\sigma_{x_2}\cdot\sigma_y}$$

式中　$\overline{y}$，$\overline{x}_1$，$\overline{x}_2$——各自的均值。

其计算步骤与一元回归相同。

(2) 二元曲线回归方程。也是将其线性化以后按线性方程计算。例如，二元幂曲线的一般式为

$$y=ax_1^{b_1}x_2^{b_2} \tag{3.33}$$

两边取对数则变为

$$\lg y=\lg a+b_1\lg x_1+b_2\lg x_2$$

令 $y'=\lg y$，$a'=\lg a$，$x_1'=\lg x_1$，$x_2'=\lg x_2$，则得

$$y'=a'+b_1x_1'+b_2x_2'$$

便可按直线二元回归方程计算。

(3) 多元回归方程。当有更多自变量影响时，可以用一般的多元线性回归方程：

$$y=a+b_1x_1+b_2x_2+b_3x_3+\cdots+b_mx_m \tag{3.34}$$

同样，用最小二乘法原理可以求出各个待定系数，即回归系数。解多维联立线性方程组时，可借助计算机计算，有关文献中有专门程序可借鉴。若采用逐步回归法计算，计算机还可以自动进行因子“贡献”大小的挑选，剔除“贡献”小的和不独立的因素，最后得到主要影响因素的回归方程。

3.2.5.3　回归分析法的适用条件

回归分析法是建立在数理统计理论的基础上的，考虑了一些随机因素的影响，便于解决一些复杂条件的水文地质问题。在数据采样时，应注意资料来源的一致性。它是根据现实物理背景下得出的统计规律，在此基础上适当外推是可以的，但外推范围不能太大。

这种方法适用于稳定型或调节型开采动态，或补给有余的旧水源地扩大开采时的地下水资源评价。如果已经是消耗型水源地，要用人工调蓄、节制开采来保护水源地。这时，也可以用回归分析法分析开采量、回灌量与水位的关系，求得合理的开采量和人工回灌量。上海市在控制地面沉降时曾作过这样的分析。

3.2.6　地下水水文分析法

地下水水文分析法是依照水文学，用测流的方法来计算地下水在某一区域一年内总的流量。这个量如果接近补给量或排泄量，则可以用它作为区域的允许开采量。由于地下水直接测流很困难（有时只能用间接测流法），所以地下水文分析法只能用于一些特定地区，例如岩溶管流区、基岩山区等地，而这些地区常常也是其他许多方法难于应用的地区。

3.2.6.1　岩溶管道截流总和法

在岩溶水呈管流、脉流的地区，区域地下水资源绝大部分是集中于岩溶管道中的径流量，而管外岩体的裂隙或溶裂中所储存的水量甚微。因此，岩溶管道中的地下径流量不仅可以代表一个地区地下水天然资源的数量，而且也可以表征该地区地下水可开采的资源数量。在现代生产技术水平下，一般暗河中的径流量都可以开发和利用，因此，在这种地区只要能设法在各暗河的出口用地表水水文测流法测得各暗河的径流量，总加起来就是该区的地下水允许开采量。取各暗河枯水季节的流量较有开采保证。

$$Q_{开}=\sum_{i=1}^{n}Q_{管i} \tag{3.35}$$

式中　$Q_{开}$——地下水管道控制流域范围内的地下水允许开采量；

$Q_{管i}$——计算区各管道的流量。

对于暗河发育的脉流区，应在暗河系统的下游选取一垂直流向的计算断面，使断面尽可能通过更多的暗河天窗（落水洞或竖井等）和暗河出口，再补充一些人工开挖、爆破的暗河露头，直接测定通过断面的各条暗河的流量，总加起来便是该脉状系统控制区域的地下水可开采量。

截流总和法适用于我国西南石灰岩地下暗河发育地区。这一地区暗河通道的“天窗”和出口较多，地下水呈管流紊流，用渗流理论不易计算，用这种方法效果较好。

3.2.6.2　地下径流模数法

地下径流模数法在水文地质条件相差不大，其补给条件相近的地区，可以认为地下暗河的流量或地下径流量与其面积是成正比的。其比例系数的意义就是单位补给面积内的地下径流量，即地下径流模数。因此，只要在该地区内选择一两个地下暗河通道或泉测定出流量和相应的补给面积，计算出地下径流模数，再乘以全区的补给面积，便可求得区域地下水的径流量，以此作为区域地下水的允许开采量。若测得某一补给区域（面积 F_i）内的地下径流量（Q_i），则地下径流模数 M [$m^3/(km^2 \cdot s)$] 用式（3.36）计算：

$$M=\frac{Q_i}{F_i} \tag{3.36}$$

若整个计算区的补给面积为 F，则计算区的总流量 $Q(m^3/s)$ 为

$$Q=MF \tag{3.37}$$

应用该方法时一定要注意水文地质条件的相似性。

广西水文地质队曾在地苏、大化、六也、保安等地用地下径流模数法计算出各暗河枯水期流量，并与“天窗”实测流量、抽水试验所得最大出水量相比，其平均准确度达86%，表 3.5 说明在这些地区用地下径流模数法评价地下水资源是可行的。

表 3.5　地苏地区地下暗河流量计算值与实测值对比表

测流位置	地下水类型	地下径流模数 /[$m^3/(km^2 \cdot s)$]	补给面积 /km^2	计算流量 /(m^3/s)	实测流量 /(m^3/s)	准确度 /%	备　注
大化风翔	地下河天窗	0.004	155	0.62	0.68	91	实测值是抽水试验所得的最大出水量
六也百加	地下河天窗	0.004	60	0.24	0.20	83	
地苏南口	地下河天窗	0.004	65	0.26	0.20	77	
地苏拉棠楞好	地下河天窗	0.004	18	0.072	0.08	90	浅层裂隙溶洞水
地苏万良百光	地下河天窗	0.004	14	0.056	0.06	92	浅层裂隙溶洞水
大化达悟东红	地下河出口	0.004	14	0.176	0.155	80	相临水系

3.2.6.3　频率分析法

水文分析法都是用求得的地下径流量作为区域地下水的允许开采量。地下径流量往往受气候条件影响较大，是随时间而变化的，有季节性变化，还有多年变化。如果所有资料是丰水年测得的，则会得出偏大的数据，在平水年和枯水年没有保证；如果是用枯水年的资料，则又过于保守。因此，最好是计算出不同年份的（或不同月份的）多个数据，进行

频率分析，求出不同保证率的数据。如果地下径流量观测的数据较少、系列较短时，可以与观测数据较多，系列较长的气象资料进行相比分析，用回归方程来外推和插补，再进行频率分析。

3.3 水文地质参数分析与试验

水文地质参数是表征含水介质水文地质性能的数量指标，是地下水资源评价的重要基础资料，主要包括含水介质的渗透系数和导水系数、承压含水层的储水系数、潜水含水层的重力给水度、弱透水层的越流系数及水动力弥散系数等，还有表征与岩土性质、水文气象等因素的有关参数，如降水入渗系数、潜水蒸发强度、灌溉入渗补给系数等。

水文地质参数常通过野外试验、实验室测试及根据地下水动态观测资料采用有关理论公式计算求取，数值法反演求参等。

3.3.1 给水度

1. 影响给水度的主要因素

给水度（μ）是表征潜水含水层给水能力或蓄水能力的一个指标，给水度不仅和包气带的岩性有关，而且随排水时间、潜水埋深、水位变化幅度及水质的变化而变化。各种岩性给水度经验值见表 3.6。

表 3.6　各种岩性给水度经验值

岩　性	给　水　度	岩　性	给　水　度
黏土	0.02～0.035	细砂	0.08～0.11
亚黏土	0.03～0.045	中细砂	0.085～0.12
亚砂土	0.035～0.06	中砂	0.09～0.13
黄土状亚黏土	0.02～0.05	中粗砂	0.10～0.15
黄土状亚砂土	0.03～0.06	粗砂	0.11～0.15
粉砂	0.06～0.08	黏土胶结的砂岩	0.02～0.03
粉细砂	0.07～0.01	裂隙灰岩	0.008～0.10

2. 给水度的确定方法

确定给水度的方法除非稳定流抽水试验法，还常用下列方法。

(1) 根据抽水前后包气带土层天然湿度的变化来确定 μ 值。根据包气带中非饱和流的运移和分带规律知，抽水前包气带内土层的天然湿度分布应如图 3.7 中的 $oacd$ 线所示。抽水后，潜水面由 A 下降到 B（下降水头高度为 Δh），故毛细水带将下移，由 aa' 段下移到 bb' 段，此时的土层天然湿度分布线则变为图 3.7 中的 $oabd$。对比抽水前后的两条湿度分布线可知，由于抽水水位下降，水位变动带将回给出一定量的水。按水均衡原理，抽水前后包气带内湿度之差，应等于潜水位下降 Δh 时包气带（主要是毛细水带）所给出之水量（$\mu\Delta h$），即

$$\sum_{i=1}^{n} \Delta Z_i (W_{2i} - W_{1i}) = \mu \Delta h$$

故给水度：

$$\mu=\frac{\sum_{i=1}^{n}\Delta Z_i(W_{2i}-W_{1i})}{\Delta h} \tag{3.38}$$

式中　ΔZ_i——包气带天然湿度测定分段长度；

Δh——抽水产生的潜水面下移深度；

W_{1i}，W_{2i}——抽水前后 ΔZ_i 段内的土层天然湿度；

n——取样数。

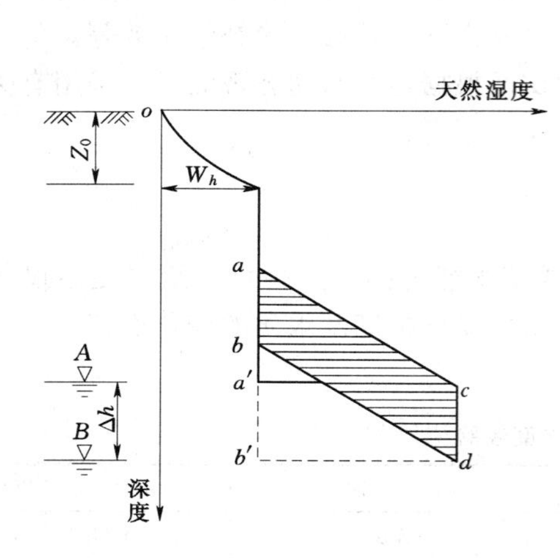

图 3.7　抽水前后包气带湿度分布示意图

W_h—持水度；Z_0—湿度变动带；$oacd$—抽水前天然湿度线；$oabd$—抽水后天然湿度线；ac、bd—毛细水带湿度分布示意线

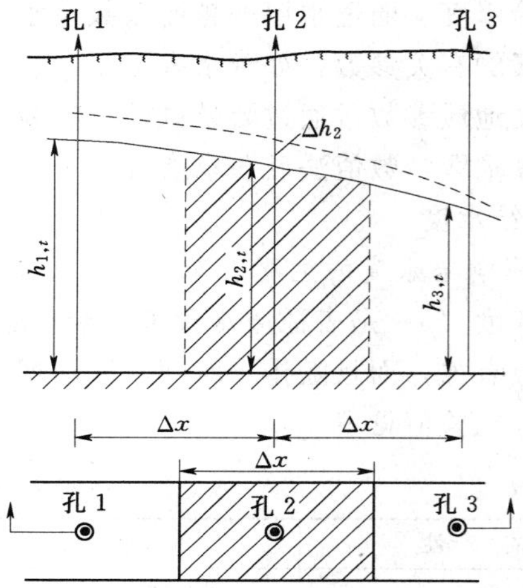

图 3.8　单向流动 μ 值计算示意图

（2）根据潜水水位动态观测资料用有限差分法确定 μ 值。如果潜水为单向流动，隔水层水平，含水层均质，可沿流向布置 3 个地下水动态观测孔（图 3.8），然后根据水位动态观测资料，按式（3.39）计算 μ 值：

$$\mu=\frac{K\Delta t}{2\Delta x^2\Delta h_2}(h_{1,t}^2+h_{3,t}^2-2h_{2,t}^2)+\frac{w\Delta t}{\Delta h_2} \tag{3.39}$$

式中　$h_{1,t}$、$h_{2,t}$、$h_{3,t}$——1 号、2 号、3 号观测孔 t 时刻水位及含水层厚度；

Δh_2——Δt 时段内 2 号孔水位变幅；

w——垂向流入和流出量之和称为综合补给强度；

K——渗透系数；

Δx——观测孔间距。

3.3.2　渗透系数和导水系数

渗透系数（K）又称水力传导系数，是描述介质渗透能力的重要水文地质参数，渗透系数大小与介质的结构（颗粒大小、排列、空隙充填等）和水的物理性质（液体的黏滞性、容重等）有关，单位是 m/d 或 cm/s。

导水系数（T）即含水层的渗透系数与含水层厚度的乘积，常用单位是 m^2/d。导水系数只适用于平面二维流和一维流，而在三维流中无意义。

含水层的渗透系数和导水系数一般采用抽水试验法和数值法反演计算求得。

1. 用抽水试验方法求参应注意的问题

根据抽水试验资料，采用解析公式反演方法识别含水层水文地质参数，分稳定流抽水和非稳定流抽水两类。在利用稳定流抽水试验资料时，常采用稳定流裘布依公式计算渗透系数，但计算结果往往与实际不符。其原因除施工质量（洗孔不彻底，滤水管外填砾不合规格等）外，主要是选用计算公式与抽水引起的地下水运动规律不符，即不符合裘布依公式的假设条件。主要影响因素如下。

（1）含水层的井壁边界条件。如抽水水位降深较大时，井壁及抽水井周围产生的三维流或井周产生紊流、滤水管长度小于含水层厚度等，利用单井抽水试验资料求得渗透系数误差较大，往往是由此原因造成的。即使采用多孔抽水试验资料求渗透系数，也往往会产生利用距井近的观测孔资料求得 K 值偏小，反之偏大的现象。K 值偏小主要是因为观测孔受到了抽水井三维流或紊流的影响；K 值偏大是由于观测孔远离抽水井时，水位降深 S 与影响半径 r 已经不是对数关系或受边界条件影响。

（2）影响半径（R）。裘布依公式的影响半径实质上是含水层的补给边界，在此边界上始终保持常水头。实际含水层很少能满足该条件。在抽水后的实际下降漏斗范围内，理论上只有当观测孔距抽水井的距离（r）小于 0.178 倍的 R 时，水位降深 S 与 r 才属对数关系，当 r 大于 $0.178R$ 后就变为贝塞尔函数关系，贝塞尔函数斜率小于对数函数，这就是前述观测孔较远，计算的 K 值越大的根本原因。

（3）天然水力坡度（I）的影响。裘布依公式假定抽水前地下水是静止的，实际上，地下水是在天然水力坡度作用下运动的。利用水流上游观测孔求得的 K 值偏小，下游的 K 值偏大，在潜水含水层中影响较显著。

（4）抽水降深大小的影响。抽水降深小，易获得较准确的渗透系数值，但由于所求得的渗透系数是代表降落漏斗范围内含水层体积的平均值，因此其代表性差。抽水降深大，易获得代表性大的 K 值。在实际计算中，选择抽水降深较大，同时避免井周三维流或紊流影响，又要使 S 与 r 保持对数关系的观测孔资料计算 K 值。

C. V. Theis 公式的重要用途之一是利用非稳定流抽水试验资料反求水文地质参数，在应用中要注意泰斯公式的假设条件。野外水文地质条件不一定完全符合假设条件，在使用单井非稳定抽水试验资料求水文地质参数时应注意：①承压完整井抽水，当井内流速达到一定程度（如达 1m/s 以上），在井附近会产生三维流区，利用主孔资料或布置在三维流区内的观测孔求解时，将产生三维流影响的水头损失，应对实测降深值进行修正；②由于地下水运动存在天然水力坡度，利用观测孔求水文地质参数时将具有不同方向的数值差异，在地下水流方向的上、下游所计算的参数数值差异较大。解决的方法是在抽水形成的降落漏斗范围内布置较多观测孔，求水文地质参数的平均值，代表该地段的水文地质参数值；③注意边界条件的影响。

根据抽水试验资料，可利用地下水动力学公式计算渗透系数和导水系数。

2. 数值法求水文地质参数

随着地下水模拟软件的大量开发使用，地下水动态观测资料的增多、系列的增长，数值法的应用越来越普及。常用数值法反演水文地质参数，数值法求参按其求解方法可分为试估-校正法和优化计算方法。一般采用试估-校正法，这种方法利用水文地质工作者对水文地质条件的认识，给出参数初值及其变化范围，用正演计算求解水头函数，将计算结果和实测值进行拟合比较，通过不断调整水文地质参数，反复多次的正演计算，使计算曲线与实测曲线符合拟合要求，此时的水文地质参数即为所求。求参结果的可靠性和花费时间的多少，除取决于原始资料精度外，还取决于调参者的经验和技巧，可参考数值法反演求参的有关文献。

3.3.3 储水率和储水系数

储水率和储水系数是含水层中的重要水文地质参数。

储水率表示当含水层水头变化一个单位时，从单位体积含水层中，应水体积膨胀（或压缩）以及介质骨架的压缩（或伸长）而释放（或储存）的弹性水量，用 μ_s 表示，它是描述地下水三维非稳定流或剖面二维流的水文地质参数。

储水系数表示当含水层水头变化一个单位时，从底面积为一个单位、高等于含水层厚度的柱体中所释放（或储存）的水量，用 S 表示。潜水含水层的储水系数等于储水率与含水层的厚度之积再加上给水度，潜水储水系数所释放（储存）的水量包括两部分，一部分是含水层由于压力变化所释放（储存）的弹性水量，另一部分是水头变化一个单位时所疏干（储存）含水层的重力水量，这一部分水量正好等于含水层的给水度，由于潜水含水层的弹性变形很小，近似可用给水度代替储水系数。承压含水层的储水系数等于其储水率与含水层厚度之积，它所释放（或储存）的水量完全是弹性水量，承压含水层的储水系数也称为弹性储水系数。

储水系数是没有量纲的参数，其确定方法是通过野外非稳定流抽水试验，用配线法、直线图解法等方法进行推求，具体方法详见《地下水动力学》等相关文献。

3.3.4 越流系数和越流因素

表示越流特性的水文地质参数是越流系数（σ）和越流因素（B）。越流补给量的大小与弱透水层的渗透系数 K' 及厚度 b' 有关，即 K' 越大 b' 越小，则越流补给的能力就越大。当地下水的主要开采含水层底顶板均为弱透水层时，开采层和相邻的其他含水层有水力联系时，越流是开采层地下水的重要补给来源。

越流系数 σ 表示当抽水含水层和供给越流的非抽水含水层之间的水头差为一个单位时，单位时间内通过两含水层之间弱透水层单位面积的水量（$\sigma=K'/b'$）。显然，当其他条件相同时，越流系数越大，通过的水量就越多。

越流因素 B 或称阻越系数，其值为主含水层导水系数与弱透水层的渗透系数的倒数的乘积的平方根。可用式（3.40）表示：

$$B=\sqrt{\frac{Tb'}{K'}} \tag{3.40}$$

式中　T——抽水含水层的导水系数，m^2/d；

　　b'——弱透水层的厚度，m；

K'——弱透水层的渗透系数，m/d；

B——越流因素，m。

弱透水层的渗透性越小，厚度越大，则越流因素 B 越大，越流量越小。自然界越流因素的值变化很大，可以从只有几米到几千米。对于一个完全不透水的覆盖岩层来说，越流因素 B 为无穷大，而越流系数 σ 为零。越流因素和越流系数可通过野外抽水实验获得。

3.3.5 降水入渗系数和潜水蒸发强度

3.3.5.1 降水入渗系数

1. 基本概念

降水是自然界水分循环中最活跃的因子之一，是地下水资源形成的重要组成部分。地下水可恢复资源的多寡是与降水入渗补给量密切相关的。但是，降落到地面的水分不能直接到达潜水面，因为在地面和潜水面中间隔着一个包气带，入渗的水必须在包气带中向下运移才能到达潜水面。

降水入渗系数 α 是指降水渗入量与降水总量的比值，α 值的大小取决于地表土层的岩性和土层结构、地形坡度、植被覆盖、降水量的大小和降水形式等，一般情况下，地表土层的岩性对 α 值的影响最显著。降水入渗系数可分为次降水入渗补给系数、年降水入渗补给系数、多年平均降水入渗补给系数，它们随着时间和空间的变化而变化。

降水入渗系数是一个无量纲系数，其值变化于 0～1 之间，表 3.7 为原水利电力部水文局综合各流域片的分析成果，列出了不同岩性在不同降水量年份条件下的平均年降水入渗补给系数的取值范围。

表 3.7 不同岩性和降水量的平均年降水入渗补给系数值

岩性 / $P_{年}$/mm	黏土	亚黏土	亚砂土	粉细砂	砂卵砾石
50	0～0.02	0.01～0.05	0.02～0.07	0.05～0.11	0.08～0.12
100	0.01～0.03	0.02～0.06	0.04～0.09	0.07～0.13	0.10～0.15
200	0.03～0.05	0.04～0.10	0.07～0.13	0.10～0.17	0.15～0.21
400	0.05～0.11	0.08～0.15	0.12～0.20	0.15～0.23	0.22～0.30
600	0.08～0.14	0.11～0.20	0.15～0.24	0.20～0.29	0.26～0.36
800	0.09～0.15	0.13～0.23	0.17～0.26	0.22～0.31	0.28～0.38
1000	0.08～0.15	0.14～0.23	0.18～0.26	0.22～0.31	0.28～0.38
1200	0.07～0.14	0.13～0.21	0.17～0.25	0.21～0.29	0.27～0.37
1500	0.06～0.12	0.11～0.18	0.15～0.22		
1800	0.05～0.10	0.09～0.15	0.13～0.19		

注 本表引自原水利电力部水文局，中国水资源评价。

2. 降水入渗系数的确定方法

（1）近似计算法。近似计算降水入渗补给量的方法很多，大多数的近似计算法是首先计算出某些时段和典型地段的降水入渗系数，再推广到计算出全年或全区的降水入渗补给量。

1）根据次降水量引起的潜水水位动态变化计算大气降水入渗系数。这种方法适用于地下水位埋藏深度较小的平原区。我国北方平原区地形平缓，地下径流微弱，地下水从降水获得补给，消耗于蒸发和开采。在一次降雨的短时间内，水平排泄和蒸发消耗都很小，可以忽略不计。

根据降水过程前后的地下水位观测资料计算潜水含水层的一次降水入渗系数，可采用式（3.41）近似计算：

$$\alpha=\mu(h_{max}-h\pm\Delta h\cdot t)/X \tag{3.41}$$

式中　α——次降水入渗系数；

h_{max}——降水后观测孔中的最大水柱高度，m；

h——降水前观测孔中的水柱高度，m；

Δh——临近降水前，地下水水位的天然平均降（升）速，m/d；

t——观测孔水柱高度从 h 变到 h_{max} 的时间，d；

X——t 时间内降水总量，m。

这种方法的适用条件是几乎没有水平排泄的潜水。在水力坡度大、地下径流强烈的地区，降水入渗补给量不完全反映在潜水面的上升中，而有一部分水从水平方向排泄掉了，则会导致计算的降水入渗系数值偏小。如果是承压水，水位的上升不是由于当地水量的增加，而是由于压力的变化，以上情况本方法不适用。

2）根据全排型泉水流量计算大气降水入渗补给量。在某些低山丘陵区（特别是干旱半干旱的岩溶区），当降水是地下水的唯一补给源、泉水是唯一的排泄方式时（地下水的蒸发量、储存量变化量可忽略不计），泉水的年流量总和近似等于降水的年入渗补给量。因此，取其泉水年总流量与该泉域内大气降水总量的比值，即为该泉域的大气降水入渗系数值（α）。如再将该泉域的 α 值用到地质及水文地质条件类似的更大区域，即可得到大区域的降水入渗补给量。

同理，对于某些封闭型的地下水系统，当降水是地下水唯一的补给源，而地下水的开采量（最大降深的稳定开采量）又已达到极限（其他地下水消耗量可忽略）时，其年开采总量除以该地下水系统的年总降水量，亦可得出该地下水系统的大气降水入渗系数，也可推广到条件类似的更大区域，进行降水入渗总量的计算。

（2）地中渗透计法。这是较老但又是唯一可直接测到降水入渗补给量的方法。此方法的仪器结构装置如图 3.9 所示。整个装置由左侧的地中渗透计和右侧的给水观测装置构成。地中渗透计的圆筒内装有均衡地段的标准土柱，土柱下方为砂砾和滤网组成的外滤层（图 3.9 中的 2，3），给水观测部分由供水（盛水）用的有刻度的马利奥特瓶（图 3.9 中的装置 10）和控制地中渗透计筒内水位高度的盛水漏斗 11 及量筒 14 组成。两部分以导水管连接，将两端构成统一的连通管。

其工作原理如下：首先调整盛水漏斗的高度，使漏斗中的水面与渗透计中的设计地下水面（相当潜水埋深）保持在同一高度上。当渗透计中的土柱接受降水入渗和凝结水的补给时，其补给量将会通过连通管 4 和水管 13 流入量筒 14 内，可直接读出补给水量。

可用此法装置多个不同岩性和不同水位埋深的土柱，分别观测其降水补给和蒸发值。本方法缺陷是，很难如实模拟天然的入渗补给条件，故其结果的可靠性有时值得商榷。而且此法只适用于松散岩层。

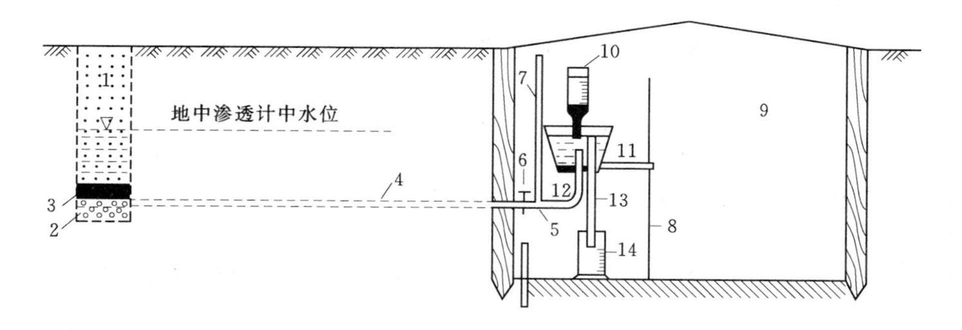

图 3.9　地中渗透计示意图

1—装满砂的地中渗透计；2—砾石；3—滤网；4—导水管；5—三通；6—开关；7—测压管；8—支架；9—试坑；10—给水瓶；11—漏斗；12—弯头；13—水管；14—量筒

(3) 零通量面法。零通量面法是以包气带水量均衡原理和非饱和流扩散式运动理论建立起来的计算降水入渗补给量的方法。

图 3.10 中为用中子水分仪测得的 Δt 时段内的包气带含水率剖面。初始时刻（t_1）和末时刻（t_2）的含水率剖面分别为 $\theta_1(Z, t_1)$ 和 $\theta_2(Z, t_2)$，Z_0 为零通量面位置深度。零通量面是指由水分通量为零的点所构成的面，它是岩土水分蒸发影响深度的下限标志。该面以上水分向上运移，消耗于蒸发与蒸腾；该面以下的水分缓慢下降，最后补给潜水。故零通量面（记作 *DZFP*）可以作为测算陆面蒸发蒸腾量和地下水下渗补给量的分界面。

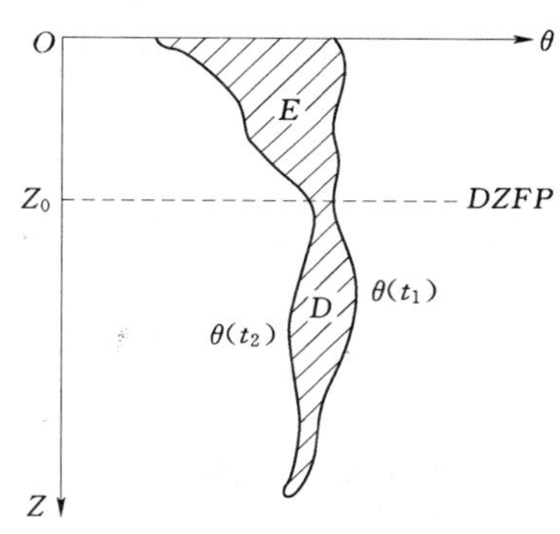

图 3.10　包气带土层含水率

按照此理论和质量守恒定律，图 3.10 的阴影面积 E 代表 Δt 时段内零通量面以上的水分蒸发量；D 代表零通量面以下 Δt 时段内的地下水入渗补给量。

按质量守恒原理，如果在深度 Z_1 和 Z_2 的土层中不存在源或汇时，则水分储存变化率等于流入与流出水量之差，即

$$\mathrm{d}M/\mathrm{d}t = q_2 - q_1 \tag{3.42}$$

式中　M——在深度 Z_1 和 Z_2 之间的单位截面积土柱水分的储存量；

q_1，q_2——在 Z_1 和 Z_2 深度上的水分通量；

t——时段长度。

对于 *DZFP* 面以下 Δt 时段内的入渗补给量 D 则应有

$$D = -\int_{t_1}^{t_2}[\mathrm{d}M(Z)/\mathrm{d}t]\mathrm{d}t = M(Z,t_1) - M(Z,t_2) \tag{3.43}$$

式（3.43）表明入渗补给量 D 等于零通量面以下包气带剖面水分储存量的减少量。

将 $M(Z_0, Z, t)$ 用 *DZFP* 以下某点的体积含水率 $\theta(Z, t)$ 表示，则式（3.43）改写为

$$D = \int_{Z_0}^{Z} \theta_1(Z,t_1)\mathrm{d}Z - \int_{Z_0}^{Z} \theta_2(Z,t_2)\mathrm{d}Z \text{ 或 } D = \sum_{\Delta Z_i=\Delta Z_1}^{\Delta Z_m} [\theta_1(Z,t_1) - \theta_2(Z,t_2)]\Delta Z_i \tag{3.44}$$

式中　i——1、2、3、…、m；

m——DZFP 以下剖面含水率的测点数；

ΔZ_i——时段长度。

设观测时段数 j 为 1、2、…、k，在 k 个时段内入渗补给量可用式（3.45）计算：

$$D = \sum_{j=1}^{k} \sum_{\Delta Z_i=\Delta Z_1}^{\Delta Z_m} [\theta(Z,t_j) - \theta(Z,t_{j+1})]\Delta Z_i \tag{3.45}$$

如果 $M(Z_0, Z, t)$ 改用 DZFP 以上某点的体积含水率 $\theta(Z, t)$ 表示，m 为 DZFP 以上剖面含水率的测点数，则可用式（3.45）计算出陆面蒸发蒸腾量。

由于该法仅以钻孔中子水分仪测定的土壤含水率为依据，故与地中渗透仪相比，成本较低，可在多处设点观测。其精度较经验公式和动态观测法计算值高。

当包气带中零通量面不存在（降水或灌溉持续时间长，且地下水埋藏浅时）时，可在降水全部渗入包气带后，在岩土水分蒸发影响深度之下，用土层最大含水量段（$Z \sim Z_0$）的某一时间段（$t_0 \sim t$）的土层含水率（θ）的观测数据，代入式（3.45）计算降水入渗补给量。

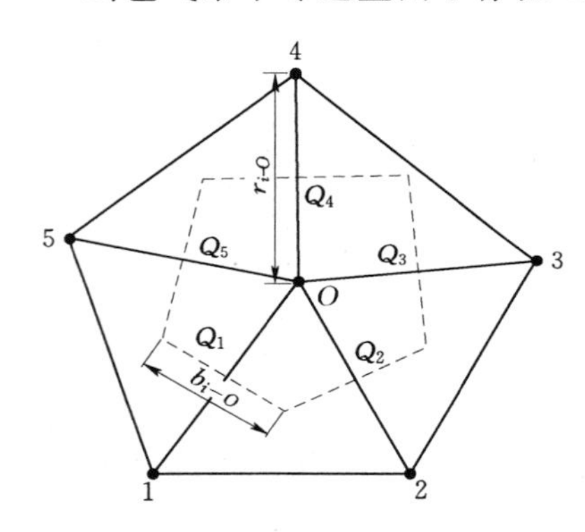

图 3.11　泰森多边形示意图

（4）泰森多边形法。在典型地段布置观测孔组，并有一个水文以上的水位观测资料时，可用差分方程计算均衡期的降水入渗量或潜水蒸发量，只要观测资料可靠，计算结果便有代表性。

观测孔按任意方式布置如图 3.11 所示。把 $i=1$、2、3、4、5 各孔分别同中央孔 O 连线，在连线的中点引垂线，各垂线相交围成的多边形（图中的虚线所围区域）叫泰森多边形。以泰森多边形作为均衡段，则按水量均衡关系有：

$$\mu F \frac{\Delta h_O}{\Delta t} = \sum_{i=1}^{n} Q_i + Q_{垂} \tag{3.46}$$

式中　F——泰森多边形的面积，m^2；

μ——给水度；

Δh_O——中央孔在 Δt 时段的水位变幅，m；

$\sum_{i=1}^{n} Q_i$——流经 F 各边交换的流量之和，m^3/d，流入 F 时 $Q_i>0$，流出 F 时 $Q_i<0$；

$Q_{垂}$——F 内的渗入量或蒸发量，m^3/d。

按达西定律，各边的交换流量为

$$Q_i = T b_{i-O} \frac{h_i - h_O}{r_{i-O}} \tag{3.47}$$

式中　T——导水系数，m^2/d；

h_i，h_O——i 号孔和中央 O 孔的水位，m；

b_{i-O}，r_{i-O}——中央孔和周围各孔之间过水断面的宽度和距离，m。

把 Q_i 代入式（3.46），得到相应时段的入渗量或蒸发量：

$$Q_{垂} = \mu F \frac{\Delta h_O}{\Delta t} - \sum_{i=1}^{n} T b_{i-O} \frac{h_i - h_O}{r_{i-O}} \tag{3.48}$$

式（3.48）就是均衡段地下水运动的差分方程。利用雨季的某一时段的水位升幅资料（$\Delta h_O > 0$），由式（3.48）可求得均衡期 Δt 时段内的降水入渗量，这时 $Q_{垂}=Q_{渗}$，根据求得降水入渗量可求得降水入渗系数。

3.3.5.2 潜水蒸发强度

（1）经验公式法。目前，国内外计算潜水蒸发量时，使用最广泛的经验公式是阿维里扬诺夫公式（1965年），其形式为

$$\mu \frac{\mathrm{d}h}{\mathrm{d}t} = \varepsilon_0 \left(1 - \frac{h}{l}\right) 或 \varepsilon = \varepsilon_0 \left(1 - \frac{h}{l}\right)^n \tag{3.49}$$

式中 μ——潜水位变动带的给水度；

h——潜水埋藏深度，m；

l——极限蒸发深度，m；

n——与包气带土质、气候有关的蒸发指数，一般取 1～3；

ε_0——水面蒸发强度，m/d；

$\mathrm{d}h/\mathrm{d}t$——潜水面由蒸发造成的降速，m/d；

ε——潜水蒸发强度，m/d。

分析式（3.49）可以看出，潜水的蒸发强度随水面蒸发强度的增加而增加，但由公式右端括号项永远小于1知，潜水的蒸发强度永远小于或近于水面蒸发强度。

利用式（3.49）计算 ε 时，由于 ε_0 和 h 可通过实际观测获得，因此公式的计算精度主要取决于 l 和 n 的选取。对这两个参数多采用经验数值，故结果常不能令人信服。

（2）地中渗透计法。用地中渗透仪测定潜水蒸发强度的装置，见图3.9，其工作原理可参考降水入渗补给量的测量原理。当土柱内的水面产生蒸发时，便可由漏斗供给水量，再从马利奥特瓶读出供水水量，此即潜水蒸发消耗量。

（3）泰森多边形法。根据前述利用泰森多边形法求解降水入渗系数的方法原理。若利用某均衡区旱季某一时段的水位降幅资料（$\Delta h_O < 0$），代入式（3.48）可计算相应时段内的潜水蒸发量，即 $Q_{垂}=Q_{蒸}$，根据求得潜水蒸发量可求得相应的潜水蒸发强度。

3.3.6 灌溉入渗补给系数

当引外水灌溉时，灌溉水经由渠系进入田间，灌溉水入渗对地下水的补给称为灌溉入渗补给，分为渠系的渗漏补给（条带状下渗）与田间灌溉入渗补给（面状下渗）两类。

有的地区利用当地的水源（如抽取地下水）进行灌溉，灌溉水入渗后地下水得到的补给应称之为灌溉回渗，它是当地的水资源重复量。

渠系渗漏补给系数 m、田间灌溉入渗补给系数以及井灌回归系数的计算方法如下。

1. 渠系渗漏补给系数

渠系渗漏补给系数 m 为渠系渗漏补给地下水的水量与渠首引水量的比值，即

$$m=(Q_{引}-Q_{净}-Q_{损})/Q_{引} \tag{3.50}$$

令 $\eta=Q_{净}/Q_{引}$，则

$$m=1-\eta-Q_{损}/Q_{引}$$

为简化起见，对（$1-\eta$）乘以折减系数，以消去上式的右端项 $Q_{损}/Q_{引}$，写成式（3.51）的形式：

$$m=\gamma(1-\eta) \tag{3.51}$$

式中　$Q_{引}$——渠首引水量，可用实测的水文资料和调查资料；

$Q_{净}$——经由渠系输送到田间的净灌水量；

$Q_{损}$——渠系输水过程中的损失水量，包括水面蒸发损失、湿润渠底、两侧土层的水量损失及退水填底损失等总和；

η——渠系有效利用系数；

γ——修正系数，反映渠道在输水过程中消耗于湿润土层、浸润带蒸发损失的水量。

渠系渗漏补给系数 m 的取值见表 3.8。

表 3.8　渠系渗漏补给系数 m 值表

分区	衬砌情况	渠床下岩性	地下水埋深/m	渠系有效利用系数 η	修正系数 γ	渠系渗漏补给系数 m
长江以南地区和内陆河流域灌溉农业区	未衬砌	亚黏土亚砂土		0.30～0.60	0.55～0.90	0.22～0.60
	部分衬砌	亚黏土亚砂土	<4	0.45～0.80	0.35～0.85	0.19～0.50
			>4	0.40～0.70	0.30～0.80	0.18～0.45
	衬砌	亚黏土亚砂土	<4	0.45～0.80	0.35～0.85	0.17～0.45
			>4	0.40～0.80	0.35～0.80	0.16～0.45
北方半干旱半湿润区	未衬砌	亚黏土	<4	0.55	0.32	0.144
		亚砂土		0.40～0.50	0.37～0.50	0.18～0.30
		亚黏土、亚砂土		0.40～0.55	0.32	0.14～0.30
	部分衬砌	亚黏土	<4	0.55～0.73	0.32	0.09～0.14
			>4	0.55～0.70	0.30	0.09～0.135
		亚砂土	<4	0.55～0.68	0.37	0.12～0.17
			>4	0.52～0.73	0.35	0.10～0.17
	衬砌	亚黏土亚砂土	<4	0.55～0.73	0.32～0.40	0.09～0.17
		亚黏土	<4	0.65～0.88	0.32	0.04～0.112
		亚砂土		0.57～0.73	0.37	0.10～0.60

2. 灌溉入渗补给系数

灌溉入渗补给系数是指某一时段田间灌溉入渗补给量与灌溉水量的比值，可采用试验方法加以测定。试验时，选取面积为 F 的田地，在田地上布设专用观测井。测定灌水前的潜水位，然后让灌溉水均匀地灌入田间，测定灌溉水量，并观测潜水位变化（包括区外水位）。经过 Δt 时段后，测得试验区地下水位平均升幅 Δh，灌溉入渗补给系数可用式

（3.52）计算：

$$\beta = h_r / h_{灌} = \frac{\mu \cdot \Delta h \cdot F}{Q \cdot \Delta t} \tag{3.52}$$

式中　h_r——Δt 时间段内总灌溉水量，m^3；

$h_{灌}$——Δt 时间段内灌溉入渗补给量，m^3；

μ——给水度；

Δt——计算时段，s；

Δh——计算时段内试验区地下水位平均升幅，m；

Q——单位时间内流入试验区的灌水流量，m^3/s；

F——试验区面积，m^2。

灌溉入渗补给系数主要的影响因素是岩性、地下水位埋深和灌溉定额，见表 3.9。

表 3.9　田间灌溉入渗补给系数 $\beta_{井}$ 值表

地下水埋深/m	灌水定额/(m³/亩)　岩性	岩性				
		亚黏土	亚砂土	粉细砂	黄土	黄土状亚黏土
＜4	40～70	0.15～0.18	0.10～0.20			
	70～100	0.15～0.25	0.15～0.30	0.25～0.35	0.15～0.25	
	＞100	0.15～0.27	0.20～0.35	0.30～0.40	0.20～0.30	
4～8	40～70	0.08～0.14	0.12～0.18			
	70～100	0.10～0.22	0.15～0.25	0.20～0.30	0.15～0.20	0.15～0.20
	＞100	0.10～0.25	0.15～0.30	0.25～0.35	0.20～0.25	0.20～0.25
＞8	40～70	0.05	0.06	0.05～0.10		
	70～100	0.05～0.15	0.06～0.15	0.05～0.20	0.06～0.10	0.05～0.13
	＞100	0.05～0.18	0.06～0.20	0.10～0.25	0.06～0.13	0.05～0.15

3. 井灌回归系数

在抽取当地地下水灌溉的井灌区，灌溉水的一部分下渗返回补给地下水，这种现象称为地下水灌溉回归。

井灌回归系数 $\beta_{井}$ 是指灌溉水回归量与灌水量的比值，其测定方法与灌溉入渗补给系数相同。值得注意的是，试验时地下水处于开采过程中，则地下水位变幅中包括开采造成的变幅值，应予以考虑。井灌回归系数一般取值范围 0.1～0.3。

3.3.7　水动力弥散系数

1. 基本概念

水动力弥散系数（D）表征地下水中溶质迁移的重要水文地质参数，它表征在一定流速下，多孔介质对某种溶解物质弥散能力的参数。水动力弥散系数是一个与流速及多孔介质有关的张量，具有方向性，即使在各向同性介质中，沿水流方向的纵向弥散系数（D_L）和垂直水流方向的横向弥散系数（D_T）也不相同，但天然条件下，大多数地下水垂向上的水流运动很小，弥散作用可忽略。水动力弥散系数包括机械弥散系数（D'）与分子扩散系数（D''）。当地下水流速较大时，分子扩散系数可以忽略。假设弥散系数与孔隙平均流速呈线性关系，这样可先求出弥散系数再除以孔隙平均流速便可获取弥散度。

2. 水动力弥散系数的确定方法

弥散系数的测定大都采用示踪剂在含水层中的弥散曲线来求解，也可通过室内弥散试验确定，但大量资料表明，实验室模拟与野外测量得到的弥散度有数量级上的差异（一般是室内测定值偏小），现在已开始研究利用尺度效应分维来描述纵向弥散度随尺度增加而增大的规律。

（1）室内弥散试验。

1）试验原理。设通过充满多孔介质的土柱中的一维均匀水流，溶质在运动过程中不发生化学作用，也不与介质发生作用。在 t_0 时刻整个土柱中的溶液均匀分布，浓度为零，在进水端瞬时注入示踪剂，则溶质迁移的规律可用如下方程描述：

$$C_R=\frac{C}{C_{\max}}=\frac{K}{\sqrt{t_R}}\exp\left[-\frac{P}{4t_R}(1-t_R)^2\right]$$

其中

$$t_R=\frac{ut}{X}$$

$$P=\frac{uX}{D}$$

$$K=(t_{R\max})^{\frac{1}{2}}\exp\left[\frac{P}{4t_{R\max}}(1-t_{R\max})^2\right]$$

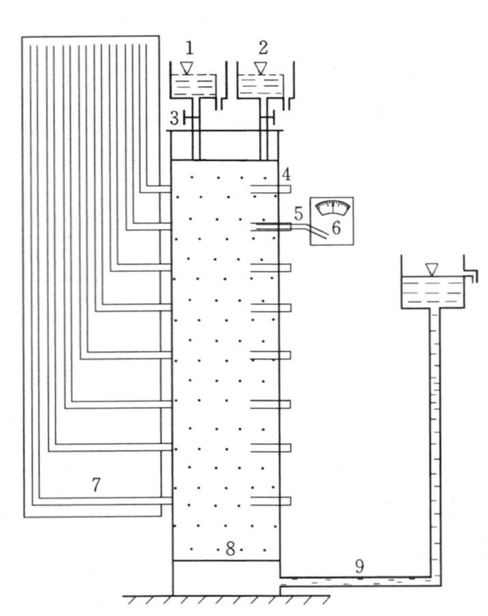

图 3.12　实验装置图

1—定水头供水瓶；2—装示踪剂瓶；3—阀门；4—装样筒；5—电极；6—电导率仪；7—测压管；8—过滤板；9—出水管

式中　C——t 时刻计算点的浓度；

$C_{\max}$——观测点的峰值浓度；

X——计算点的坐标；

t——时间；

D——弥散系数，m^2/d；

u——地下水的实际流速；

$t_{R\max}$——峰值到达时间，$t_{R\max}=(1+P^{-2})^{\frac{1}{2}}-P^{-1}$。

利用上述计算公式绘制 C_R-t_R 理论曲线。

2）试验步骤。

a. 装试样。弥散试验实验装置采用土柱仪，见图 3.12。将模拟介质分层装入筒内，尽量保持与天然状态下的容重和孔隙度。

b. 饱水。把供水瓶与试样底部的出水口相连，打开阀门由下而上充水，使试样中空气排出。饱和后，把供水瓶按实验装置图连接，自上而下供水。

c. 测量渗透速度。上下游的定水头用于控制土柱内的渗透速度。柱体上每隔一定距离设有测压点，它与测压管读数板相接，可直接读出测压点的水头。根据一定时间内的出水量与装样筒横截面积的比值求出渗透速度。

d. 设置电极点。每隔 10cm 有一电极，与电导率仪相通，用于测量电极处浓度。

e. 保持上下游水头稳定，在柱体顶部瞬时加入示踪迹，记时间 $t=0$。

f. 每间隔一定时间测量各电极点处的电导率，直到电导率值达到稳定。

3）资料整理。

a. 在直角坐标系和半对数坐标系中分别绘制各电极点 C/C_0-t 曲线（图 3.13）。

b. 通过拟合的方法求参数。在图 3.13 中找出 C/C_0 值分别等于 0.84 和 0.16 所对应的时间 $t_{0.84}$ 和 $t_{0.16}$，按式（3.53）计算水动力弥散系数 D。

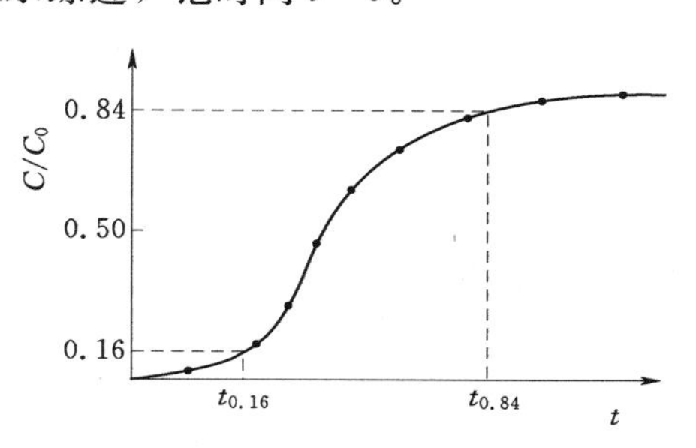

图 3.13 C/C_0-t 关系曲线

$$D=\frac{1}{8}\left(\frac{X-u\cdot t_{0.16}}{\sqrt{t_{0.16}}}-\frac{X-u\cdot t_{0.84}}{\sqrt{t_{0.84}}}\right) \tag{3.53}$$

式中 D——水动力弥散系数，m^2/d；

X——计算点的坐标；

u——渗流的实际速度，m/d。

（2）野外弥散试验。野外弥散试验是在沿地下水流向上布置的试验井组中进行。在上游的投源井（又称主井）中投放示踪剂，通过下游的监测井（接收井或取样井）观测示踪剂在水流方向上随空间、时间的变化，根据观测记录资料，选相应的简化数学模型计算水动力弥散系数。主要的方法有单井脉冲法、多井法和单井地球物理法等。主要介绍一维天然流场瞬时注入示踪剂的二维弥散试验的原理及方法。

1）数学模型及其解。设在含水层的 xy 平面上，存在达西流速的一维流动。x 轴方向与流速方法一致。当 $t=0$，在原点（0，0）处有一注入井，向单位厚度含水层中瞬时注入质量为 m 的示踪剂，这一问题的数学模型为

$$\begin{cases}\dfrac{\partial C}{\partial t}=D_L\dfrac{\partial^2 C}{\partial x^2}+D_T\dfrac{\partial^2 C}{\partial y^2}-u\dfrac{\partial C}{\partial x} & [(x,y)\in\Omega,t\geqslant 0]\\ C(x,y,t)=0 & (x,y\neq 0,t=0)\\ C(\pm\infty,y,t)=C(x,\pm\infty,t)=0 & (t\geqslant 0)\\ \displaystyle\int_{-\infty}^{+\infty}\int_{-\infty}^{+\infty} n\cdot C\mathrm{d}x\mathrm{d}y=m & (t>0)\end{cases}$$

式中 t——示踪剂投放的时段；

$C(x,y,t)$——在 t 时刻的 (x,y) 处减去背景值的示踪剂浓度；

u——地下水实际流速；

D_L——纵向弥散系数；

D_T——横向弥散系数；

n——含水介质的孔隙度；

m——单位厚度含水层上投放示踪剂的质量。

上述一维稳定流场中瞬时注入示踪剂的二维弥散问题的解析解为

$$C(x,y,t)=\frac{m/n}{4\pi t\sqrt{D_L\cdot D_T}}\exp\left\{-\frac{(x-ut)^2}{4D_Lt}-\frac{y^2}{4D_Tt}\right\}\tag{3.54}$$

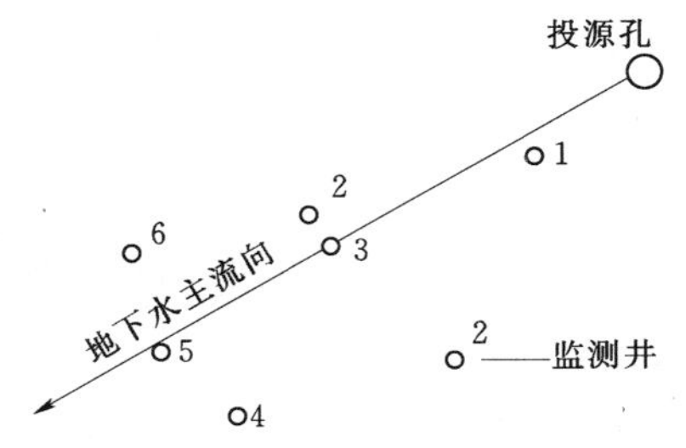

图 3.14　弥散试验井孔布置示意图

2）试验方法。

a. 试验井组布置。为保证捕捉到来自投源井的示踪晕并提高试验精度，一般布置 1～3 层，每层布置 3 口监测井（图 3.14）。由于示踪晕沿地下水流方向的扩散范围常常要远远大于与流向垂直方向的范围，故主流向两侧的监测井不能距主流线轴太远。由主流线上监测井、投源井与侧面监测井构成的夹角一般不宜大于 15°，一般是沿着地下水主流向的两侧与主流向夹角 7°～8°方向上布置，这样可以用较少的观测孔，获得不同规模条件下的 $C-t$ 曲线观测值。

b. 示踪剂的选择。示踪剂须满足如下要求：示踪剂无毒或毒性很小，其试验浓度不会危害人体健康；示踪剂和地下水溶混后，在要求的时空范围内，保持化学稳定性，并且不改变地下水的物理性质、渗透速度及流向；示踪剂的投放与检测仪器应简单、操作方便。一般采用一定浓度的 NaCl 或 I^{131} 溶液作为示踪剂。

c. 投放示踪剂。示踪剂一定要投放在目的层之中，可通过水文地质勘察成果资料确定。示踪剂的注入方式有脉冲式和连续式。将示踪剂注入主井后，使示踪剂溶液与含水层段地下水混合均匀。

d. 示踪剂浓度变化监测。在主井中注入示踪剂后，要严格定时测量投源井与监测井中的水位变化，用定深探头（或用定深取样分析方法）观测试验井中示踪剂浓度随时间的变化规律；同时，观测监测井中示踪剂的出现。待示踪剂晕的前缘在监测井中出现后，应加密观测（取样）次数，以准确的测定出示踪剂前缘和峰值到达监测井的时间。在采用 NaCl 溶液作为示踪剂时，一般采用电导率仪测量各监测井各时刻的电导率值。

3）资料整理。根据监测井中示踪剂浓度随时间的变化资料，利用有关的理论公式，便可计算处地下水的流速和水动力弥散系数。

根据投源井到监测井的距离和示踪剂从投源井到监测井的时间（一般选取监测井中示踪剂出现初值与峰值出现时间的中间值）可近似地计算出地下水流速。

根据监测井中示踪剂浓度随时间的变化的监测数据，绘制各监测井示踪剂浓度 C（或某时刻浓度/峰值浓度）和监测时间 t 相关的 $C(t)-t$ 曲线。对不同水文地质条件及示踪剂投放方式的弥散试验可选择不同的方法求解水动力弥散系数。

对于前述的一维稳定流场瞬时注入示踪剂的二维弥散试验，可根据逐点求参法、直线图解法及标准曲线法等方法求取水动力弥散系数。逐点求参法的原理：设有 2 个时刻 t_1、t_2，对应的浓度为 C_1、C_2，利用式（3.54）可以得到纵、横向水动力弥散系数：

$$D_L=\frac{(t_1-t_2)(x^2-u^2t_1t_2)}{4t_1t_2\ln\left(\frac{C_1t_1}{C_2t_2}\right)}\tag{3.55}$$

$$D_T=\left\{\frac{m}{2\pi nC_1t_1\sqrt{D_L}}\exp\left[-\frac{(x-ut_1)^2}{4D_Lt_1}\right]\right\}^2\tag{3.56}$$

式中　u——渗流的实际速度，m/d；

C_1——t_1 时刻示踪剂浓度；

C_2——t_2 时刻示踪剂浓度；

其他符号意义同前。

根据各监测井的监测数据，利用式（3.55）、式（3.56）便可得到 D_L 与 D_T。

3.4　地下水允许开采量评价

地下水资源分类的特点之一是允许开采量有明确的组成，可以通过分析天然或开采条件下，补给量、储存量、允许开采量三者在数量上的变化，允许开采量的组成关系，研究地下水可持续利用的途径。

地下水资源数量的变化遵循质量守恒定律。在一个时间段内补给量与排泄量之差恒等于储存量的变化量。即

$$Q_{补}-Q_{排}=\pm Q_{储} \tag{3.57}$$

式中　$Q_{补}$——含水系统的补给量总和，m^3；

$Q_{排}$——含水系统的各种消耗量总和，m^3；

$\pm Q_{储}$——含水系统中储存量的变化量，m^3，增加为正，减少为负。

在人工开采地下水时，改变了开采前后的排泄条件，破坏了补给与排泄的动平衡，在开采前的流场上又叠加了人工流场。在开采初期，由于增加了人工开采量，补给量不能同步增加，必须消耗地下水的储存量。随着开采地段地下水位下降漏斗的扩大，过水断面和水力坡度增加，获得的补给量（$\Delta Q_{补}$）和截取的天然排泄量（$\Delta Q_{排}$）增多，当开采量与 $\Delta Q_{补}+\Delta Q_{排}$ 达到动平衡后，地下水位相对稳定，进入了均衡开采阶段，在此开采状态下，均衡方程式（3.57）可用式（3.58）表达：

$$(Q_{天补}+\Delta Q_{补})-(Q_{天排}-\Delta Q_{排})-Q_{开}=-\mu F\frac{\Delta h}{\Delta t} \tag{3.58}$$

式中　$Q_{天补}$——开采前的天然补给量，m^3/d；

$\Delta Q_{补}$——开采时的补给增量，m^3/d；

$Q_{天排}$——开采前的天然排泄量，m^3/d；

$\Delta Q_{排}$——开采时天然排泄量减少值，m^3/d；

$Q_{开}$——人工开采量，m^3/d；

μ——含水介质的给水度；

F——开采时引起水位下降的面积，m^2；

Δt——开采时间，d；

Δh——在 Δt 时间段内开采影响范围内的平均水位降，m。

由于开采前的天然补给量与天然排泄量在一个大水文周期内是近似相等的，即 $Q_{天补}\approx Q_{天排}$，并且开采量在数值上已接近或等于允许开采量，式（3.58）变为

$$Q_{允开}=\Delta Q_{补}+\Delta Q_{排}\pm\mu F\frac{\Delta h}{\Delta t} \tag{3.59}$$

式（3.59）表明，允许开采量由以下三部分组成。

（1）开采补给增量（$\Delta Q_{补}$）：是开采前不存在，开采时袭夺的各种额外补给量。

（2）减少的天然排泄量（$\Delta Q_{排}$）：是含水系统因开采而减少的天然排泄量，如潜水蒸发量的减少、泉流量的减少、侧向流出量的减少，也称为开采截取量。这部分水量最大极限是等于天然排泄量，接近于天然补给量。

（3）储存量的变化量（$\mu F\dfrac{\Delta h}{\Delta t}$）：是含水层储存量的一部分，包括开采初期形成开采降落漏斗过程中含水层提供的储存量及在补给与开采发生不平衡时增加或消耗的储存量。

明确了允许开采量的组成，可以依据各个组成部分确定允许开采量。由于制约允许开采量的因素很多，除了地下水分布埋藏条件、丰富程度及人工取水的技术能力外，要考虑区域水资源的统筹规划、合理调度，还要考虑环境约束，如地面沉降、水质恶化、生态退化等不良效应。

允许开采量组成中的开采补给增量，应在满足区域水资源统一规划下，合理索取各类开采补给增量。对于开采截取量（减少的天然排泄量），理论上应尽可能的截取，但也要考虑生态用水，如地下水位下降可能引起的沼泽退化、植物枯萎死亡等。开采截取量的大小与开采方案、取水建筑物的类型、结构及开采强度有关，只有选择最佳开采方案及开采强度、最好的开采技术，才能最大限度的截取天然补给量。

第4章 地下水水质评价

4.1 地下水水质评价概述

地下水的质量简称地下水水质。地下水中的物质组分，按其存在状态可分为三类：悬浮物质、溶解物质和胶体物质。地下水水质是指地下水水体中所含的物理成分、化学成分和生物成分的综合特征。天然的地下水水质是自然界水循环过程中各种自然因素综合作用的结果，人类活动对现代地下水水质有着重要的影响。根据地下水中的物质成分及对其开发利用的作用与影响，人为地制定地下水水质指标，以表征地下水中物质的种类、成分和数量，它是衡量地下水水质的标准。地下水水质指标项目繁多，共有上百种，可划分为物理性水质指标、化学性水质指标和生物性水质指标。物理性水质指标包括：感官物理性状指标，如温度、色度、浑浊度、透明度、臭和味等；其他指标，如总固体、悬浮固体、溶解性总固体、电导率（电阻率）等。化学性水质指标可分为3种：第一种为一般的化学性水质指标，如pH值、碱度、硬度、各种阳离子、各种阴离子、总含盐量、一般有机物质等；第二种为有毒的化学性指标，如各种重金属、氰化物、多环芳烃、卤代烃、各种农药等；第三种为氧平衡指标，如溶解氧（DO）、化学需氧量（COD）、生物需氧量（BOD）、总需氧量（TOD）等。生物性水质指标一般包括细菌总数、总大肠杆菌数、各种病原菌及病毒等。

地下水水质评价是地下水资源评价的重要组成部分，地下水水质评价实际上就是对地下水水质进行定量评价。根据现阶段国家颁布的规范、标准，按照技术要求进行地下水采样分析，依据不同用途对水质的要求，进行地下水水质现状评价，大多是在勘察阶段进行的评价。

地下水水质评价存在着时效性问题。地下水水质评价的时效性主要由两方面因素所决定，一方面地下水水质的成分极为复杂，地下水中的某些成分以前不被人们认识，但随着科技水平的提高而被认识和检测出来。因而，地下水水质评价的标准也要在实践中不断地总结、修改，逐渐完善。在进行水质评价时，应以最新标准为依据，不仅考虑水质的现状是否符合标准，还应考虑是否有改善的可能，即经过处理后能否达到用水标准。另一方面，由于地下水始终处于不断的循环交替之中，在自然、人类的影响之下，地下水的水质不断变化，勘察阶段所进行的地下水水质评价结果随着时间的推移往往还会发生变化。因此，水源地建成后也要进行水质监测并定期评价，预测地下水开采后水质可能发生的变化，提出卫生防护和管理措施。

地下水水质评价应反映出区域地下水水质的整体特性。因此，应使水质样本的空间分布能够在宏观上最大限度地实现对地下水水质状况的控制，在采样点得到的地下水水质信息能够代表整个系统的水质状况。同时，提高成井工艺水平、采样技术及水质检测水平，以保证地下水水质评价的精度。

近年来，随着地下水科学技术的发展以及人们对环境问题认识的不断深化，地下水环境质量评价工作越来越得到重视。地下水环境质量评价是环境质量评价工作的重要组成部分，它与常规供水水质评价既有联系又有区别。地下水环境质量评价是一项全新的工作，在概念、理论与技术方法上还在不断地完善。

4.2　供水水质评价

4.2.1　生活饮用水水质评价

生活饮用水应符合下列基本要求：①水的感官性状良好；②水中所含化学物质及放射性物质不得危害人体健康；③水中不得含有病原微生物。

因此，评价生活饮用水时应包括地下水的感官指标、一般化学指标、毒理学指标、细菌学指标和放射性指标。

4.2.1.1　地下水水质的物理性状评价（感官评价）

生活饮用水的物理性状应当是无色、无味、无臭、不含可见物，清凉可口（水温 7～11℃）。水的物理性状不良，会使人产生厌恶的感觉，同时也是含有致病物质和毒性物质的标志。例如，含腐殖质的水呈黄色，含低价铁的水呈淡蓝色，含高价铁或锰的水呈黄色或棕黄色；水中悬浮物多时呈混浊的浅灰色，硬水呈浅蓝色；含硫化氢的水有臭鸡蛋味，含有机物及原生动物的水可能有腐味、甜味、霉味、土腥味等，含高价铁有发涩的锈味，含硫酸铁或硫酸钠的水呈苦涩味，含氯化钠过多的水则有咸味等。

4.2.1.2　地下水的一般化学指标评价（普通溶解盐的评价）

水中溶解的普通盐类，主要指常见的离子成分，如氯离子（Cl^-）、硫酸根离子（SO_4^{2-}）、重碳酸根离子（HCO^-）、钙离子（Ca^{2+}）、镁离子（Mg^{2+}）、钠离子（Na^+）、钾离子（K^+），以及铁、锰、碘、锶、铍等。它们大都来源于天然矿物，在水中的含量变化很大。它们的含量过高时，会损及水的物理性状，使水过咸或过苦不能饮用，并严重影响人体的正常发育；它们含量过低时，也会对人体健康产生不良影响。生活饮用水标准中规定，水的总矿化度不应超过 lg/L。由于人体对饮用水中普通盐类的含量具有很快的适应能力，所以在一些淡水十分缺乏的地区，总矿化度为 1～2g/L 的水，也可作为饮用水。

在生活饮用水评价中，以下情况值得重视。

（1）水的硬度：按 2001 年 9 月 1 日卫生部颁布的《生活饮用水水质卫生规范》（表 4.1），饮用水的总硬度（以碳酸钙计）不应超过 450mg/L 的限量。以 H°计时，一般不得高于 25H°。但硬度太小的水，对人体也不宜，规定不得小于 8H°，最好是 10～15H°。钙是人体必需的矿物质。饮用水中缺钙，易导致牙病，并影响人体心血管系统及骨骼的生长等，可能出现许多不适应的症状。当水中含过量的锶或铍时，可能导致大骨节病、佝偻病和克山病。人体对镁的需求远比钙少得多，水中含镁过多时，易使水发涩、发苦，特别是硫酸镁含量大于 300～500mg/L 时，能引起腹泻。

表 4.1 《生活饮用水水质卫生规范》部分指标

项　　目	标准限制	项　　目	标准限制
色度	不超过 15 度	挥发酚类（以苯酚计）	≤0.002mg/L
浊度	不超过 1 度（NTU），特殊情况下，不超过 5 度（NTU）	氟化物	≤1.0mg/L
嗅	不得有异嗅	氰化物	≤0.05mg/L
味	不得有异味	砷	≤0.05mg/L
肉眼可见物	不得含有	pH 值	6.5～8.5
硒	≤0.01mg/L	汞	≤0.001mg/L
总硬度（以碳酸钙计）	≤450mg/L	镉	≤0.005mg/L
硫酸盐	<250mg/L	铬（六价）	≤0.05mg/L
氯化物	<250mg/L	铅	≤0.01mg/L
总铁	≤0.3mg/L	硝酸盐（以 N 计）	≤20mg/L
溶解性总固体	1000mg/L	银	≤0.05mg/L
锰	≤0.1mg/L	细菌总数	≤100(CFU/mL)
铜	≤1.0mg/L	总大肠菌群	不得检出（每 100mL 水样中）
锌	≤1.0mg/L	粪大肠菌群	不得检出（每 100mL 水样中）

注 1. NTU 为散射浊度单位。
2. CFU 为菌落形成单位。

（2）硫酸盐：水中硫酸盐含量过高时，会使水味变坏，甚至引起腹泻，使肠道机能失调。水中硫酸盐的含量应限制在 250mg/L 以下。在水中缺钙的地区，当硫酸盐含量低于 10mg/L 时，易导致大骨节病。

（3）碘：人体需要适量的碘，以制造甲状腺激素，维持碘代谢。碘在淡水中的含量一般很低（0.002～0.01mg/L），易为植物，特别是柳树吸收。人体如果缺碘，会发生甲状腺肿大病和克汀病。

（4）锶和铍：天然水中锶和铍的含量一般甚微。当其含量增高时，可引起大骨节病、锶佝偻病和铍佝偻病。饮用水中锶的含量限定为 0.003mg/L。

（5）铜和锌：是人体必需的元素，其限量皆为 1.0mg/L，若摄取过量，也有毒性。硫酸铜的毒性较大，会引起肠胃炎、肝炎、黄疸病等。锌的毒性较弱，但吃得过多，也可引起肠胃炎及消化道黏膜被腐蚀等疾病。

（6）氧化亚铁和锰：这两种物质影响水的味道。当氧化亚铁含量达到 0.3mg/L 时，水具有墨水味。当锰的含量达到 0.1mg/L 时，水也有不良味道。

值得注意的是，我国现行的标准对溶解性总固体（矿化度）只规定了上限标准，对下限则未做限定。其实人体所需的矿物质和微量元素大多来自饮用水，长期饮用低矿化度水（纯净水、雨水等）会对身体产生不良的影响，使人产生疲乏感，人体免疫力降低，引发某些疾病。

4.2.1.3 对饮用水中有毒物质的限制

地下水中的有毒物质种类很多，包括有机的和无机的。目前，各国对有毒物质的限定数量各不相同，主要基于对有毒物质毒理性的研究程度和水平的差异。除了在饮用水水质标准中所限定的有毒物质外，仍有许多有毒物质的毒理性由于现有的研究水平无法确认其毒理水平而不能给出明确的限定指标。地下水中的有毒物质主要有砷、硒、镉、铬、汞、铅、氟化物、氰化物、酚类、硝酸盐、氯仿、四氯化碳以及其他洗涤剂及农药等成分。这些物质在地下水中出现，主要是地下水受到污染所致，少数也有天然形成的。就毒理学而言，这些物质对人体具有较强的毒性及强致癌性，各国在饮用水水质标准中对此类物质的含量都有严格控制。有些有毒物质能引起人体急性中毒，而大多数毒性物质随饮用水进入人体在人体内积蓄，引起慢性中毒。有毒物质对人体的毒害作用主要表现为：氟骨症、骨质损害、骨疼病、破坏中枢神经、损伤记忆、新陈代谢紊乱、血红蛋白变性、皮肤色素沉淀、脱发、破坏人体器官的正常功能、致癌等，中毒严重者会导致快速死亡。

(1) 砷（As）：毒性较大，饮用水中砷的含量大于0.1mg/L时，能麻痹细胞的氧化还原过程，使人容易患血性贫血，并有致癌作用。饮用水中砷的允许含量一般为0.01～0.02mg/L，超过0.05mg/L时不能作为饮用水。

(2) 硒（Se）：硒对人体有较强的毒性。它在人体中蓄积作用明显，易引起慢性中毒，损害肝脏和骨骼。1975年后，人们认识到硒在生物功能方面具有双重作用，它既是有毒元素，又是生命所必需的微量元素，如对癌症则有致癌和抗癌的两重性。近期研究表明，人体摄入硒应适量。饮用水标准中对硒的限量为不超过0.01mg/L。

(3) 镉（Cd）：具有很强的毒性，能在细胞中蓄积，是一种不易被人体排出的有毒元素。它可使肠、胃、肝、肾受损，还能使骨骼软化变脆，产生骨痛病。有人认为，贫血及高血压也与镉在机体内的蓄积有关。饮用水对镉的限量标准为不超过0.005mg/L。

(4) 铬（Cr）：铬，特别是六价铬对人体有害，当饮用水中铬含量大于0.1mg/L时，会刺激和腐蚀人体的消化系统，能破坏鼻内软骨，甚至可致肺癌。饮用水卫生规范对铬的限定标准为不超过0.05mg/L。

(5) 汞（Hg）：汞为蓄积性毒物。它进入人体后，可使人的中枢神经、消化道及肾脏受损害，使细胞的蛋白质沉淀，形成细胞原浆毒。妇女、儿童及肾病患者对汞敏感。汞还能从妇女乳腺中排出，影响婴儿健康。饮用水标准对汞的限定含量不超过0.001mg/L。

(6) 铅（Pb）：蓄积性毒物。当人体内蓄积铅较多时，会使高级神经活动发生障碍，产生中毒症状，甚至侵入骨髓内，使人瘫痪，它也能从妇女的乳腺中排出，影响婴儿健康，饮用水中对铅的限量为不超过0.01mg/L。

(7) 氟化物：氟化物在饮用水中含量过低或过高，都对人体有害。当含氟过低（小于0.3mg/L）时，会失去防止龋齿的能力；含氟量过高（大于1.5mg/L）时，可使牙齿釉质腐蚀，出现氟斑齿，甚至造成牙齿损坏。长期饮用高氟水，还能引起骨骼变形等慢性疾病（氟骨症），甚至残废。饮用水中含氟量的最高限量为1.0mg/L。

(8) 氰化物：氰化物是毒性大的物质。它进入人体后，会使人体中毒；当达到一定浓度时，可导致急性死亡。饮用水中的氰化物最高限量为0.05mg/L。

4.2.1.4 对细菌学指标的限制

地下水中常含各种细菌、病原菌、病毒和寄生虫等成分，同时有机物质含量较高，这类水对人体十分有害。因此，饮用水中不允许有病原菌和病毒的存在。然而由于条件的限制，水中的细菌，特别是病原菌不是随时都能检出和查清的。因此，为了保障人体健康和预防疾病，便于随时判断致病的可能性和水受污染的程度，一般是将细菌总数、总大肠菌群和粪大肠菌群作为指标，确定地下水受生活污染的程度。

（1）细菌总数。指水样在相当于人体温度（37℃）下经24h培养后，每毫升水中所含细菌总数，规定小于100CFU/mL。

（2）总大肠杆菌群和粪大肠杆菌群。大肠杆菌本身并非致病菌，一般对人体无害。但若在水中发现很多大肠杆菌，则说明水已被污染，有病原菌存在的可能性。《生活饮用水水质卫生规范》规定，总大肠杆菌群和粪大肠杆菌群在每100mL水样中不得检出。

在进行水质评价时，应对勘察区所取水样资料进行分析，逐项与标准对照比较，只有全都符合标准的水才可以作为饮用水。如果出现个别超标项目，则根据其经人工处理后能否达到标准要求而定。

4.2.2 工业用水水质评价

各种工业生产几乎都离不开水，不同的生产部门对水质的要求也不同。因此，不同工业用水水质的限定要求，在供水水文地质勘察与水质的评价中，系统地、有重点地在拟开发的地下水水源地布置水质采样点，按照工业用水的水质标准全面评价水源地的水质状况。由于工业用水种类繁多，没有必要一一列举，现仅简述主要工业的水质评价。

4.2.2.1 锅炉用水水质评价

不同的工业生产对水质有不同的要求。锅炉用水是工业用水的基本组成部分，因此对工业用水的水质评价，一般首先对锅炉用水进行水质评价。

蒸汽锅炉中的水处在高温高压条件下，由于成垢作用、气泡作用和腐蚀作用等各种不良的化学反应，严重影响过路的正常使用。因此，对于这3种作用的影响程度的评价是十分必要的。

1. 成垢作用

水煮沸时，水中所含的一些离子、化合物可以相互作用生成沉淀，附着于锅炉壁上形成锅垢，这种作用称之为成垢作用。锅垢厚了不仅影响传热，浪费燃料，而且易使金属炉壁过热融化，因此锅炉爆炸。锅垢的成分主要有：CaO、$CaCO_3$、$CaSO_4$、$CaSiO_3$、$Mg(OH)_2$、$MgSiO_3$、Al_2O_3、Fe_2O_3及悬浮物质的沉渣等。这些物质是由溶解于水中的钙、镁盐类及胶体的SiO_2、Al_2O_3、Fe_2O_3和悬浮物沉淀而成的。例如

$$Ca^{2+}+2HCO_3^{2-}\rightarrow CaCO_3\downarrow+H_2O+CO_2\uparrow$$

$$Mg^{2+}+2HCO_3^{2-}\rightarrow MgCO_3\downarrow+H_2O+CO_2\uparrow$$

$MgCO_3$再分解，则沉淀出镁的氢氧化物

$$MgCO_3+2H_2O\rightarrow Mg(OH)_2+H_2O+CO_2\uparrow$$

与此同时还可以沉淀出$CaSiO_3$及$MgSiO_3$，有时还沉淀出$CaSO_4$等，所有这些沉淀物在锅炉中便形成了锅垢。

锅垢的评价公式如下：

$$H_0=S+C+36\gamma Fe^{2+}+17\gamma Al^{3+}+20\gamma Mg^{2+}+59\gamma Ca^{2+}$$

式中 H_0——锅垢的含量，mg/L；

S——悬浮物的含量，mg/L；

C——胶体含量（$SiO_2+Al_2O_3+Fe_2O_3+\cdots$），mg/L；

γFe^{2+}，γAl^{3+}，…——各离子的含量，meq/L。

锅垢包括硬质的垢石（硬垢）及软质的垢泥（软垢）两部分。硬垢主要是由碱土金属的碳酸盐、硫酸盐以及硅酸盐构成，不易清除。软垢容易洗刷。因此在对水的成垢作用进行评价时，还应对硬垢系数进行评价，其评价公式为

$$H_n = SiO_2 + 20\gamma Mg^{2+} 68(\gamma Cl^- + \gamma SO_4^{2-} - \gamma Na^+ - \gamma K^+)$$

$$K_n = \frac{H_n}{H_0}$$

式中　K_n——硬垢系数；

H_n——硬垢总含量，mg/L；

SiO_2——SiO_2 含量，mg/L；

其余符号意义同前。

2. 起泡作用

主要是指水煮沸时在水面上产生大量气泡的作用。如果气泡不能立即破裂，就会在水面以上形成很厚的极不稳定的泡沫层。泡沫太多时将使锅炉内水的汽化作用极不均匀，水位急剧地升降，致使锅炉不能正常运转。产生这种现象的原因是由于水中易溶解的钠盐、钾盐以及油脂的悬浮物，受炉水的碱度作用发生皂化的结果。起泡作用可用起泡系数 F 来评价，起泡系数按钠、钾的含量来计算：

$$F = 62\gamma Na^+ + 78\gamma K^+$$

3. 腐蚀作用

指由于水中氢置换铁使炉壁受到损坏的作用。氢离子可以是水中原有的，也可以是由于炉中水温度增高，从某些盐类水解而生成。此外，溶解于水中的气体成分，如氢、硫化氢及二氧化碳等也是腐蚀作用的重要因素。锰盐、硫化铁、有机质及脂肪油类，皆可作为接触剂而加强腐蚀作用的进行。温度的增高以及增高后炉中所产生的局部电流均可促成腐蚀作用。炉中随着蒸汽压力的增大，水对铜的危害也随之加重，往往在蒸汽机叶片上会形成腐蚀。腐蚀作用对锅炉的危害极大，它不仅只是减少锅炉的使用寿命，而且还有可能发生爆炸事故。

水的腐蚀性可以按腐蚀系数 K_k 进行定量评价。

对酸性水

$$K_k = 1.008(\gamma H^+ + \gamma Al^{3+} + \gamma Fe^{2+} + \gamma Mg^{2+} - \gamma CO_3^{2-} - \gamma HCO_3^-)$$

对碱性水

$$K_k = 1.008(\gamma Mg^{2+} - \gamma HCO_3^-)$$

4.2.2.2 地下水的侵蚀性评价

天然地下水对工程建筑物的危害主要表现在对金属构件的腐蚀和对混凝土的侵蚀破坏。当地下水中含有某些成分时，会对建筑材料中的混凝土、金属等有侵蚀性和腐蚀性。当建筑物经常处于地下水的作用下时，应进行地下水的侵蚀性评价。关于地下水对金属的腐蚀作用，在评价锅炉用水时已经作过介绍，其原则方法同样适用于对建筑物金属构件的腐蚀性评价。含有氢离子的酸性矿坑水、硫化氢水和碳酸矿水的腐蚀性最强。大量试验证

明，地下水中的氢离子、侵蚀性二氧化碳、硫酸根离子及弱盐基阳离子的存在对处于地下水位以下的混凝土有一定的侵蚀作用。侵蚀作用的方式有分解性侵蚀、结晶性侵蚀和分解结晶复合侵蚀等。

1. 分解性侵蚀

分解性侵蚀指酸性水溶滤氢氧化钙或侵蚀性碳酸溶滤碳酸钙使水泥分解破坏的作用。分解性侵蚀可分为一般性侵蚀和碳酸性侵蚀两种。

一般酸性侵蚀是水中的氢离子与氢氧化钙起反应，致使混凝土遭受破坏。其反应式为

$$Ca(OH)_2 + 2H^+ = Ca^{2+} + 2H^+$$

地下水中氢离子浓度越高，则 pH 越低，水对混凝土的侵蚀性越强。

碳酸性侵蚀是碳酸钙在侵蚀性二氧化碳的作用下溶解，致使混凝土遭受破坏。混凝土表面的水泥，在空气和水中二氧化碳的作用下，首先生成一层碳酸钙；进一步作用，形成易溶于水的重碳酸钙；重碳酸钙溶解后，使混凝土破坏。其反应式为

$$CaCO_3 + H_2O + CO_2 \leftrightarrow Ca^{2+} + 2HCO_3^-$$

这是一个可逆反应，要求水中必须含有一定数量的游离二氧化碳以保持平衡。此二氧化碳，称为平衡二氧化碳。若水中游离二氧化碳减少，则反应向左进行，产生碳酸钙沉淀。若水中游离二氧化碳大于平衡二氧化碳，则可使反应向右进行，碳酸钙被溶解，直至达到新的平衡为止。与碳酸钙反应消耗的那部分游离二氧化碳，称为侵蚀性二氧化碳。

2. 结晶性侵蚀

结晶性侵蚀是指混凝土与水中硫酸盐发生反应，在混凝土的空隙中形成石膏和硫酸铝盐（又名结瓦尔盐）晶体。这些新化合物，因结晶膨胀作用体积增大（石膏可增大体积1～2倍，硫酸铝盐可增大体积 2.5 倍），导致混凝土力学强度降低以致破坏，这种侵蚀也可称为硫酸侵蚀性。石膏是生成硫酸铝盐的中间产物。生成硫酸铝盐的反应式为

$$4CaO \cdot Al_2O_3 \cdot 12H_2O + 3CaSO_4 \cdot nH_2O \rightarrow$$
$$3CaO \cdot Al_2O_3 \cdot 3CaSO_4 \cdot 30H_2O + Ca(OH)_2$$

这种结晶性侵蚀并不是孤立进行的，它常与分解性侵蚀伴生。有分解性侵蚀时，往往更能促进这种侵蚀的进行。

另外，硫酸侵蚀性还与水中氯离子含量及混凝土建筑物在地下所处的位置有关。水中氯离子含量越多，硫酸侵蚀性越弱。若建筑物处在水位变动带，这种侵蚀性则加强。对于抗硫酸盐水泥来说，一般的水都不会产生硫酸侵蚀性，只有当水中硫酸盐特别多时（大于3000mg/L）才有侵蚀性。

3. 分解结晶复合性侵蚀

分解结晶复合性侵蚀又称镁盐侵蚀，主要是地下水中弱盐基硫酸盐离子的侵蚀，即当水中 Mg^{2+}、Fe^{2+}、Fe^{3+}、Cu^{2+}、Zn^{2+}、NH_4^+、…含量很多时，它们与水泥发生化学反应，使混凝土力学强度降低甚至被破坏。例如，水中的氯化镁与混凝土中结晶的氢氧化钙起交替反应，形成氢氧化镁和易溶于水的氯化钙，使混凝土遭受破坏。

分解结晶复合性侵蚀的评价指标为弱基硫酸盐离子总量 *Me*，主要用于工业废水污染

的侵蚀性鉴定。当 $Me>1000\text{mg/L}$，且满足下式时，即有侵蚀性：

$$Me>K_3-SO_4^{2-}$$

式中 Me——水中 Mg^{2+}、Fe^{2+}、Fe^{3+}、Ca^{2+}、Zn^{2+}、NH_4^+ 等的总量，mg/L；

SO_4^{2-}——水中硫酸根离子的含量，mg/L；

K_3——随水泥种类不同而异的一个常数，介于 6000～9000 之间，可由有关手册查得。当 $Me<1000\text{mg/L}$，不论 SO_4^{2-} 含量多少，均无侵蚀性。

4.2.2.3 其他工业用水对水质的要求

不同工业部门对水质的要求不同，而纺织、造纸及食品等工业对水质的要求较严格。水质既直接影响到工业产品的质量，又影响产品的生产成本。硬度过高的水，对于肥皂、染料及酸、碱工业的生产都不太适合。硬水不利于纺织品的着色，并使纤维变脆，使皮革不坚固，使糖类不结晶。如果水中有亚硝酸盐，可使糖制品大量减产。水中存在过量的铁、锰盐类，能使纸张、淀粉及糖等出现色斑，影响产品质量。食品工业用水，除必须符合饮用水标准外，还要考虑影响质量的其他成分。

由于工业企业种类繁多，生产形式各异，各项生产用水还没有统一的水质标准，所以，目前只能依照本部门的要求与经验，提出一些试行规定。现将几种工业用水对水质的要求列于表 4.2 中。

表 4.2　某些工业生产用水对水质的要求

水质指标标准	造纸用水（上等纸）	人造纤维用水	黏液丝生产用水	纺织用水	印染工业用水	制革工业用水	制糖用水	造酒用水	黏胶纤维用水	胶片制造用水
浑浊度/(mg/L)	2～5	0	5	5	5	10	0		2	
色度/度	5	15	0	10～20	5～10		10～20			
总硬度/德国度	12～16	2	0.5	4～6	0.4～4	10～20	<20	2～6	2.7	3
耗氧量/(mg/L)	10	6	2		8～10	8～10	<10	<10	<5	
氯/(mg/L)					50	30～40	50	30～60	30	10
硫酐/(mg/L)					50	60～80	50		10	
亚硝酐/(mg/L)		0	0		0	0	0	5～25	0.002	0
硝酐/(mg/L)		0	0		痕迹	痕迹	痕迹	0.3	0.2	0
氨/(mg/L)		0	0		痕迹	0	0	0.1	0	0
铁/(mg/L)	0.1	0.2	0.03	0.2	0.1	0.1	痕迹	0.1	0.05	0.07
锰/(mg/L)	0.05		0.03	0.3	0.1	0.1	痕迹	痕迹		
硫化氢/(mg/L)						1.0				
氧化钙/(mg/L)										
氧化镁/(mg/L)										
氧化硅/(mg/L)										25
固形物/(mg/L)	300		100			300～600	200～300		80	100
pH 值	7～7.5	7～7.5		7～8.5	7～8.5			6.5～7.5		

注　1. 引自河北省地质局水文地质四大队。

2. 阴离子洗涤剂、氯仿、四氯化碳、苯并（a）芘、滴滴涕、六六六、游离余氯、放射性指标等八项未列入此表。

4.2.3 农田灌溉用水水质评价

农田灌溉用水的水质好坏对保护农田土壤、地下水水源（防止被污染的灌溉水补给地下水、农田灌溉用水的回渗是地下水的一个主要补给源）以及保证农产品的质量十分重要。灌溉用水水质状况，主要涉及水温、水的总矿化度及溶解盐类的成分。同时，必须考虑由于人类污染造成的灌溉用水的 pH 值和有毒元素对农作物和土壤的影响。

4.2.3.1 农业用水的水质要求

灌溉用水的温度应适宜。在我国北方，以 10～15℃为宜；在南方的水稻区，以 15～25℃为宜。温度过低或过高对作物生长都不利。我国北方地下水的温度，一般都偏低，可将水取出后引入地表水池晾晒或用加长渠道等措施来提高水温。利用温泉水灌溉时，也可用这种方法降温后再灌溉。

灌溉用水的矿化度不能太高，太高对农作物生长和土壤都不利。一般以不超过 1.7g/L为宜。但是，土壤原有含盐量、气候条件、土壤性质、潜水埋深、排水条件、灌溉与耕作方法等一系列影响土壤积盐与脱盐的因素决定了不同地区的农作物对灌溉用水的含盐量有不同的适应能力。若大于 1.7g/L 则应视作物种类和所含盐类成分而定。不同作物有不同的耐盐性。例如，在华北平原灌溉矿化度小于 1g/L 的水，一般作物生长正常；灌溉矿化度为 1～2g/L 的水，水稻、棉花生长正常，小麦生长受抑制。

水中所含盐类成分不同，对作物有不同的影响。对作物生长最有害的是钠盐，尤以碳酸钠危害最大。它能腐蚀农作物根部致使作物死亡，还能破坏土壤的团粒结构。其次为氯化钠，它能使土壤盐化，变成盐土，使作物不能正常生长，甚至枯萎死亡。对于易透水的土壤来说，钠盐的允许含量一般为：碳酸钠 1g/L；氯化钠 2g/L；硫酸钠 5g/L。如果这些盐类在土壤中同时存在，其允许含量应更低。水中有些盐类对作物生长并无害处，例如，碳酸钙和碳酸镁。还有一些盐类不但无害，而且还有益，例如，硝酸盐和磷酸盐具有肥效，有利于作物生长。对农田用水的水质进行评价时，不仅应考虑对作物生长有无影响，还应注意不要造成环境污染。特别是城市郊区，常用废水作为灌溉水源，因此必须对水质严格限制。

4.2.3.2 农田灌溉水质评价方法

1. 水质标准法

为了保护人体健康，维护生态平衡，促进经济发展，我国制订了国家《农田灌溉水质标准》（GB 5084—2005）（表 4.3、表 4.4），评价时可以作为依据。

表 4.3 农田灌溉用水水质基本控制项目标准值

作物种类 / 项目类别		水作	旱作	蔬菜
五日生化需氧量（BOD_5）/（mg/L）	≤	60	100	40①，15②
化学需氧量（BOD_{Cr}）/（mg/L）	≤	150	200	100①，60②
悬浮物/（mg/L）	≤	80	100	60①，15②
阴离子表面活性剂（LAS）/（mg/L）	≤	5	8	5
水温/℃	≤	35		

续表

项目类别 \ 作物种类		水　作	旱　作	蔬　菜
pH 值		5.5～8.5		
全盐量/（mg/L）		1000③（非盐碱土地区），2000③（盐碱土地区）		
氯化物/（mg/L）	≤	350		
硫化物/（mg/L）	≤	1		
总汞/（mg/L）	≤	0.001		
镉/（mg/L）	≤	0.01		
总砷/（mg/L）	≤	0.05	0.1	0.05
铬（六价）/（mg/L）	≤	0.1		
铅/（mg/L）	≤	0.2		
粪大肠杆菌群落/(个/100mL)	≤	4000	4000	2000①，1000②
蛔虫卵数/(个/L)	≤	2		2①，1②

① 加工、烹调及去皮蔬菜。

② 生食类蔬菜、瓜类和草本水果。

③ 具有一定的水利灌排设施，能保证一定的排水和地下水径流条件的地区，或有一定淡水资源能满足冲洗土体中盐分的地区，农田灌溉水质全盐量指标可以适当放宽。

表 4.4　农田灌溉用水水质选择性控制项目标准值

项目类别/(mg/L) \ 作物种类		水　作	旱　作	蔬　菜
铜	≤	0.5	1	
锌	≤	2		
硒	≤	0.2		
氟化物	≤	2（一般地区），3（高氟区）		
氰化物	≤	0.5		
石油类	≤	5	10	1
挥发酚	≤	1		
苯	≤	2.5		
三氯乙醛	≤	1	0.5	0.5
丙烯醛	≤	0.5		
硼	≤	1①（对硼敏感作物），2②（对硼耐受性较强的作物），3③（对硼耐受性强的作物）		

① 对硼敏感作物，如黄瓜、豆类、马铃薯、笋瓜、韭菜、洋葱、柑橘等。

② 对硼耐受性较强的作物，如小麦、玉米、青椒、小白菜、葱等。

③ 对硼耐受性强的作物，如水稻、萝卜、油菜、甘蓝等。

水质标准法就是对照国家颁布的农田灌溉用水水质标准进行评价，对有些不适宜灌溉的地下水成分须进行处理，达到标准后方能进行灌溉。但是，由于医疗、生物制品、化学试剂、农药、石油炼制、焦化和有机化工处理后的废水，因其成分复杂而特殊，不宜用现行的灌溉水质标准评价。

在评价中除了依照标准所列的指标外，还应考虑水温的下限、盐分的类型、有机物类型等。在水资源十分缺乏的干旱灌溉区，灌溉水的含盐量可适当放宽。

2. 钠吸附比值法

钠吸附比值（A）法是美国农田灌溉水质评价采用的一种方法，它是根据地下水中的钠离子与钙镁离子的相对含量来判断水质的优劣。其计算公式为

$$A=([Na^{+}])/\sqrt{(2[Ca^{2+}]+[Na^{+}])/2}$$

式中　$[Na^{+}]$，$[Ca^{2+}]$ ——各离子的毫摩尔浓度。

当 $A>20$ 时，为有害水；当 $A=15\sim20$ 时，为有害边缘水；当 $A<8$ 时，为相当安全的水。钠吸附比值也反映了钠盐含量的相对值，因此，应用这种方法评价水质时，还应与全盐量、水化学条件相结合。

3. 灌溉系数法

灌溉系数是根据 Na^{+}、SO_4^{2-} 的相对含量采用不同的经验公式计算的，它反映了水中的钠盐值，但忽略了全盐的作用。其计算公式见表 4.5。

表 4.5　　灌溉系数计算表

水的化学性质	灌溉系数（Ka）计算公式
$[Na^{+}]>[Cl^{-}]$，只有氯化钠存在时	$Ka=288/5[Cl^{-}]$
$[Cl^{-}]+[SO_4^{2-}]>[Na^{+}]>[Cl^{-}]$，有氯化钠及硫酸钠存在时	$Ka=288/([Na^{+}]+4[Cl^{-}])$
$[Cl^{-}]+[SO_4^{2-}]<[Na^{+}]$有氯化钠、硫酸钠及碳酸钠存在时	$Ka=288/(10[Na^{+}]-5[Cl^{-}]-18[SO_4^{2-}])$

灌溉系数 $Ka>18$ 时，为完全适用的水；$Ka=6\sim18$ 时，为适用的水；$Ka=1.2\sim5.9$ 时，为不太适用的水；$Ka<1.2$ 时，为不能用的水。

4. 盐碱度法

我国河南省地矿局水文地质队提出的盐度、碱度的评价方法，目前已被广泛采用。其评价指标见表 4.6 和表 4.7。该方法将灌溉水水质对农作物和土壤的危害分为表 4.5 中的 4 种类型。

表 4.6　　灌溉用水水质评价指标

评价指标＼等级		好　水	中 等 水	盐 碱 水	重 盐 碱 水
盐害	碱度为零时盐度/(mmol/L)	<15	15～25	25～40	>40
碱害	盐度小于 10 碱度/(mmol/L)	<4	4～8	8～12	>12
综合危害	矿化度/(g/L)	<2	2～3	3～4	>4
灌溉水质评价		长期灌溉对主要作物生长无不良影响，还能把盐碱地浇得很好	长期灌溉或者灌溉不当时，对土壤和主要作物有影响，但合理灌溉能避免土壤发生盐碱化	浇灌不当时，土壤盐碱化，主要作物生长不好。必须注意浇灌方法，使用得当，作物生长良好	浇灌后土壤迅速盐碱化，对作物应影响特别大，即使特别干旱也尽量避免过量使用
说明		本指标适用于非盐碱化土壤，已盐碱化土壤可视盐碱化程度调整使用。 本表根据豫东地区主要作物（如小麦、高粱、玉米、棉花、黄豆等）被灌溉后的反映程度所确定			

表 4.7　　盐碱害类型双项灌溉水质评价指标

盐度/(mmol/L)	碱度/(mmol/L)	水质类型
10～20	4～8 >8	盐碱水 重盐碱水
20～30	<4 >4	盐碱水 重盐碱水
>30	微量	重盐碱水

(1) 盐害。主要指氯化钠和硫酸钠这两种盐分对农作物和土壤的危害。一般，在农作物的根、茎内水分中含盐量很低。当用含这种盐的高矿化水灌溉以后，由于渗透压的存在，灌溉水中高浓度的盐会向作物内的低浓度方向迁移，而作物内的水则向高浓度（灌溉水）方向运移，农作物因此枯萎死亡，或在阳光作用下使盐分积累在作物的茎叶表面上，使农作物不能正常生长。常用这种水灌溉，还可使土壤变成不宜于作物生长的盐土。

水质的盐害程度，可用盐度表示。盐度，就是液态下氯化钠和硫酸钠的最大危害含量（单位为 mmol/L）。其计算方法如下。

当$[Na^{+}]>[Cl^{-}]+2[SO_4^{2-}]$ 时，盐度$=[Cl^{-}]+2[SO_4^{2-}]$；

当$[Na^{+}]<[Cl^{-}]+2[SO_4^{2-}]$时，盐度$=[Na^{+}]$。

(2) 碱害。也称苏打害，主要是指碳酸钠和重碳酸钠对农作物和土壤的危害，因为这种盐能腐蚀农作物的根部，使作物外皮形成不溶性腐殖酸钠，造成作物烂根，以致死亡。此外，水中钠离子易与土粒表面吸附的钙、镁等交换，形成富含吸附钠离子的碱土。碱土不具团粒结构，透水性和透气性都很差，干时坚硬、龟裂，湿时很黏，不适于农作物生长。

水质的碱害程度用碱度表示，碱度就是液态下重碳酸钠的危害含量（mmol/L）。其计算公式如下。

碱度$=([HCO_3^{-}]+2[SO_4^{2-}])-2([Ca^{2+}]+[Mg^{2+}])$。

如计算结果为负值，则以盐害为主。

(3) 盐碱害。即盐害与碱害共存。当盐度大于 10mmol/L，并有碱度存在时，即称为盐碱害。这种危害，一方面能使土壤迅速盐碱化，另一方面又对农作物的根部有很强的腐蚀作用，使农作物死亡。

(4) 综合危害。除盐害碱害外，水中的氧化钙、氧化镁等其他有害成分与盐害一起对农作物和土壤产生的危害，称为综合危害。综合危害的程度主要决定于水中所含各种可溶盐的总量，所以用矿化度来说明。

评价的指标见表 4.5。如果只有盐害和碱害的水，可按表 4.6 所规定的指标评价。应当指出，表中所列指标是根据河南省豫东地区条件试验得出的；将其运用到其他地区时，应结合具体条件加以修正。

对于农田灌溉用水的地下水水质评价，由于地下水中含盐分的多少、各种成分的复杂性以及气候条件、土壤性质、潜水位深浅等对农作物生长与质量的影响，作物种类和生育期以及灌溉方法、制度等的不同，简单地制订某一种统一标准是困难的。因此，必须结合实际条件因地制宜地进行农业灌溉用水水质评价。

4.3 矿泉水的水质评价

地下水中某些特殊矿物盐类、微量元素或某些气体含量达到某一标准或具有一定温度时，使其具有特殊的用途，即称之为矿泉水。矿泉水按用途可分为三大类，即工业矿泉水、医疗矿泉水和饮用矿泉水。一般所称的矿泉水主要是指天然饮用矿泉水，即可以作为瓶装饮料的矿泉水。它与一般淡水和生活饮用水有严格的区别，同时也不同于医疗矿泉水。饮用矿泉水盐类组分的浓度、特征化学元素的界限值，一般均低于医疗矿泉水中各化学元素的界限值。与一般的生活饮用水相比而言，饮用矿泉水含有特殊化学成分，特别是含有的一些微量元素具有一定的保健作用。随着人们生活水平的提高，饮用矿泉水在国内外均有很好的销售市场。由于饮用矿泉水水质既关系到矿泉水的质量与品质，同时也关系到人体健康，因而矿泉水的水质评价是矿泉水评价的核心工作。

4.3.1 天然饮用矿泉水基本特征与开发利用现状

4.3.1.1 天然饮用矿泉水的基本特征

(1) 埋藏在地层深部，沿断裂带或通过人工揭露出露于地表。

(2) 地下水通过深部循环，与围岩发生地球化学作用，产生一定量的对人体有益的常量元素和微量元素或其他化学成分。

(3) 经过长期的溶滤作用，水质洁净，没有受到地面污染，因而不必进行任何净化处理，可直接饮用。

(4) 水质、水量和水温能基本保持相对的动态稳定性。

(5) 天然饮用矿泉水都是在自然条件下形成的，所以人造矿泉水（包括纯净水）不属于天然矿泉水的范畴。

4.3.1.2 我国天然饮用矿泉水的分布与开发利用现状

我国的天然饮用矿泉水分布很广，目前全国已知的矿泉水产地多达3500多处，尤以东南、华南各省分布较多，川西、滇西以及藏南地区也较为密集，东北长白山地区矿泉水资源较丰富，华北相对较少，西北地区为数更少。在各类矿泉水中，以碳酸矿泉水、硅酸矿泉水与锶矿泉水数量最多，占全部矿泉水的90%左右。含锌、含锂矿泉水相当少，而含碘、含硒矿泉水为数更少。应当指出的是，以上情况仅为20世纪80年代末的统计数字。随着我国经济的发展与矿泉水开发力度的加大，矿泉水的产地与矿泉水的种类必将有较大的变化。

欧洲的矿泉水工业早在19世纪就开始兴起，到20世纪80年代，年产量就已经达到1000万t以上。近20年来，我国矿泉水饮料业发展十分迅猛，但仍存在许多问题，如在品种上十分单一，大多数为硅酸矿泉水或含锶矿泉水，在矿泉水的成因、形成条件、水质与水量的动态变化等勘察方面投入不大，对矿泉水资源的保护不足等。

4.3.2 天然饮用矿泉水特殊组分的界限指标与水质评价

天然饮用矿泉水是一种矿产资源。能否定义为天然饮用矿泉水，除了具备来自地下深部循环的天然露头或经人工揭露的，且所含化学成分、流量、水温等具有稳定动态以及其水质不需处理直接达到生活饮用水标准外，还应符合《中华人民共和国饮用天然矿泉水标准》(GB 8537—1995）所限定的特殊化学组分的界限指标，见表 4.8。

表 4.8　饮用天然矿泉水特殊化学组分的界限指标

项　目	指　标/(mg/L)
锂	≥0.20
锶	≥0.20（含量为 0.20～0.40 时，水温必须为 25℃）
锌	≥0.20
溴化物	≥0.10
碘化物	≥0.20
偏硅酸	≥25.0（含量为 25～30 时，水温必须为 25℃）
硒	≥0.010
游离二氧化碳	≥250
溶解性总固体	≥1000

凡符合表 4.7 中各项指标之一的矿泉水，可称为饮用天然矿泉水。此外，应在保证水源卫生细菌学指标安全的条件下开采或装瓶；在不改变天然饮用矿泉水的特性和主成分的条件下，允许曝气、倾析、过滤和除去，或加人二氧化碳。天然饮用矿泉水除了达到国家标准规定的特殊化学组分的界限值外，同时还对某些元素和组分也规定了限量指标以及污染指标与微生物指标详见《中华人民共和国饮用天然矿泉水标准》(GB 8537—1995)。

为了确保天然饮用矿泉水的质量，在进行水质评价时，必须以国家规定的标准为依据。标准中没有规定的某些成分，则应参照一般饮用水标准评价。当两者规定有矛盾时，则以饮用矿泉水的标准为准。在评价过程中，还要结合天然饮用矿泉水产地的地质、水文地质条件和动态观测资料进行论证。

4.3.3　天然饮用矿泉水的分类与命名

天然饮用矿泉水主要按其所含的微量元素进行分类。矿泉水可按达标的微量元素命名，例如，我国比较常见的饮用矿泉水大致可划分为以下 8 种：碳酸矿泉水（水中的游离二氧化碳含量大于 250mg/L)；硅酸矿泉水（水中的硅酸浓度大于 25mg/L)；锶矿泉水（锶含量为 0.2～5mg/L)；锌矿泉水（锌含量为 0.2～5mg/L)：锂矿泉水（锂含量为 0.2～5mg/L)；溴矿泉水（溴含量大于 1.0mg/L)；碘矿泉水（碘含量为 0.2～0.5mg/L)；硒矿泉水（硒含量为 0.01～0.05mg/L)。

根据所含的微量元素，又可划分为含单项达标微量元素的矿泉水和含多项达标微量元素的矿泉水两大类。多数矿泉水属单项微量元素矿泉水，其中硅酸矿泉水常同时含锶，称为含锶硅酸矿泉水。含两项以上微量元素的矿泉水较为少见，我国碳酸矿泉水与含硅酸、含锶矿泉水分布较广，称为常见矿泉水；而含锌、锂、硒等矿泉水较为少见，称为稀有矿泉水。

4.4　地下水环境质量评价

地下水环境质量评价是环境评价中水环境评价的一部分，地下水环境质量评价主要是以水质为核心问题进行的环境质量评价，除了进行一般性的水质现状评价外，还应对以水质为核心的地下水环境质量做出回顾评价、影响评价，阐明地下水是否受到污染、污染的程度，污染区的分布状况和造成污染的原因及可能的发展趋势。也就是说，地下水环境质量评价不仅要查明地下水环境的演变历史和现状，还要分析人类活动对地下水环境的影响尤其是不利于人类发展的负效应，以便合理规划地下水资源的开发、利用，采取有效的措施，避免污染，保护地下水环境，确保可持续发展。当前的地下水环境质量评价主要是指狭义的地下水环境质量评价。

4.4.1 评价的内容及原则

地下水环境质量评价主要应包括以下内容。

(1) 分析、确定污染物的排放特征，包括污染物的组成、含量和物理化学性质、排放方式以及排放速率等。

(2) 根据地下水环境特征以及污染物特征，估算被排除污染物增量的时空分布。

(3) 评估污染物排放对地下水环境的影响范围、影响时段以及影响程度。

(4) 依照有关法规，判断地下水水质的优劣，并提出相应的防治对策、措施及建议。

地下水环境质量评价一般应遵循以下原则。

(1) 依据评价范围内的水文地质特征和影响地下水环境质量的主要活动特点，有针对性地进行评价，而且应突出重点。

(2) 以国家或地方的法规为准绳，评判人类活动对地下水的影响。在评判时，要特别强调浓度控制和总量控制相结合的原则。

(3) 坚持评价和治理并重、评价先行以及短期与长期影响同时考虑的原则。

(4) 充分利用现有资料，并根据评价需要尽可能取得实际勘探及测量数据。开展相应的野外试验和实验室模拟试验工作也是十分必要的。

4.4.2 评价的类型

地下水环境质量评价包含3种不同的评价类型，即回顾评价、现状评价和环境影响(预测)评价。

回顾评价是根据本地区历年观测的环境资料，分析地下水环境的演变过程和发展趋势，追溯当前地下水环境恶化的原因，这对于分析污染物的迁移规律是有帮助的。同时，它也可以用于检验环保设施是否达到预期的效果，原来的评价模式、参数以及预测结果是否合理，结论和建议是否得当，以便总结过去的评价工作，为改善评价工作积累经验。

现状评价主要是评价当前的地下水水质，弄清当前污染物分布状况和分布特征及发展趋势，找出主要污染物和污染途径，提出改善地下水环境和防止污染范围扩大的措施。

环境影响评价是根据水文地质条件及其相关参数，利用适当的数学模型，对拟建项目或现行生活、生产活动的排放参数、废水的物理化学特征和排放特征等，估算由于开采地下水、废水排污或其他活动造成的地下水环境中各种污染物浓度增量的时空分布及其发展趋势，并预测它对环境的影响。

4.4.3 地下水质量分类标准

依据我国地下水水质的现状、人体健康基准值及地下水质量保护目标，并参照生活饮用水、工业、农业用水水质要求，地下水质量评价将地下水质量划分为五类。

Ⅰ类：主要反映地下水化学组分的天然低背景含量，适用于各种用途；

Ⅱ类：主要反映地下水化学组分的天然背景含量，适用于各种用途；

Ⅲ类：以人体健康基准值为依据，主要适用于集中式生活饮用水水源及工农业用水；

Ⅳ类：以工业、农业用水要求为依据，除适用于农业用水和部分工业用水外，适当处理后，可作为生活饮用水；

Ⅴ类：不宜饮用，其他用水可根据用水目的选用。

4.4.4　地下水环境影响评价

4.4.4.1　地下水环境影响评价等级的划分

1. 评价等级划分的依据

按照《环境影响评价技术导则》要求，地下水环境影响评价可划分为 3 个工作等级。评价等级的划分是为了根据实际情况确定评价范围及深度而提出来的，其目的是为了避免漏掉应开展的工作，也为了避免进行那些不必要的工作。评价等级的确定，由评价单位和项目主管部门根据评价等级划分依据协商提出，并报环境保护部门同意。

地下水环境影响评价等级的划分应以下述几个因素作为确定的依据。

（1）特点。包括工程规模、性质、能源结构、生产工艺，特别是废水排放特征（废水类型、排放量、排放方法及去向、污染物组成及含量、废水的物理化学特征等）。

（2）环境特征。主要是与污染物迁移及转化有关的自然环境特征，包括评价区的地层、岩性、含水层埋藏条件、水文地质条件、地球化学特征以及地下水的开发利用情况。

（3）国家及当地政府颁布的有关法律、规定及标准。

（4）所处地理位置。地理位置的重要程度是影响评价等级的一个重要因素。这里主要指与大城市、重要名胜古迹或旅游地区、水源地、人口密集区等的远近及相对方位。表 4.9 列出了地下水环境影响评价等级划分的依据。在确定评价等级时，应综合考虑这些因素。对于不同等级的评价，评价工作的繁简要求是不同的。

表 4.9　地下水环境影响评价等级划分的主要依据

评价等级	工程特点	自然环境特征	所处地理位置
一级	投资大 废水量大 污染物组成复杂 污染物排放量大 污染物毒性大	地下水污染严重 岩性不易保留污染物 地下水与地表水水力联系密切	大城市上游 工业供水水源上游 旅游景观区 敏感地区
二级	投资中等 废水量中等 污染物组成不太复杂 污染物排放量中等 污染物毒性中等	地下水污染中等 岩性对污染物保留能力中等 地下水与地表水水力联系较密切	中等城市上游 工业供水水源地 较敏感地区
三级	投资少 废水量少 污染物单一且毒性小	地下水水质较好 岩性易保留污染物 地下水与地表水水力联系不密切	小城市上游 非敏感地区

2. 对不同等级评价的基本要求

对于一级评价，需掌握区域和当地较详细的地质和水文地质资料，需较深入地说明含水层分布和特征、各含水层间以及与地表水之间的水力联系，并尽可能掌握枯、平、丰水期的地下水动态观测资料。在现有资料不能满足要求时，应补充勘探工作，并对地下水动态进行实测，有些参数要利用野外或实验室试验取得。在上述工作取得的成果基础上，选用合适的方法评价地下水的水质和水量。

对于二级评价，亦需掌握附近地区的水文地质资料，基本弄清含水层特征和它们之间的相互联系，基本弄清含水层与地面水的相互联系。二级评价至少应掌握一个枯水期的地下水动态观测资料。对于二级评价，以评价水质为主。在有条件的情况下，也可对水量进行评估。

三级评价只需利用现有资料，一般说明地下水分布情况，不需进行实测或勘探。三级评价可选用简单模式粗略评价水质的好坏。在无法定量评价时，可以只给出定性分析。

对于低于三级评价者，可根据具体情况进行简单的描述，或者只填写建设项目环境影响报告表。

4.4.4.2　地下水环境现状调查

地下水环境现状调查是地下水环境质量评价的重要基础工作。现状调查主要包括：①环境状况；②污染源；③污染现状（水质现状）；④水资源量调查。

1. 调查目的

（1）收集与评价有关的数据。例如，为建立地下水溶质模拟数学模型所必需的弥散参数等。

（2）查明污染途径。无论现状评价或者预测评价，都必须十分重视查明污染源影响地下水的污染途径。因此，不仅要查明污染物的排放方式和排放场所，而且要查明污染物进入地下水的通道（途径），其中包括含水层与污染地表水的构造通道和水力联系。

（3）查明污染水化学条件。污染物水化学条件是指污染物在地下水中的自净条件和稳定迁移条件，是确定污染物迁移转化规律的基础，也是正确选择预测模式的基础。研究污染水文地球化学的基本内容，包括岩上包气带（或岩石风化壳）的化学特征和水溶液的物理化学特征，以及土壤等有关环境体的生物化学条件，其中以酸碱条件、氧化还原条件、胶体化学和有机物分布等为主要方面。

（4）查明地下水的补给、径流、排泄等水文地质条件，其中包括描述这些条件的各种水文地质参数。例如，地下水的补给区域（范围）、径流方向、实际流速、含水层的渗透系数等。显然，需要进行某些勘探和试验工作。

（5）查明地下水及有关环境要素的环境容量，以及利用环境容量的方法途径。此间，除了地面调查以外，还需要进行物理模拟实验工作，以求得环境容量参数。

2. 调查原则

地下水环境现状调查应遵循如下几个原则。

（1）以收集现有有效资料为主，在现有资料不足以说明问题时，应补充少量的勘探工作。

（2）现状调查要紧紧围绕评价大纲规定的内容进行，既不能对内容和深度要求过高，也不应降低应进行的工作。

（3）突出重点，有针对性地回答所关心的地下水环境问题。

（4）调查应有足够的质量措施，以保证调查结果的有效性和可靠性。

3. 调查的范围和时间

从概念上讲，调查范围应包括拟建项目或活动可能影响到的地下水，因此，该拟建项目或活动所处的水文地质单元是首先应该考虑的范围。但是，由于地下水运动通常较缓慢，而且污染物进入地下水（包括非饱和带和饱水带）后，由于各种机制的作用，其运动速度又小于水的运动速度，因此污染物在地下水中的运动是一个缓慢的过程。在一般情况下，经过相当长的时间，污染物仅迁移很短的距离，而且目前地下水评价并未明确需要评价的时段。由于上述两个原因，在实际工作时，调查范围一般不会太大。不过，至少要考虑上百年时期可能影响到的区域作为调查范围。同时，调查范围的确定还应考虑到评价的等级。

对于自然环境和水资源调查，最好能按水文地质单元进行，这样，便于掌握地下水的补给、径流、排泄关系，也便于估算水资源量。如果评价等级低、时间要求紧，可进行一次性调查；如果评价等级高则可在丰水期和枯水期进行两次水资源量的相关调查。

对于社会环境的调查，则以行政区划确定范围为宜，同时要考虑到污染可能影响到的人群。对于社会环境，可进行一次性调查，以掌握最新的资料。

对于地下水污染现状调查，地下水污染是一个慢过程，因此，一次测量基本上可以反映地下水污染状况。在有条件的情况下，可在丰水期和枯水期分别取样测量。

水质的取样点应考虑污染源下游可能影响的范围，以近密远疏为原则，扇形布设，同时还应在上游足够远处设置对照取样点。

就污染源调查而言，应以可能影响该区域的污染源为主，确定调查范围。由于污染源排放方式和排放特征的差异，污染源调查应在一个时段（如3～5d）内多次取样分析，以便确定污染物的释放率及其变化。

4. 调查方法

为了对地下水环境影响进行评价，需要使用一些数学模型进行计算。模型中所用到的参数，可以使用权威组织推荐的通用参数或类似条件下的参数，但更为主要的是采用特定场址的参数。后者需要通过现场的勘察、现场试验和实验室模拟来获取。

为获取特定场址所需要的参数，可以使用下述某种方法，或者综合使用这些方法。

（1）收集现有有效资料。所谓有效资料，通常指的是近期（如近3年内）的合格成果。这是一种最简便、省时、省钱的调查方法。

（2）水文地质勘察。水文地质勘察是掌握评价范围地层、岩性、地下水埋藏条件的重要手段，也是获取评价参数的主要手段之一。水文地质勘察包括水文地质测绘、地球物理勘探（简称物探）、水文地质勘探（如钻探、槽探、井探等）、地下水动态观测以及使用遥感技术判读等。

（3）试验测量。包括水文地质试验、弥散试验、实验室模拟试验和参数测量试验等。

（4）类比调查。利用条件相似地区的已有成果，推断本项目的可能影响。此方法多为半定量或定性的。

4.4.4.3　地下水污染的评价

地下水污染评价是指污染源对地下水环境产生污染效应的评价，评价的目的是论证地下水的污染程度，为污染的防治提供依据。地下水污染评价的方法多种多样，主要包括一般统计法、综合指数法、数理统计法、神经网络法和模糊数学法等。

一般统计法即以监测点的检出值与背景值或饮用水标准进行比较，统计其检出数、检出率、超标率及其分布规律。该方法适用于水环境条件简单、污染物单一的地区，适用于水质初步评价。该方法简单明了，但应用有其局限性，不能反映水质的总体状况。

综合指数法就是将具有不同量纲的实测值进行标准化处理，换算成某一统一量纲的指数（各项指数），使其具有可比性，然后进行数学上的归纳和统计，得出一个较简单的数值（综合指数）来代表地下水的污染程度，并以此作为地下水污染分级和分类的依据。该方法适用于评价某一水井、某一地段或时段的水体质量，便于纵向、横向对比，但不能真实反映各项污染物对环境影响的大小，分级存在绝对化，不尽合理。

数理统计法是在大量水质资料分析的基础上，建立各种数学模型，经数理统计的定量运算评价水质的方法。该方法应用的前提条件是水质资料准确，长期观测资料丰富，水质监测和分析基础工作扎实。该方法直观明了，便于研究水化学类型成因，有可比性，但数据的收集整理困难。

模糊数学法是应用模糊数学理论，运用隶属度刻画水质的分级界限，用隶属度函数对各单项指标分别进行评价，再用模糊矩阵复合运算法进行水质评价。该方法适用于区域现状评价和趋势评价。该方法考虑了界限的模糊性，各指标在总体中污染程度清晰化、定量化，但可比性较差。

4.4.4.4　地下水污染的预测

为改善地下水环境质量，挖掘环境资源，保持人类生态环境平衡，必须准确地预报地下水水质的污染。由于水文地质条件不同，已有的水文地质资料丰富程度不同，以及对计算成果要求的精度不同，可以采用不同的计算方法。目前已有计算方法可归纳为近似解析法、数值法、数理统计法、模糊集逻辑推理法、灰色预测法、系统理论法等。

1. 近似解析法

近似解析法是建立在理想化的假设条件基础上的方法。该方法有两种：一种方法是忽略污染物的分子扩散作用，将受污染的地下水的运动方式视为“活塞式”的推挤淡水的运动，假定两者始终保持明显的铅直分界面，这样就可按地下水动力学的方法来预测污染质的迁移规律；另一种方法是将污染质的水动力机械弥散作用和分子扩散作用分开来考虑，先以平均渗透锋面“活塞式”推进计算，然后再计算由于分子扩散作用所形成的过渡混合带的宽度来修正按平均锋面运移的距离。

2. 数值法

描述地下水污染的数学模型往往比较复杂，污染区的形状一般不规则，含水层又是非均质和各向异性的，且污染质在含水层的迁移转化非常复杂，因此，不易求得解析解，通常可用数值方法求得近似解。常用的数值法有有限差分法（FDM）、有限单元法（FEM）、边界元法（BEM）和有限分析法等。首先建立描述模拟区地下水流和污染质迁移转化的数学模型，根据污染区的水文地质条件，给定模型的各项参数、初始条件、边界条件等，在计算机上用离散的方法求解该数学模型，可得到污染区各剖分节点上污染物浓度的近似值。

3. 数理统计法

地下水水质变化是受多种因素综合影响的复杂过程。由于某些影响因素无法取得较为准确的测量结果，这些隐性因素的存在，使同一种影响因子影响的结果可能出现多种情况。因此，用一个或几个影响因子的数值难于精确地求出水质指标的数值变化。正是由于地下水水质对多种影响因子的影响表现出不确定性，所以，可以用数理统计方法预测地下水水质的变化。主要的方法有时间序列分析法、相关分析法和概率统计法。

4. 灰色预测法

在污染地下水系统研究中，地下水水质是可以直接测量的已知信息，而含水层内部结构特征以及引起地下水水质变化的各种因素很难直接测量，是未知的或非确知的信息，因此，可以把污染地下水系统当做一个灰色系统，用灰色系统的理论和方法来研究。灰色系统预测就是通过对原始数据序列进行一定的变换，形成新的序列，这个序列一般能用指数曲线或其他函数逼近，从而建立起预测模型。

第5章 地下水开发利用工程

5.1 管 井

5.1.1 钻孔（井）及其要素

根据一定的目的，采用适当的方法，向地壳内钻出具有一定直径和深度，任意方向的圆孔，叫钻孔（井）。

钻孔的起点处叫孔（井）口；底部叫孔（井）底，侧面叫孔（井）壁。孔口到孔底的距离叫孔深，横断面的直径叫孔径。如图5.1所示。

钻孔直径、深度和方向组成钻孔三要素。钻孔三要素可根据钻探目的、钻探地点的地层条件等因素来确定。

钻孔依据方向不同，有垂直地面的直孔；有一定倾斜度的斜孔；也有在一定的距离内作特定曲率弯曲的定向孔。如在地下施工，还有水平孔和仰孔。在地质勘察中，一般多用垂直孔（如水文地质及工程地质勘察孔），而在倾斜矿床或锚固工程中，则多用斜孔。判断钻孔在地下的坐标位置，主要考虑钻孔的深度、方位角、顶角或倾角，三者关系如图5.2所示。

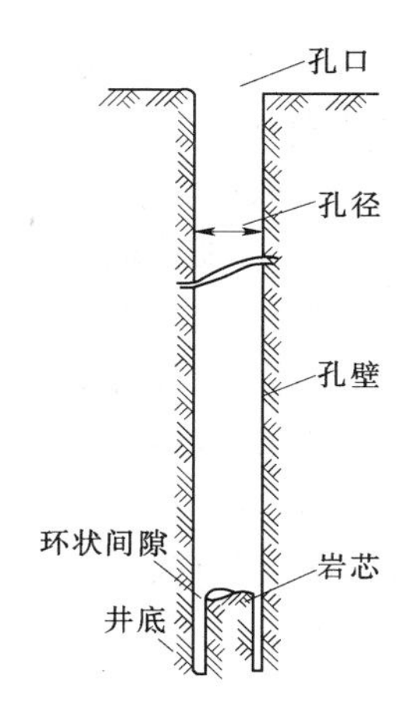

图5.1 钻孔的结构

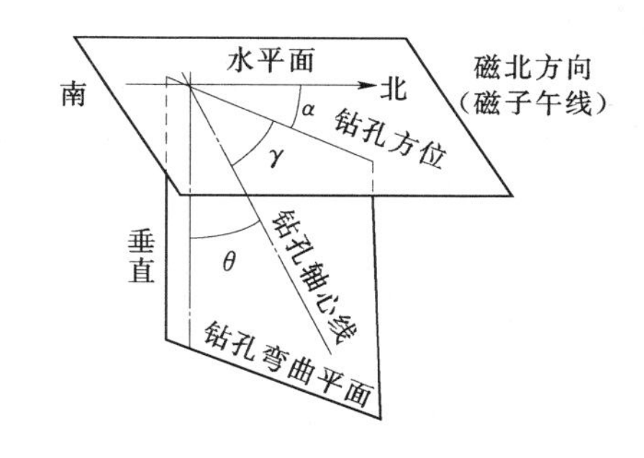

图5.2 钻孔某点的倾角、顶角和方位角

方位角α：从磁北方向开始，沿顺时针方向至钻孔轴心线在水平面上的投影线所转的角度。

顶角θ：钻孔任一点轴心线方向与铅垂线方向的夹角。

倾角γ：钻孔任一点轴心线方向与水平面之间的夹角。

地质勘察钻孔的直径范围多为46～150mm；水井施工及工程施工孔，矿山竖井，污水处理井直径范围在 300～1000mm，甚至数米。钻孔的深度可在数米至数千米。目前我国现有的钻探设备及钻探技术可钻进深度 10000m 以上的钻孔。

根据孔深、钻孔可分为：

浅孔：0～150m，常用于水文水井及工程地质钻探。

中深孔：150～1000m，用于勘察一般矿床。

深孔：1000m 以上，用于勘察和开发石油及勘探深部矿床。

超深孔：10000m 左右，用于勘察深部地壳的地质构造。

5.1.2 管井结构

管井结构因水文地质条件、施工方法、井管材料、水泵类型不同而各异。但一般结构可分为井口、井身、滤水管（进水部分）、沉砂管四部分，如图 5.3 所示。

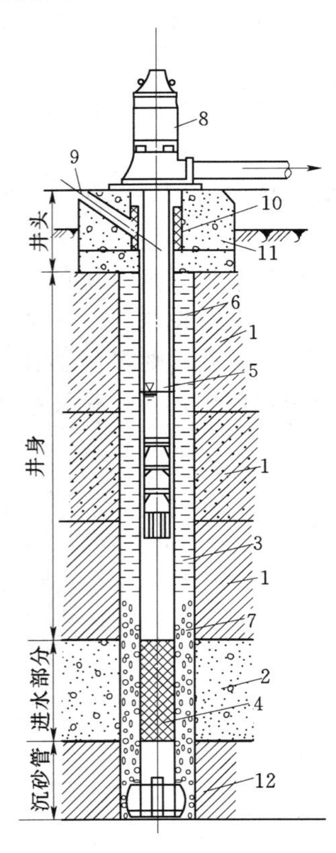

图 5.3　管井示意图

1—非含水层；2—含水层；3—井壁管；4—滤水管；5—泵管；6—封闭料；7—滤料；8—水泵；9—水位观测孔；10—护管；11—泵座；12—不透水层

5.1.2.1　井口

管井在地表附近的部分称为井口。为了管井安全稳定和便于管理，井口设计应考虑下列几点。

（1）井口应高出地面一定距离。为了使用操作方便，防止污水或杂物进入井内，井口应有一定高度，一般高出地面 0.5m 左右较为合适。

（2）井口要有足够的坚固性和稳定性。电动机和水泵对井口的压力及工作震动，会使井口产生沉陷。为此，在井口周围，半径和深度不小于 1.0m 的范围内，将原土挖掉并分层夯实回填黏性土或灰土，然后再在其上按要求浇筑混凝土泵座。

（3）井口应留有水位观察孔。井口应留有直径 30～50mm 的孔眼，以备观测井中水位变化。为防掉入杂物或孔眼被堵，观测孔应有盖帽保护。

（4）井口应与水泵的泵管或泵体联结紧密，防止从井口掉入杂物或泵体震动位移。一般做法是在井管外套一短节直径略大于井管的护管，护管多采用钢管或铸铁管。护管上端应悍有联结法兰盘与潜水泵或离心泵泵管上的法兰盘联结。护管下端也应有套环或法兰盘，并与地板混凝土接牢。护管与井管之间的间隙应填入石棉水泥或沥青砂浆等柔性填嵌材料。

5.1.2.2　井身

井身又称井管，是用于加固井壁的。如图 5.3 所示，如果管井为单层取水，井身为一整体段，如果管井分层取水，则井身被滤水管分隔为几段。井身一般不要求进水，但从加固井壁的作用，要求井身管材应有足够的强度。在管井结构中，井身长度通常所占比例较大，故在设计和施工中不容忽视。

如果井身部分的岩层是坚固稳定的基岩，也可不用井管加固。但如果要求隔离有害的和不计划开采的含水层时，仍需用井管进行封闭。为了保证顺利安装水泵，且正常工作，要求井身轴线要相当端直。

5.1.2.3 滤水管

滤水管是管井的进水部分，其作用主要是滤水拦砂。滤水管的结构是否合理，质量是否合格，直接关系到管井的出水量大小、井水的含砂量高低乃至管井的使用寿命。有人称滤水管是管井的心脏，所以对其设计和施工应给予足够的重视。

如果管井开采基岩裂隙水或喀斯特水时，且含水岩层又很稳定，则不需要安装滤水管。一般对松散含水层及破碎易坍塌的基岩含水层，均需针对含水岩层特征，设计安装不同型式的滤水管。

滤水管的安装位置和长度应按水文地质条件考虑。对潜水管井，一般滤水管安装在动水位以下的含水层部位。如果潜水含水层厚度较大时，滤水管长度可适当比含水层厚度小些。对承压管井，一般滤水管安装在承压含水层部位。承压含水层为单层厚度较小的多层结构，且含水层相隔较远时，滤水管可分层安装。如果承压含水层为大厚层时，滤水管可整段安装，且长度也可比含水层厚度小些。对滤水管最小长度的计算，在后面滤水管设计时讨论。

5.1.2.4 沉砂管

安装在管井最下部的一段不进水的井管，称为沉砂管。沉砂管的用途是为了管井在运行管理过程中，随地下水流进入井管内，且不能随水流抽出井外的砂粒沉淀于该管内，以备定期清除。如果管井不设沉砂管，沉淀的砂粒会逐渐将滤水管埋没，使滤水管进水面积减小，增大进水阻力和水头损失，从而减少水井出水量。

沉砂管的长度设计主要考虑井深、含水层厚度和含水层粒径大小。如果井深较大、含水层厚度较厚、含水层粒径较细时，沉砂管设计安装可长些，反之则短些。一般沉砂管安装长度在5～10m，且应根据井管单节长度来决定。

为了尽量增大管井出水量，特别对于完整井，应将沉砂管安装在含水层底板的隔水层中，不要将沉砂管安装在含水层中，以免减少滤水管长度，减少滤水面积，影响水井出水量。

5.1.3 井管的选择与联结

本节讨论的井管，主要指管井中不进水部位使用的管材。井管是管井结构中需用量最大，也是最基本的材料。如果选择不当，则影响到管井安全施工和正常使用。

目前在管井建造中使用的井管类型较多。一些发达国家使用各种渗碳钢管、涂料面普通钢管、不锈钢管、铜管、铝管和塑料管、玻璃钢管等。我国在工业及城市供水的供水管井中多采用各种普通钢管和铸铁管；而大量的农业排灌管井，除少部分采用钢管和铸铁管外，多数采用非金属管材，如混凝土井管，钢筋混凝土井管、石棉水泥井管，也有个别采用塑料井管的。

5.1.3.1 井管的基本要求

此处井管的管材虽然种类较多，且强度和特性各异，但须符合下列基本要求。

（1）单根井管应不弯曲，联结成管柱后也能保证端直，以使井管能顺利安装下井和在井管中装设各种水泵。

(2) 井管的内外壁，特别是内壁应保持平整圆滑，便于水泵安装和减少管内水头损失。

(3) 井管应有足够的强度，包括抗拉、抗压、抗冲击强度。既能承受施工过程中的拉、压、冲击作用，又能承受成井后岩层的外侧压力。

5.1.3.2　井管类型及性能

井管类型按材料可分为金属井管和非金属井管两类。

金属井管种类很多，我国使用较多的是普通钢管和铸铁管。这两种管材与混凝土管或钢筋混凝土管相比，其优点是机械强度高，尺寸标准，管壁薄，重量相对较轻，施工安装方便。但其缺点是造价高，且易产生化学腐蚀和电化学腐蚀，因而使用寿命短。如果地下水中含有大量二氧化碳、过饱和氧等，或矿化度较高时，则加速腐蚀，更缩短了其使用寿命。

在非金属井管中，最常用的是混凝土井管、钢筋混凝土井管和石棉水泥井管。这类井管的优点是耐腐蚀使用寿命长，多可就地取材、制作容易、造价低。其缺点是机械强度相对较低，管壁较厚，重量较大，施工安装工艺复杂。

塑料井管目前在试用中，它具有重量轻、耐腐蚀，制造容易、价格便宜，施工安装方便等优点，但目前应用尚不普遍，随着塑料工业的发展将会有广阔的应用前景。

5.1.3.3　各类井管规格

1. 钢管

常用的钢管有无缝钢管和普通焊接缝钢管。焊接缝钢管中有直缝钢管和螺旋缝钢管，其中螺旋缝钢管使用较普遍。钢管的极限抗拉强度可达 32～40kN/cm^2。质量要求为：弯曲公差每米不超过 1mm；外径公差，无缝钢管不大于±1%～1.5%，焊接缝钢管不大于±2%。其规格见表 5.1。

表 5.1　钢井管规格

公称规格/in	井			壁　管				管　箍				
	内径/mm	外径/mm	壁厚/mm	管长/mm	丝扣长/mm	每英寸长丝扣数	每米重量/kg	外径/mm	长度/mm	搪孔 直径/mm	搪孔 长度/mm	重量/kg
6	153	168	7.5	3000～6000	66.5	8	31.6	186	194	170	12	8.4
8	203	219	8	3000～6000	73	8	41.6	236	203	221	12	10.8
10	255	273	9	3000～6000	79.5	8	58.6	287	216	275	16	12.9
12	305	325	10	3000～6000	86	8	77.7	340	229	327	16	17.3
14	355	377	11	3000～6000	86	8	99.3	391	229	379	16	18.3
16	404	426	11	3000～6000	86	8	112.6	441	229	428	16	22.4

注　英寸（in）为非法定计量单位，1in=2.54cm。

2. 铸铁管

铸铁管多采用 HT15－33 号铸铁铸造而成，其极限抗拉强度远低于钢管，约为 10～27kN/cm^2。对其管材质量要求是：弯曲公差每米不超过 2mm，内外径公差不大于

±3mm，长度公差不大于±5mm（管长3～4m），厚度公差不大于±1mm，管子和联结管箍的椭圆度不大于0.15mm。

每个管端丝头砂眼数不得超过3个，而且砂眼之间距不得小于60mm，砂眼的深度不得大于3mm，直径不得大于8mm。

管壁的铸瘤，在内壁不得高于2.5mm，外壁不得高于4mm，其面积不得大于$30mm^2$。常见铸铁管的规格见图5.4和表5.2。

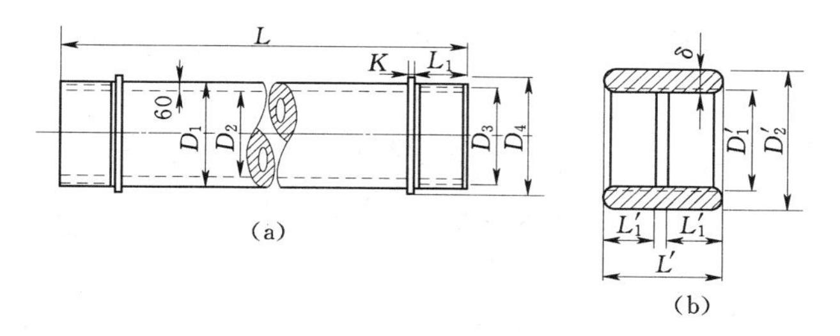

图5.4　铸铁井管图

(a) 井管；(b) 管箍

表5.2　　　　铸铁井管、管箍规格表

公称规格/in	井管										管箍						
	内径/mm	外径/mm	壁厚/mm	管长/mm	丝扣外径/mm	丝扣长/mm	每英寸丝扣数	圆挡箍 外径/mm	圆挡箍 宽/mm	每米重量/kg	内径/mm	外径/mm	壁厚/mm	长度/mm	丝扣长/mm	每英寸丝扣数	重量/kg
6	152	172	10	4000	178	55	8	196	15	41	178	204	13	135	60	8	9
8	203	225	11	4000	231	55	8	253	15	60	231	259	14	138	60	8	13
10	253	275	11	4000	281	60	8	307	20	74	281	312	15.5	150	65	8	19
12	305	329	12	4000	335	70	8	361	20	96	335	372	18.5	175	75	8	29
14	356	380	12	4000	390	82	5	418	25	112	390	429	19.5	210	90	5	42
16	406	432	13	4000	442	97	5	476	25	138	442	481	19.5	240	105	5	54
20	508	536	14	3000	546	110	4	586	25	185	546	585	19.5	250	120	4	69

3. 混凝土和钢筋混凝土井管

混凝土井管和钢筋混凝土井管是我国当前在农用机井建设中，使用最为广泛的一种井管。对井管的一般质量要求是：断面呈圆形，管口要平整，并与管中心线垂直，管身平直无弯曲，无裂缝、缺损及暗伤。管壁厚薄均匀。不得有严重跑浆和表面出现蜂窝、麻面现象，钢筋不得外露等。

对制作混凝土井管的原材料也有严格要求：水泥应采用标号不低于425号的普通硅酸盐水泥。对硫酸盐含量高的地下水，宜采用火山灰硅酸盐水泥。砂石骨料要适应井管壁高强的要求，以石英粗砂最佳，但级配不宜过于集中，粗、中、细粒的比例以接近为好。含泥量不得超过3%。石子料采用砾石、碎石均可，但必须致密坚固，绝不能采用风化石料。石子粒径一般在5～15mm为好，合格率不低于80%，其中含泥量不得大于5%。

钢筋混凝土井管中，通常纵筋多采用直径 5～6mm 的钢筋 6～8 根，螺旋环筋采用直径 3～4mm 的低碳冷拉钢丝，每米约缠绕 8 圈。钢筋混凝土井管允许承受拉、弯应力，既可用托盘法下管，又可用悬吊法下管。根据国家建材行业标准 JC 448—91，钢筋混凝土井管的技术规格，参照图 5.5，列于表 5.3 中。

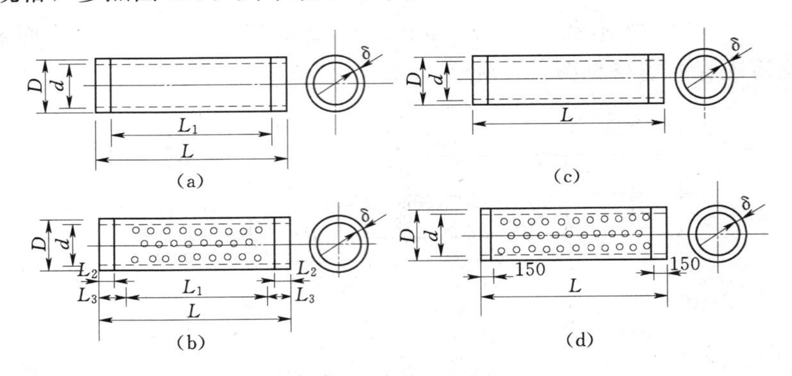

图 5.5　混凝土井管及钢筋混凝土井管结构图

(a) 悬吊法下管的井壁管结构图；(b) 悬吊法下管的滤水管结构图；
(c) 托盘法下管的井壁管结构图；(d) 托盘法下管的滤水管结构图

表 5.3　钢筋混凝土井管技术规格表　单位：mm

规　格	悬吊法下管的井管					托盘法下管的井管[②]				
公称内径 d	200	250	300	350	400	250	300	350	400	450
	(400)[①]			(300)	(350)					
外径 D	260	310	360	420	480	320	370	430	480	540
	(470)			(360)	(410)					
壁厚 δ	30	30	30	35	40	35	35	40	40	45
	(35)			(30)	(30)					
主筋保护层厚度 C	≥5					≥10				
管长 L	≥2000，以 500 递增					≥2000，以 500 递增				
钢箍宽度 L_2	≥50					≥(30)				
钢箍厚度	≥5					≥(3)				
穿孔管端壁长度 L_3	250～300					150				
穿孔管开孔率/%	≥15					≥15				

① 括号内值为悬辊法成型的井管规格尺寸。
② 管端头也可用钢箍联结，或采用黏结联结。

4. 石棉水泥井管

石棉水泥管是一种比较好的非金属井管。其抗压强度：井壁管不小于 3.6kN/cm^2，滤水管不小于 3.1kN/cm^2。石棉水泥管的质量要求是：长度公差±20mm，弯曲公差每米 2mm，内外径公差±3mm，壁厚公差±2mm。管内外壁不得有残缺、断裂、孔洞及大块脱皮，脱皮面积最大不得超过 300mm^2，沟深不得超过 3mm，两端管口要平整。

目前，石棉水泥管的配料比例尚不统一，大致为：水泥约 80%～85%，石棉纤维

15%～18%，附加材料如玻璃纤维、纸浆等约为1.5%～2%。

我国许多地区盛产优质石棉，如果利用短石棉纤维制管成功后，成本会更低。所以石棉水泥井管是值得发展的一种井管。石棉水泥井管规格参见表5.4。

表5.4　石棉水泥井管规格表

公称规格/in	内径/mm	外径/mm	壁厚/mm	管长/mm	每米长参考重量/kg	轴向抗压强度/(kN/cm^2)
8	189	221	16	4000	24	3
10	236	274	19	4000	31	3
12	276	325	23	4000	50	3

5. 塑料井管

塑料井管具有优良的化学稳定性，不受酸碱盐、油类等物质的腐蚀。在20℃时，测得物理力学性能为：比重为1.35～1.60，抗拉强度为4.5kN/cm^2，抗压强度为8kN/cm^2，抗震强度为8kN/cm^2。

塑料井管是将聚氯乙烯及稳定剂、润滑剂、充填剂、着色剂等充分混合和塑化成粒后，挤压成型而制成的。塑料井管规格见表5.5。

表5.5　塑料井管规格表

公称规格/in	内径/mm	外径/mm	壁厚/mm	单根长度/m
7	169	180	5.5	4～6
8	188	200	6	4～6
9	211	225	7	4～6
10	235	250	7.5	4～6

5.1.3.4　井管的选择

在管井设计中，并不需要对井管规格尺寸进行专门设计，市场上已有各种成型井管供选择使用。在井管选择时应考虑经济条件、管井开采深度、管井施工技术条件、管井出水量等因素。

1. 井管材料选择

对井管材料选择应重点考虑经济条件和管井深度因素。

就经济条件而言，钢井管价格较贵，而混凝土井管则较便宜。就目前市场价格估计，钢井管费用要占整个管井投资的50%以上，其中不包括滤水管的加工费用。铸铁管较便宜，是同规格钢井管价格的1/2～2/3。混凝土井管价格较低，约是钢井管的1/4～1/2。所以经济条件较好的工业、城市供水井常选用钢井管，而经济条件相对低的农业用井则多选用混凝土井管。

就井深而言，钢井管多用于300m以下的深井。铸铁管适用于200～300m的深井。混凝土井管中，多孔混凝土井管适用小于100m的管井（多孔混凝土井管，既是井壁管，又是滤水管，管径多在500～1000mm，在后面滤水管中讲述）；一般混凝土井管适用于

200m以内井深；钢筋混凝土井管下井深度可达250～300m。石棉水泥管适用于200m以内井深。塑料井管按已有国内外资料可用于200～300m管井中。总之，井深小时可选用混凝土井管，而井深大时则须选用钢井管。

2. 井径选择

按井水量计算理论，井径越大则水井出水量越大，但井径加大则提高了管井造价。而且，更主要的因素是考虑管井施工技术条件，如钻机的最大开孔能力，滤水料的围填厚度等。所以，井径大小的选择是在施工技术条件允许的前提下，为使井水量较大，则尽可能选用大口径井管。目前，在超过100m的深井中多采用直径为250～400mm的井管。

5.1.3.5 井管的联结

为了制作运输方便，井管在出厂时一般制作成1～4m的短节，钢井管也有制作成10m单根的。在下管时须将单节井管联结成光滑端直的管柱。对于单根长度较短的井管，在下管前需将两节或三节联结成较长的整体，以利于提高下管速度。在井管联结时，不允许产生错口、松脱、张裂等现象，否则会造成管井涌砂、漏砾、污水或咸水侵入，轻者管井不能正常使用，重者则报废。

井管联结方式因井管材料而异。一般分为以下几种。

1. 管箍联结

管箍丝扣联结多用于金属管材，对于专用钢井管和铸铁管一般都有配套管箍。塑料井管也有采用丝扣联结的。这种联接方法比较简单。

2. 焊接

焊接多用于不带管箍的金属井管，也可用于钢筋混凝土井管，石棉水泥井管，塑料井管等非金属管材。

焊接钢筋混凝土井管须在预制时在其纵向钢筋的接头处，焊有与井管外径相一致，且宽为40～50mm钢环或4～6块钢片，井管制成后，钢环或钢片呈外露状。施工下管联结时，先在下面井管口上涂以沥青胶泥或其他黏结材料，再将上面管口对正落下，使两管先黏合。然后用短节扁钢或圆钢对称在接口周围4～6点焊接上下管口的钢环或钢片，便可牢固联结。

塑料井管的焊接用特制的塑料焊枪和塑料焊条完成，具体焊接工艺可参阅有关文献。

3. 黏结

对于未预埋钢环或钢片的混凝土井管和石棉水泥井管则适用于黏结。黏结井管的黏结料很多，且造价便宜。

(1) 黏结材料。

1) 沥青黏结材料。沥青具有良好的防水性和较好的黏结性，虽有热熔冷塑特性，但在井下温度变化较小，多在20℃左右，且可防止短期内老化。所以农用机井中使用较多。

沥青黏结材料多用30号沥青和各种矿粉、细砂配合制成。常用矿粉有水泥、滑石粉和石棉粉等，且可配制成沥青胶泥和沥青砂浆两种黏结料。其制作如下：

沥青胶泥配方沥青：水泥＝1：2(重量比)

其配制流程为

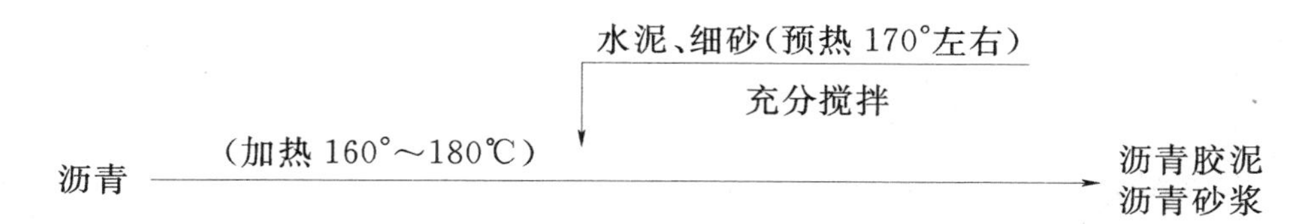

沥青砂浆配方沥青∶水泥∶细砂＝1∶1∶2

2）树脂黏结材料。在井管黏结中，当前主要使用的有环氧树脂和不饱和树脂。树脂在常温下不易固结，使用时须掺入一定剂量的化学添加剂和掺合料。常用化学添加剂有：丙酮作为稀释剂；邻苯二甲酸二丁酯（简称二丁酯）用作增韧剂或称增塑剂；乙二铵或间苯二铵用作固化剂。另外为加快固化，以缩短施工下管时间，须加入一定剂量的苯酚，作为催凝剂。掺合料对于混凝土井管和石棉水泥井管，以采用水泥、滑石粉和细砂为宜。如用环氧树脂可配制成环氧胶泥和环氧砂浆两种黏结料。其制作如下（固结时间为10～15min）：

环氧胶泥配方环氧树脂：二丁酯∶乙二铵∶苯酚∶水泥＝100∶3∶24∶14∶400

环氧砂浆配方环氧树脂：二丁酯∶乙二铵∶苯酚∶水泥∶细砂＝100∶3∶24∶14∶150∶300

其配置流程为

二丁酯　　　　　　　　乙二铵
加热60～70℃ ↓搅拌，充分搅拌　↓充分搅拌
环氧树指 ——————————————————→
（水浴加热） ↑水泥　　　　　↑苯酚
细砂

3）硫磺黏结材料。将工业粉状或块状硫磺加热熔解后，加入掺合剂水泥、细砂，增韧剂聚硫橡胶（橡胶粉）或矿蜡等，便成为一种热塑冷固性黏结材料。黏结时注意加快涂抹，以防冷却固结影响黏结质量。因硫磺具微毒性，饮用水井不宜使用。常用配方见表5.6。

表5.6　　硫黄黏结剂参考配方

原材料 / 类别	硫黄/%	水泥/%	细砂/%	聚硫橡胶/%	矿蜡/%
硫磺水泥	60	38～39	—	1～2	—
硫磺水泥砂浆	50	17～18	30	2～3	—
硫磺水泥砂浆	30	23	46	—	1

配置流程如下：

加热熔化　　　　　160～170℃，充分搅拌 / 液面起泡
硫磺 ——————— 脱水 ——————————————→ 硫磺胶泥 / 硫磺砂浆
130～140℃　　　　↑水泥、细砂 / 聚硫橡胶或矿蜡

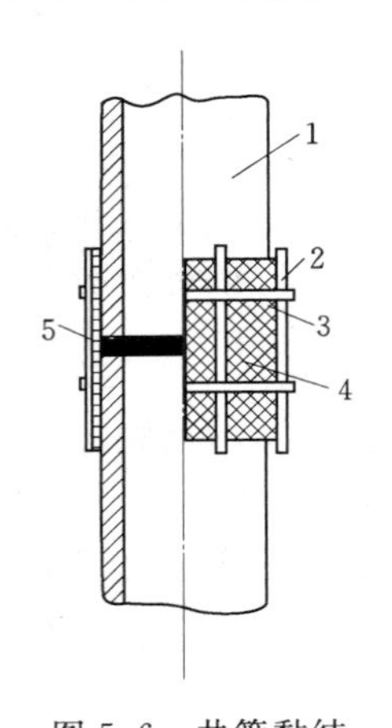

图 5.6　井管黏结示意图

1—井管；2—毛竹片；3—8 号铁丝；4—沥青布；5—黏结层

（2）黏结方法。以上三种黏结材料中树脂黏结材料的黏结强度最高，强度可大于管材本身。而沥青黏结材料的黏结强度较低。黏结时须在井管接口外面包缠以浸透纯热沥青的土布带、麻袋或玻璃丝布等；再在其外对称四面用 8 号铁丝将四根长 25～30cm，宽 4～5cm 的厚竹片牢紧绑扎两道。以防在施工下管时脱裂错口（图 5.6）。

黏结时应注意以下几点。

1）黏结缝应以 1cm 左右为合适，过厚或过薄会影响黏结强度。

2）管口黏结面应保持干燥、清洁、平而不光。

3）为了提高黏结强度，在黏结面上应事先涂以冷底子油，并使其干燥。冷底子油是由汽油（或煤油）：沥青＝7：3 的溶液。配制时先将沥青加热至 80℃（绝不应超过此限），然后将沥青慢慢倒入冷汽油里，充分搅拌使沥青完全熔化。使用树脂黏结材料时，冷底子油采用丙酮。

5.1.4　滤水管设计

5.1.4.1　滤水管设计的基本要求

滤水管是管井最重要的部分。从滤水作用，要求滤水管应有最大透水性，含水层中的地下水经滤水管向井中运动时受到的阻力最小，则管井才会有最大的出水量；从拦砂作用，滤水管在滤水的同时，必须能有效拦截含水层中的砂粒不随水流进入管井，否则，管井不能正常运行，且影响管井寿命。这是一对对立而又统一的矛盾，如何根据含水层特征，合理解决这一矛盾是滤水管设计合理与否的核心问题。

关于管井滤水管的合理设计，国内外进行了大量的试验研究，但有些问题还需进一步研究探讨。现根据国内外研究成果，对管井滤水管设计提出以下基本要求。

（1）具有与含水层透水性相适应的最大透水能力和最小进水阻力，且进水孔眼尽可能地均匀布置。

（2）有效地防止涌砂产生。滤水管的进水孔眼和滤料孔隙大小必须根据含水层颗粒大小以合理确定。这是防止涌砂产生的首要条件。

（3）具有合理的强度和耐久性。以防在运输、施工和抽水中损坏。

（4）具有有效防止机械堵塞和化学堵塞的良好结构。

（5）具有较高的抗腐蚀、抗锈结能力。

（6）其结构简单，容易制作，造价低廉，普通工人能加工完成。

满足以上条件的滤水管，则透水良好、拦砂有效、使用耐久、经济合理。但这些条件又是密切关联和相互制约的。不能偏重某一方面，应全面考虑，综合分析，才能设计出最佳滤水管。

5.1.4.2　滤水管的类型

管井滤水管的结构形式多种多样，但归纳起来，大致可分为不填砾滤水管和填砾滤水管两大类。

1. 不填砾滤水管

不填砾滤水管主要适用于粗砂、卵砾石类粗粒松散含水层和破碎基岩含水层。

(1) 孔式滤水管。孔式滤水管是在井管上制作成一定几何形状和一定规律分布的进水孔眼的滤水管。根据孔眼几何形状不同，又可分为圆孔式滤水管和条孔式滤水管两种。

1) 圆孔式滤水管。进水孔眼为圆形孔，因材料不同，进水孔眼的制作方法也不同。金属管材多采用钻孔的方法，也可采用冲压成孔的方法。石棉水泥管材可采用钻孔方法，也可采用制管时预留孔的方法。混凝土和钢筋混凝土井管则只能在浇筑管材时预留孔眼。

进水孔眼的大小，主要按含水层颗粒粒径大小及均匀程度确定。设计时可按式 (5.1) 大致计算：

$$d \leqslant \beta d_{50} \tag{5.1}$$

式中 d——进水孔眼的直径，mm；

β——换算比例系数，与含水层颗粒粒径大小，均匀程度有关的系数，对于小颗粒均质含水层时 $\beta=2.5 \sim 3$；对于大颗粒非均质含水层时 $\beta=3 \sim 4$；

d_{50}——含水层平均粒径，即含水层取样标准筛分时，累积过筛量占 50% 的粒径，mm。

进水孔眼在管壁上布置形式通常采用相互错开的梅花形（图 5.7）。

进水孔眼的相互位置可分为等腰三角形和等边三角形两种。

等腰三角形：

水平孔距 $$a=(3 \sim 5)d \tag{5.2}$$

垂直孔距 $$b=0.666a \tag{5.3}$$

等边三角形：

水平孔距 $$a=(3 \sim 5)d \tag{5.4}$$

垂直孔距 $$b=0.866a \tag{5.5}$$

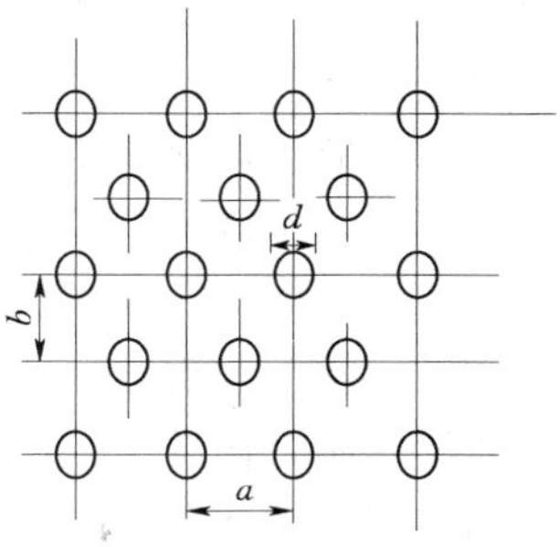

图 5.7 圆孔式滤水管孔眼布置

按以上计算式初步计算出孔眼的水平和垂直距离后，还应按不同管材所要求的开孔率加以调整，并使其孔距基本为整数以便加工。

滤水管开孔率指滤水孔眼的有效总面积与管壁外表面积之比的百分数。开孔率大小的设计不仅需考虑滤水效果，而且应考虑管材强度，增大开孔率固然会提高滤水管透水性，减小进水阻力，但却会降低滤水管的强度。所以，对开孔率的控制，一般钢管约为 30% 左右；铸铁管和塑料管为 15%～25%；石棉水泥管约为 8%～18%；混凝土管为 12%～15%。

圆孔式滤水管的优点是便于加工制造。缺点是易于产生机械堵塞，进水阻力较大。当要增大开孔率时，对滤水管强度削弱较大。尽管如此，圆孔式滤水管在当前生产中应用还较普遍，特别多用作填砾滤水管的骨架管。当用作骨架管时，进水孔径多采用 15～25mm。

2) 条孔式滤水管。进水孔为细长矩形条孔的滤水管。多是用金属类井管冲压烧割或用楔形金属条和支撑环焊接组成。条孔式滤水管较圆孔式滤水管开孔率较高，不易堵塞且

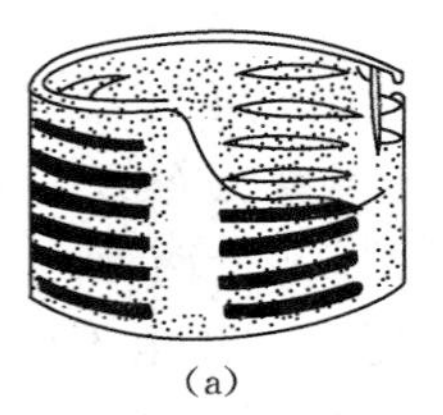
(a)

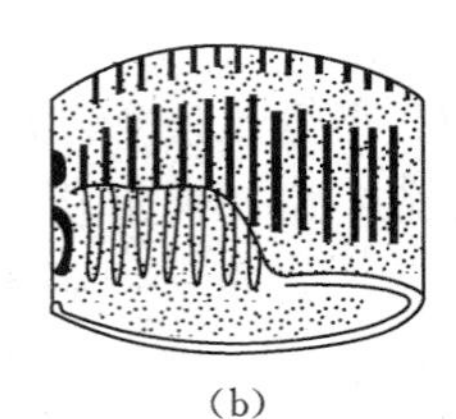
(b)

图5.8　条孔滤水管
(a) 水平条孔式滤水管；(b) 垂直条孔式滤水管

进水阻力小。按孔形排列形式不同，可分为垂直条孔和水平条孔滤水管，见图5.8。垂直条孔相对稳定含水层细颗粒砂的能力较差。故多用水平条孔滤水管。

条孔的宽度可用式（5.6）估算

$$t \leqslant (1.5 \sim 2.0) d_{50} \tag{5.6}$$

式中　t——条孔宽度，mm；

其余符号意义同前。

（2）缝式滤水管。条孔滤水管较圆孔滤水管的透水性能好，但加工制作较困难。利用易加工的圆孔井管，在其外壁加焊纵向垫筋，并缠绕金属线材或用竹篾编织成竹笼，以构成合适的进水缝隙。这种滤水管称为缝式滤水管（图5.9）。

缠丝缝式滤水管的加工制作方法是：先在圆孔井管外壁均匀地加焊直径6～8mm的纵向垫筋6～12根，然后在垫筋外缠绕直径2～3mm（习惯称10～12号铅丝）镀锌铁丝，形成螺旋式细缝。进水缝宽度按条孔式滤水管的条孔宽度要求设计加工。为防止一根缠丝断开后全部缠丝松脱，通常把缠丝沿纵向垫筋锡焊。目前国内外也有将缠丝专门加工成梯形断面，缠成的进水缝外窄内宽，进水阻力较小，但要求加工技术较高。

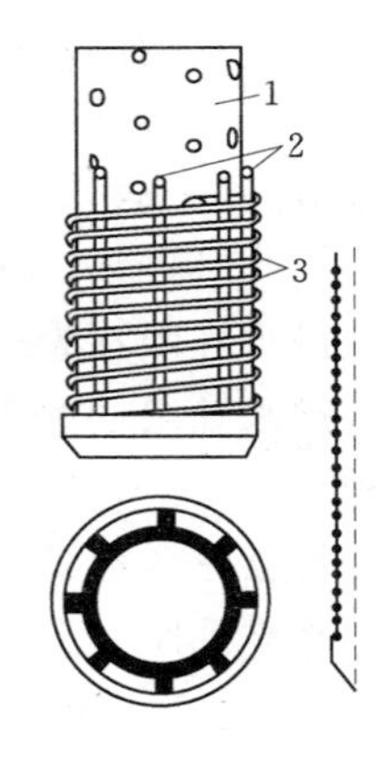

图5.9　缝式滤水管
1—骨架管；2—纵向垫筋；3—缠丝

编竹笼缝式滤水管是在圆孔管外用竹条、竹篾编织成笼状。为了增加缝隙，纵条可采用双层，底层纵条只作为垫条，上层纵条作为编织径条。编竹笼缝式滤水管有较好的透水性，机械堵塞小，竹条韧性大，水下耐腐蚀，取材容易，加工简单，优点很多。但因近年才开始使用，尚需进一步改进完善。

（3）网式滤水管。如果含水层颗粒较细时，直接用孔式或缝式滤水管会出现涌砂现象。如在圆孔或条孔管外加纵向垫筋，并包裹铜丝网，镀锌细铁丝网、尼龙丝网或天然棕网，即构成网式滤水管（图5.10）。

网式滤水管是历史上使用最悠久的一种滤水管。其最大的缺点是网孔易被砂粒堵塞，对金属网在水下使用不耐久，棕网虽能耐久，但网孔规格只能用包棕层数控制，施工中不易掌握。目前，除在粉细砂含水层中应用尼龙网，且配合管外填滤料使用外，其他含水层已较少使用。

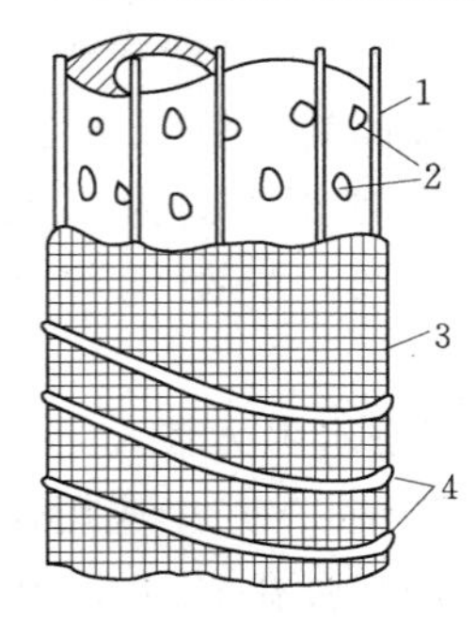

图5.10　网式滤水管
1—垫筋；2—进水孔；3—滤水网；4—缠丝

2. 填砾滤水管

填砾滤水管是目前松散含水层中普遍采用的滤水管。如果合理设计，不仅能有效拦砂，而且能增加管井出水量。

（1）砂砾滤水管。砂砾滤水管是将天然砂砾石滤水材料填入滤水井管和含水层之间的间隙内，构成一定均匀厚度的砂砾石外罩，砂砾石滤水料与滤水井管共同组成滤水管（图5.11）。此时，滤料承担了滤水拦砂的主要作用，而滤水井管则只成为支撑滤料的骨架管。

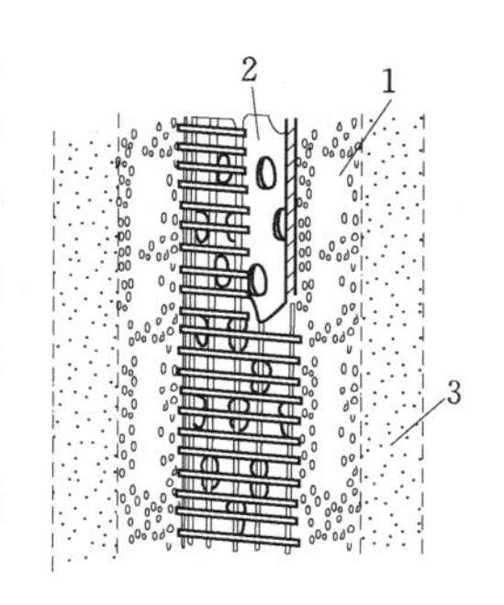

图 5.11 砂砾滤水管
1—砂砾滤料；2—骨架管；3—含水层

砂砾滤水管的大力研究和广泛采用是在 20 世纪 50、60 年代以后。由于合理使用了砂砾滤水管，使管井的出水量显著增加，涌砂现象明显减少，而且由于骨架管加大了进水孔直径，减少了机械堵塞与化学堵塞现象，从而延长了管井使用寿命。同时，对原来较难开采的细粒含水层也能有效地凿井开采。使得机井建设有了飞跃发展。

砂砾石滤料是砂砾滤水管的主要组成部分，为了正确设计砂砾滤水管，就必须首先合理地设计滤料，骨架管是配合滤料工作的，因而其结构要根据滤料的特征来决定。

1）滤料粒径设计。滤料是配合含水层而工作的，所以在设计滤料粒径时，就得查明含水层粒度级配特征，针对其特征进行计算和确定。

为了查明含水层粒径特征，可在专用探孔或在钻孔钻进时，仔细按规范要求采取含水层砂样，尤其是含水层中的细粒夹层，更应特别注意采样，以作标准筛分析。滤料粒度应按含水层粒度级配确定，如果有细粒夹层时，则按夹层粒度级配确定，否则会产生涌砂现象。

选择滤料粒度大小应遵循一个基本原则，即针对某一含水层所选配的滤料，在强力洗井或除砂时，能将井周围含水层中的额定（计划和设计）部分较细颗粒和泥质冲出抽去，保证洗井后滤水管正常工作时能控制井周围含水层中砂粒不再移动，不会产生涌砂现象。

上面所指含水层额定部分的较细砂粒和泥质是允许在强力洗井时，被洗出的部分占标准筛分试样总重量的百分数。它是人为设计的控制量。它的设计意味着选配滤料时，并不要求将含水层中大小颗粒全部拦住，而只希望拦住较大颗粒部分，这部分较大颗粒留于滤料层外，形成天然滤水层，或滤料与含水层之间的缓冲过渡层。一般将设计冲出额定部分的最大颗粒粒径，称为含水层的标准颗粒粒径。

选择滤料粒径的方法很多，生产中通常多用式（5.7）进行计算：

$$D_b = M d_b \tag{5.7}$$

式中 D_b——对应含水层标准颗粒粒径的滤料标准颗粒粒径，mm；

d_b——含水层的标准颗粒粒径，mm；

M——滤料对应含水层颗粒粒径增大的倍数，通常称为倍比系数，或滤水因数。

此方法需要确定含水层的标准颗粒粒径和倍比系数。

a. 含水层标准颗粒粒径的确定：含水层的标准颗粒粒径见图 5.12 中所示的虚曲线（标准颗粒曲线），它取决于含水层的颗粒大小和均匀系数。即对不同含水层，其标准颗粒粒径是不同的。

砂样的均匀系数，是指砂样的控制粒径（也称限制粒径）d_{60} 与有效粒径 d_{10} 之比。即

$$\eta = \frac{d_{60}}{d_{10}} = \frac{D_{60}}{D_{10}} \tag{5.8}$$

此值大，表示砂样颗粒大小悬殊、级配分散、不均匀。反之则表示级配集中、均匀。

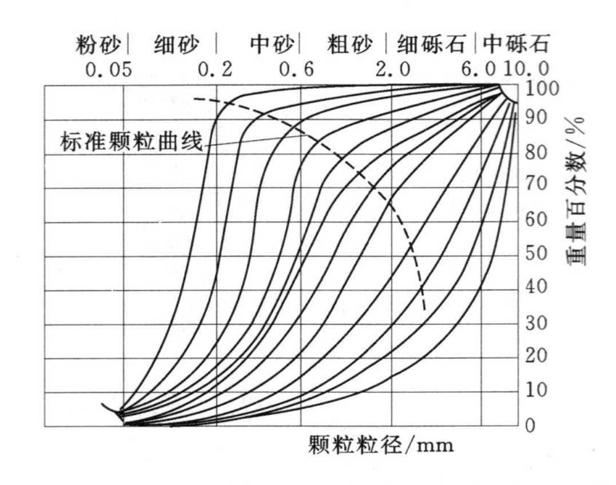

图 5.12　含水层筛分特性曲线与标准颗粒曲线

有人将砂样分为均匀和非均匀两种，即 $\eta<2.5$ 称为均匀，$\eta>2.5$ 者称非均匀。也有人将砂样分为均匀、半均匀、非均匀三种，即 $\eta<1.5$ 者称为均匀，$\eta=1.5\sim3$ 者称为半均匀，$\eta>3$者称为非均匀。

国内外许多研究者根据自己的试验研究，对含水层标准粒径的取值提出了自己的看法，有的认为应取 d_{30}；有的认为应取 d_{50}；也有的认为应取 $d_{80}\sim d_{90}$等，综合他们的意见，有如下规律：当含水层粒径较粗且均匀时取小值；当含水层粒径较细，且不均匀时则取大值。我们建议采用以下两种方法。

（a）美国的凯木贝认为，当控制滤料的平均粒径时，含水层标准颗粒粒径应取 d_{50} 进行计算：

$$D_{平均}=Md_{50} \tag{5.9}$$

（b）英国的斯托认为，滤料级配应按含水层的级配曲线特征，全面考虑其 d_{10} 或 d_{15}、d_{50} 或 d_{60} 和 d_{85} 等。其思路是：用含水层 d_{10} 控制滤料最小粒径；用含水层 d_{50} 控制滤料平均粒径；用含水层的 $d_{60}\sim d_{90}$ 中选取一标准粒径控制滤料的最大粒径，其选取方法是：当含水层砂层较粗，且均匀时，选取小值，当含水层砂层较细，且不均匀时，选取大值。即

$$\left.\begin{aligned}D_{\min}&=Md_{10}\\D_{平均}&=Md_{50}\\D_{\max}&=Md_{85}\end{aligned}\right\} \tag{5.10}$$

b. 倍比系数 M 值的确定：倍比系数 M 值，均是在试验的基础上得出来的，有的还是通过多年生产实践验证，才最后确定的。由于各试验者试验条件的不同，所以，得出的倍比系数值有差异。

1987 年 2 月 1 日起实施的水利电力部标准《农用机井技术规范》（SD 188—86）规定倍比系数为 8～10，这是在大量试验研究和生产实践中得出的结论。在具体选用时，对均匀含水层（$\eta<2.5$ 时）选小值，对非均匀含水层（$\eta>2.5$ 时）选大值。

2）滤料厚度确定。确定滤料的厚度，需要考虑几方面的因素。在实验室的理想条件下，厚度在 15～20mm，就能得到满意的滤水效果。但在实际生产中，必须考虑到深井下的复杂情况和施工围填的难度。

滤料厚度的确定不能太薄或太厚。如果确定太薄，因生产井深一般较大，如果骨架管在井孔中同心度不够，则会出现围填滤料厚薄不一，难于保证有效厚度，有些部位甚至会出现“空白点”。抽水时易产生严重涌砂。如果滤料太厚，会造成洗井困难，同时也会造成不必要的浪费。

根据试验和实践检验，滤料厚度最薄为 75mm，最厚可达 250mm，平均约为 100～150mm。建议对粉细砂、细砂等细粒含水层，可选取 150～200mm；对粗砂以上的粗粒含水层，可选取 100～150mm。

3）滤料的几何形状和成分。滤料的滤水效果不仅取决于滤料粒度和围填厚度，同时还与其几何形状和成分有着密切关系。因为等圆球形滤料比同直径带棱角滤料所形成的孔隙直径较大，且水流阻力小，故其透水性较强，滤水效果也较好。所以，生产中尽量选取磨圆度较高的砾石和卵石，而不易采用碎石和石屑作为滤料。

滤料的成分一般以石英最佳，长石次之。河床石灰石则稍差，且不宜在含硫酸根离子较高的地下水中使用。泥灰岩和礓石等较软石料不宜作为滤料，因其有变软和胶结之弊。

4）骨架管。砂砾滤水管的骨架管只起支撑滤料的作用。原则上讲前述各种不填砾滤水管都可作为砂砾滤水管的骨架管。但如果使用穿孔式滤水管作为骨架管时，其开孔率有限，滤料中的滤水面积则受到很大限制，提高开孔率，又会受到管材强度制约，所以，生产中很少采用穿孔式滤水管。而较多采用缠丝缝式滤水管作为砂砾滤水管的骨架管。因缠丝缝式滤水管的缝隙率一般可高达30%以上。

采用缠丝骨架管时，缝隙宽度应为

$$t \leqslant D_{min} \tag{5.11}$$

式中　t——缠丝的缝隙宽度，mm；

D_{min}——选配滤料的最小颗粒粒径，mm。

缠丝形成的缝隙率可用式（5.12）计算：

$$p_f = \left(1 - \frac{d_1}{m_1}\right)\left(1 - \frac{d_2}{m_2}\right) \tag{5.12}$$

式中　p_f——缠丝的缝隙率，%；

d_1——纵向垫筋的直径，mm；

m_1——纵向垫筋的中心间距，mm；

d_2——缠丝的直径，mm；

m_2——缠丝的中心间距，mm。

骨架管的穿孔管，因圆孔易加工，故多采用直径为15～25mm的圆形孔，其开孔率可按式（5.13）计算：

$$p_k = \frac{c\pi d^2}{4ab} \tag{5.13}$$

式中　p_k——穿孔管的开孔率，%；

d——圆孔直径，mm；

a——孔眼水平间距，mm；

b——孔眼垂直间距，mm；

c——纵向垫筋的遮蔽系数，可选取0.9～0.95。

对于缠丝骨架管的缝隙率，在满足滤料粒径和管材强度要求的前提下，可适当高些。而对其开孔率则要求不必过高，因地下水流在穿过缠丝后，由原来的渗流变成了近于自由流，且流速允许提高很大，所以开孔率达到15%以上便能满足基本要求。

（2）多孔混凝土滤水管。砂砾滤水管是一种滤水拦砂效果很好的滤水管。其主要缺点是，在施工中要将其砂砾石滤料围填至理想的均匀密实状态，特别在井的深度较大时，是难以完全保证的。因此，有学者提出，在良好的天然砂砾石中，掺入一定剂量的胶结剂，经均匀搅拌，在砂砾石表面匀裹薄层胶结剂，再根据需要装模震动成形，在其颗粒之间构成“双凹黏结面”，但仍保持充分的孔隙率和良好的透水性，同时又具有一定的抗压强度。将这种材料称为多孔混凝土或无砂混凝土。用这种材料制成滤水管，即称为多孔混凝土滤水管。

多孔混凝土滤水管，由于它本身结构的特点，既是滤料又是骨架管，它一方面继承了砂砾滤水管透水性强的优点，同时又省去了复杂的骨架管。从而大大降低了滤水管造价，又可克服砂砾滤水管围填滤料厚度难以保证的缺点。该滤水管的缺点是强度较低，只适用于深度较浅的管井。如果要在深井中使用，则必须有其他保护措施相配合。

在多孔混凝土滤水管中，因骨料的部分空隙被胶结剂所占，保留部分约为原孔隙率的20%左右，孔隙直径也相应减小。故在选配多孔混凝土滤水管骨料粒度时，应充分考虑上述因素。其选配方法与砂砾滤水管的滤料相似，但倍比系数值应适当增大。其增大为多少，各地应用不统一，有待进一步研究。同时，为了提高强度，即增加骨料接触点，其骨料级配也不宜过于均匀。根据上述理论，骨料的选择本应按照含水层的粒度大小和均匀系数来确定。但实际生产中制管需要较长时间，凿井单位又不可能久等。如果让制管厂预制许多种不同规格的滤水管也是不现实的。因此，根据试验和生产实践，只要按表 5.7 选配，基本上能满足各种松散层的需要。

表 5.7　　配制多孔混凝土滤水管的骨料粒度

含水层类别	骨料粒度/mm	含水层类别	骨料粒度/mm
细砂（包括粉砂）	3～8	粗砂（或带砾石）	8～12
中砂	5～10	黄土类含水层	5～10

对于多孔混凝土滤水管，既要保证较高的透水性，又要尽可能提高其强度。其强度和透水性，似乎存在着一定的矛盾。但为了提高强度，决不能单纯地增加水泥用量，水泥用量过多，则会严重影响其透水性。为了达到以上目的，应从以下几方面提高制管技术。

1）采用高标号水泥，水泥标号一般不低于 425 号。

2）骨料除按表 5.7 要求配料外，应尽可能提高其纯洁度，一般需用水冲洗干净。

3）严格控制水灰比和灰骨比，水灰比和灰骨比参考表 5.8 进行配料。

表 5.8　　多孔混凝土滤水管的水灰比、灰砾比和强度参考值表

骨料级配/mm	适用深度/m	灰砾比（重量比）	水灰比（重量比）	极限强度/(kN/cm²)	计算强度/(kN/cm²)		蒸养方法
					轴向	侧向	
1～5	＜100	1：5	0.38	1.5	0.60	0.75	闭模蒸养
	100～200	1：4	0.34	2.0	0.80	1.10	
3～7	＜100	1：5	0.35	1.5	0.60	0.75	闭模蒸养
	100～200	1：4.5	0.30	2.0	0.80	1.10	
5～10	＜100	1：5	0.30	1.5	0.60	0.75	闭模蒸养
	100～200	1：4.5	0.28	2.0	0.80	1.10	

4）因其配料水灰比较低，目前生产中多在震动台上用震捣法制管。

5）管材养护建议用闭模蒸养，如有条件还可用内水加压闭模蒸养，可较敞模蒸养提高强度20%以上。蒸养中除应控制一定温度外，蒸养时间不低于4～6h，然后再洒水养护7～10d，28d后才能使用。

用以上技术一般将管材制成1m长的短节、管径500～1000mm、间差100mm的多种规格，壁厚40～50mm，其两端各有100mm的密实混凝土保护端（图5.13）。其强度可达1.5～2.0kN/cm²，可用于100m以内的管井。

如果要使多孔混凝土滤水管用于深度超过100～200m的深井，因其强度有限，必须采用相应的保护措施。一般可将3～4节短管黏结组成一长管段，套于穿孔花管或纵向金属杆条和短管构成的骨架之外。在滤水管管段的上下端，各用法兰盘固定。金属骨架则用管箍丝扣联结，如图5.14所示。这样，可减小多孔混凝土滤水管的轴向自重压力。

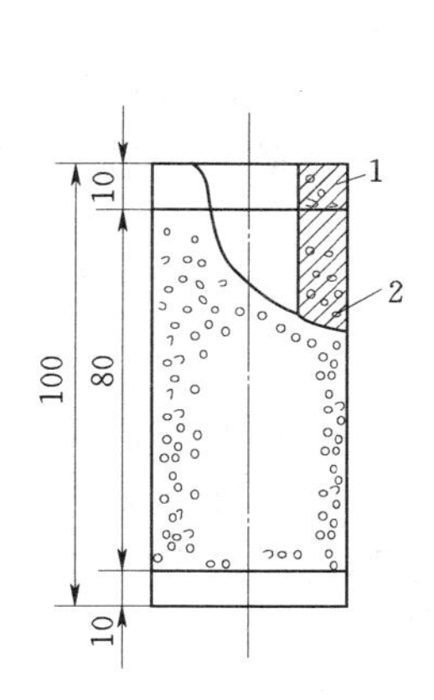

图5.13 多孔混凝土滤水管（单位：cm）
1—密实混凝土管端；2—多孔混凝土管体

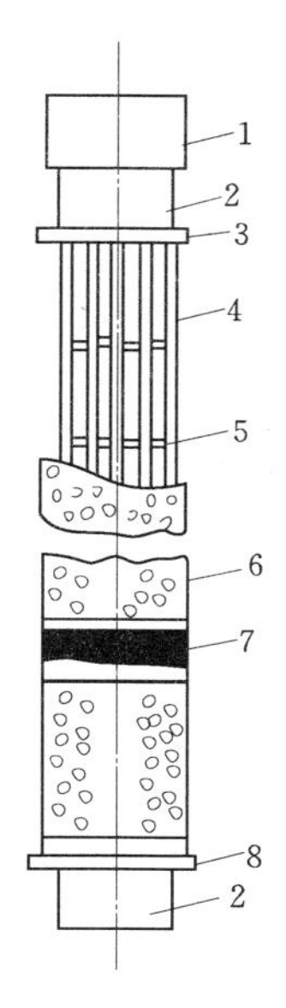

图5.14 深井多孔混凝土滤水管
1—管箍；2—短管；3—上法兰盘；4—纵向杆条；5—支撑环；6—多孔混凝土滤水管；7—黏结缝；8—下法兰盘

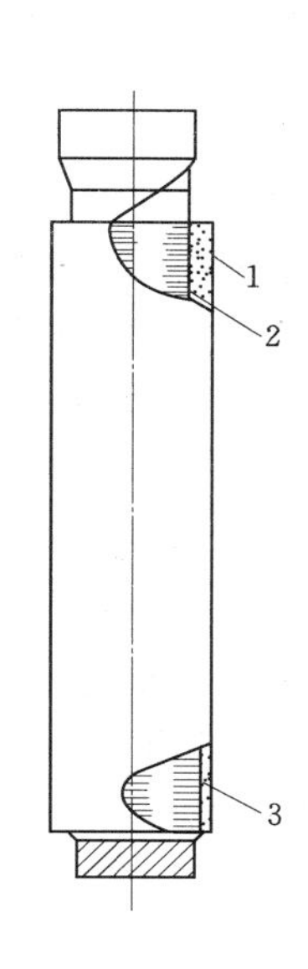

图5.15 贴砾滤水管
1—贴砾层；2—骨架管；3—条孔

最后还需指出的是，多孔混凝土管本来不需再填滤料。但根据试验和实践检查，如果让滤水管和含水层直接接触，特别在粉细砂，细砂含水层中，由于洗井或除砂时，在滤水管外表层常会发生接触堵塞，这样就降低了滤水管的透水性。因此，在含水层和滤水管之间的间隙中，再围填一层合适的滤料，以起缓冲作用，仍是必要的。但滤料的粒径和厚度就不一定像砂砾滤水管那样严格要求。

（3）贴砾滤水管。将砂砾石滤料用一定剂量的树脂等高强胶结剂拌和均匀，紧紧粘贴在穿孔或缠丝骨架管外围构成的滤水管称作贴砾滤水管。

这种滤水管实质上是多孔混凝土滤水管的另一种使用方式，其最大优点是可将多孔混凝土的厚度减至15～20mm，管径相应减小，其轴向应力主要由骨架承受，贴砾层可起到加强作用。故可使用于深度较大的管井，特别适合于粉细砂含水层，可节省扩孔和围填滤料的费用。

贴砾滤水管的骨架管多为钢管，也有用塑料管和石棉水泥管的。骨架管上有条孔进水缝隙。贴砾为洁净圆形的石英砾石（图5.15）。

国产贴砾滤水管的规格见表5.9。

表5.9　　贴砾滤水管规格表

外径/mm	骨架管外径/mm	贴砾厚度/mm	单根长度/m	单根重量/kg	连接方式	贴砾分类
148	108	20	1	18.5	螺纹	粗、中、细、粉砂4种
199	159	20	1	28.5		
259	219	20	1	50		
323	273	20	1	70		
375	325	25	1	90		

无论哪一类滤水管，衡量其质量高低的指标主要有强度和透水性，尤其是透水性。滤水管的透水性一般用渗透系数表征。滤水管一般都是针对不同含水层而设计，当滤水管安装到相应的含水层工作时，不可避免地会产生堵塞和黏化现象。当滤水管堵塞平衡后，其透水性仍大于含水层透水性时，则可认为是较为理想的滤水管。

5.1.4.3　滤水管长度的校核计算

1. 滤水管的允许滤水速度

当管井抽水工作时，地下水从含水层中以某一滤水速度汇入井中。随着抽水量的增加，滤水速度也相应地增大。但滤水速度不能任意增大，即有一定的限度。针对不同透水特征的含水层，该限定的滤水速度也不相同。一般将此限定滤水速度称为滤水管的允许滤水速度。

管井抽水工作时，如超过临界滤水速度，轻者可使滤水管堵塞加剧，降低管井单位出水量；重者可能扰动含水层，产生涌砂。在管井滤水管设计中，用增加滤水管的有效滤水面积或者当滤水管直径确定后增加滤水管长度来限制滤水管的允许滤水速度。

滤水管的允许滤水速度，根据实验和生产经验，多采用经赵尔慧教授修正的阿布拉莫夫经验公式计算：

$$v_{允}=56.67k^{0.411} \tag{5.14}$$

式中　$v_{允}$——滤水管允许滤水速度，m/d；

k——含水层的渗透系数，m/d。

2. 滤水管的有效滤水面积

当滤水管的几何尺寸初步确定后，滤水管的滤水面积可按下式计算：

$$F=\pi D_{滤} L$$

式中　F——滤水管的初步设计滤水面积，m^2；

$D_{滤}$——滤水管的直径，通常指滤水管外径，如为砂砾滤水管，则应包括滤料的有效设计厚度，m；

L——滤水管的设计有效长度，为计算准确，应除去滤水管管端联结处的不透水段，m。

滤水管下入井孔后，考虑到堵塞、黏化等各种因素的影响，其滤水面积必然要减少至某种程度，即有效滤水面积应为

$$F_{有效}=m\pi D_{滤}L \tag{5.15}$$

式中　m——滤水管滤水面积的改正系数，该值是考虑到堵塞、黏化、锈结和其他因素影响，一般约取0.3～0.4；

其他符号意义同前。

3. 滤水管长度校核

管井抽水达到设计最大出水量，对滤水管又不能超过允许滤水速度时，滤水管所要求的最小滤水面积应为

$$f_{min}=Q_{max}/v_{允} \tag{5.16}$$

式中　Q_{max}——管井设计最大出水量，m^3/d；

f_{min}——相应设计最大出水量要求滤水管的最小滤水面积，m^2。

按以上要求，管井的滤水管设计时，滤水管的有效滤水面积必须大于或等于管井设计最大出水量所要求的最小滤水面积。

$$F_{有效}\geqslant f_{min}$$

在生产中，当滤水管的直径确定后，为了满足滤水面积，滤水管的有效长度必须满足

$$L\geqslant\frac{Q_{max}}{m\pi D_{滤}v_{允}} \tag{5.17}$$

5.1.5　井孔钻进

当管井按水文地质条件设计好后，则可进入施工阶段。管井施工分为井孔钻进和成井工艺。要保证管井工程质量，不仅要有合理设计，而且在施工的各道工序中严格按规范要求施工。下面先讲述井孔钻进。

井孔钻进的方法较多，按钻井机械不同有冲击钻进、回转钻进、冲击回转钻进；按钻进是否取岩芯分为取芯钻进、不取芯钻进（也称全面钻进）；按钻头类型分为硬合金钻进、钢粒钻进、金刚石钻进等。这里主要介绍管井施工中常用的冲击钻进和回转钻进。

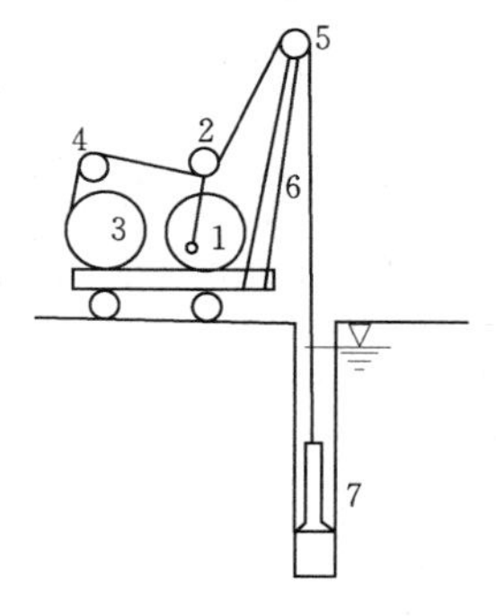

图5.16　冲击钻进原理示意图

1—冲击大齿轮；2—压绳轮；3—钻进工具卷筒；4—导向轮；5—天轮；6—桅杆；7—钻头

5.1.5.1　冲击钻进

1. 冲击钻进原理

冲击钻进是在冲击钻机上把动力主轴旋转运动通过冲击机构转变成垂直上下运动，这种转变是通过曲柄连杆来实现的，见图5.16。

带动曲柄的大齿轮1被驱动旋转，压绳轮2便通过连杆沿着以导向滑轮4为圆心，以冲击梁长度（即2～4之间的长度）为半径的一段弧线上运动。当曲柄销转到第三象限时拉紧钢丝绳，钻头7离开井底升到上死点；当曲柄销转到第一象限时则放松钢丝绳，钻头

落到下死点冲凿孔底岩土。通过卷筒3连续的适量放松钢丝绳的长度，使下死点逐步往下移动，孔底岩土被不断破碎。

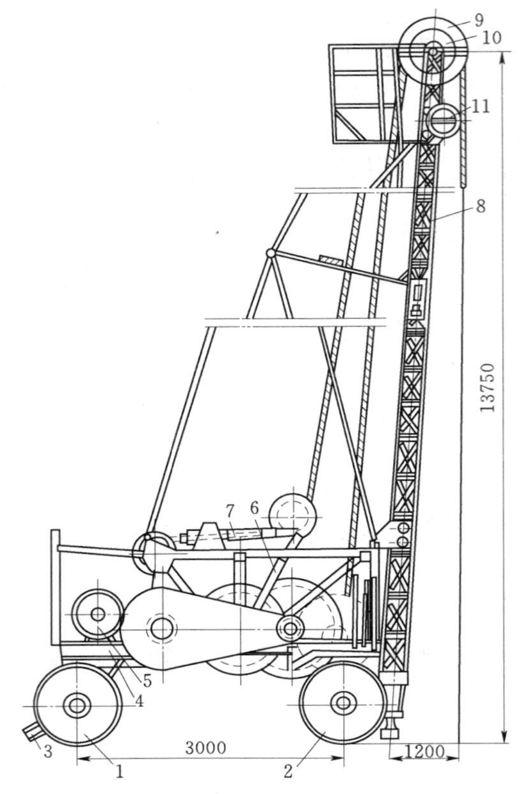

图5.17　CZ－22型冲击钻机构造示意图（单位：mm）

1—前轮；2—后轮；3—辕杆；4—底架；5—电动机；6—连杆；7—缓冲装置；8—桅杆；9—钻进工具钢丝绳天轮；10—抽砂筒钢丝绳天轮；11—起重用滑轮

当破碎岩土达一定厚度后，利用钻进工具卷筒将钻头提出孔外。改用抽砂筒卷筒将抽砂筒放入孔底，抽砂筒是下部带有只能向上开启单向阀门的抽筒，抽砂筒在孔底上下搅动，将孔底岩屑通过阀门装入抽砂筒，然后提出孔外倒掉泥砂。连续几次则可将孔底岩屑抽净。然后再下钻头冲击。如此冲击、抽砂反复进行，井孔便不断加深，实现冲击钻进。

2. 冲击钻机的构造与性能

（1）冲击钻机的构造。冲击钻机的种类较多，其构造因型号不同而有差异，但基本结构特点相似。常用的冲击钻机有冲击150型、丰收120型、CZ－20型、CZ－22型、CZ－30型等。其中的CZ－22型应用较为普遍，其构造如图5.17所示。

（2）冲击钻机的性能。冲击钻机的特点是钻具与钻机之间用钢丝绳连接，所以也称钢丝绳冲击钻机。因为柔性连接省掉了钻杆，所以设备比较轻便，操作比较简单。

冲击钻机适合钻进各种土层、砂层、卵砾石层，尤其在钻进大卵石、漂石地层时，钻进效率优于其他钻机。但在坚硬基岩中则钻进效率低，不如回转钻机，所以在基岩钻进中一般不采用冲击钻机。

这类钻机目前最大设计深度为180m，设计钻孔直径为500～1000mm，其性能见表5.10。

表5.10　　常用冲击钻机的机械性能规格

项目＼型号	冲击150型	丰收120型	CZ－20型	CZ－22型	CZ－30型
泥浆护壁的井孔直径/mm	500	500	700	800	1200
钻具最大冲程/mm	800 760 630	750 650	1000 450	1000 350	1000 500
钻具冲击次数/(次/min)	38	40	40 45 50	40 45 50	40 45 50

续表

项目 \ 型号		冲击150型	丰收120型	CZ-20型	CZ-22型	CZ-30型
泥浆护壁钻进深度/m		150	120	120	150	180
工具卷筒起重/kN		13	15	15	20	30
工具卷筒钢丝绳直径/mm		17	17	19.5	21.5	26
桅杆高度/m		7.3	8.5	12.0	13.5	16.0
桅杆起重量/kN		100	100	50	120	250
电动机	功率/kW	14	10	20	20	40
	转速/(r/min)	1460	1460	970	980	735
	电压/V		220/380	220/380	220/380	
柴油机	型号			3110～4110	4110	6108～6135
	功率/kW	14.7	14.7	20.1～29.4	29.4	44.1～58.8
	转速/(r/min)	1500	1500	1500	1500	1500
适应地层		各种土、砂层、砾石、卵石、漂石				

3. 冲击钻进的技术规程

冲击钻进的技术规程包括冲程、冲击频率、钻具重量、回次时间、回次进尺及回绳长度等。根据钻进条件，选择不同的钻进技术规程，才能提高钻进效率和保证钻孔质量。

(1) 冲程及冲击频率。冲程指钻头在冲击破碎岩层时，钻头提升距孔底的高度。冲击频率则是钻头每分钟冲击孔底的次数。冲程的大小及冲击频率的高低，主要根据岩层的可钻性而定。在坚硬岩层中钻进应用大冲程低频率，松软岩层适用小冲程高频率。一般情况下，冲程可选择0.6～0.8m，冲击频率38～40次/min冲击钻进时，为了保证井孔断面圆光规则，必须在钻进过程中，每冲击一次孔底使钻头回转一个角度，该角度的大小应保证在回转后将孔壁遗留凸出部分剪切掉，一般转角为15°～20°左右。钻头的转角是利用冲击过程中钢丝绳被拉紧和放松，引起钢丝绳扭力改变而完成的。

(2) 钻具重量。钻具重量大小的控制应视岩层的软硬而定，对坚硬岩层重量应大些，松软岩层重量可以轻些。一般在黏土，砂层中钻进每厘米井孔直径应有10～16kg重量；在卵石、漂石地层中钻进则每厘米井孔直径应有15～25kg的重量。在钻进中调整钻具重量的方法：①调换使用不同重量的钻头；②在钻头上安装加重钻杆以增加其重量。

(3) 回次时间及回次进尺。每两次提钻倒泥砂间隔的钻进时间为回次时间，在每一回次时间内的进尺深度称为回次进尺。根据孔内岩层情况，合理控制回次进尺和回次时间，对提高钻进效率具有明显的效果。在每一回次中，按进尺快慢大致可分为三个阶段：在每一回次开始时为第一阶段，因刚清理了孔底，钻头直接冲击孔底，所以这一阶段进尺很快；继之为第二阶段，由于孔底不断积存岩屑，增加了钻进阻力，这个阶段进尺速度逐渐减慢；当孔底岩屑增加到钻头几乎不能直接冲击孔底岩层时，则进入第三阶段，此时进尺极慢或根本不能进尺。钻进中应控制第二阶段时间，避免第三阶段出现。

一般在黏土、砂层等较软岩层中钻进，回次时间短而回次进尺大，一般每一回次时间约10～20min，进尺0.5～1.0m；在砾卵石、漂石等坚硬岩层中钻进，回次时间长而回次进尺小，一般每一回次时间约30min，进尺0.25～0.35m。

(4) 回绳长度。冲击钻进时，每次应放松（给进）钢丝绳的长度称回绳长度。回绳长度短时会发生“打轻”或“打空”现象，不但影响钻进效率，而且易损坏机械或发生掉钻事故。但回绳过长时，不但会降低钻头冲程，而且会使钢丝绳冲击孔壁，容易引起坍塌，故回绳长度应视进尺快慢而定。一般情况每次回绳长度可控制在10～30mm之间。

5.1.5.2 回转钻进

1. 回转钻进原理

回转钻机的动力经转盘的大小锥形齿轮，把水平轴的回转运动改变为钻杆的垂直回转运动，即动力由转盘直接传给主动钻杆（方钻杆），再由主动钻杆经钻杆传给钻头。

钻具在孔底的轴心压力（钻压），主要是由钻具的自重产生，钻进过程中可通过操作卷扬机，松紧卷筒上钢丝绳进行给进调压。这样钻具便在回转力和压力的共同作用下而切削破碎岩石，实现钻进。

钻进过程中，泥浆泵将冲洗液通过钻杆压入孔底，借以冷却、润滑钻头并将切削破碎的岩屑，通过钻杆与孔壁间的环形间隙冲出孔外，使钻孔不断加深（图5.18）。

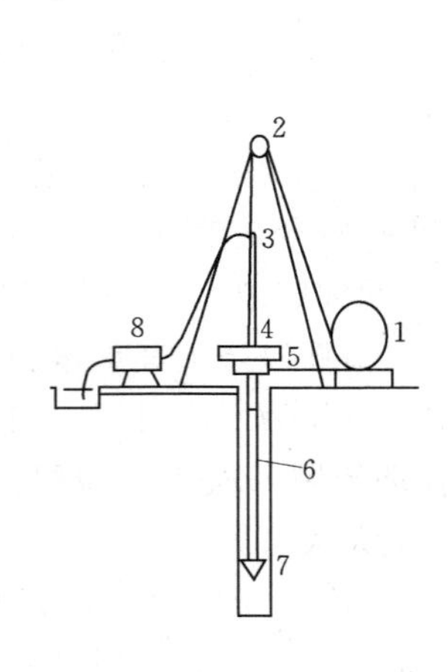

图5.18 回转钻进原理示意图
1—主机；2—天轮；3—水龙头；4—主动钻杆；5—转盘；6—钻杆；7—钻头；8—泥浆泵

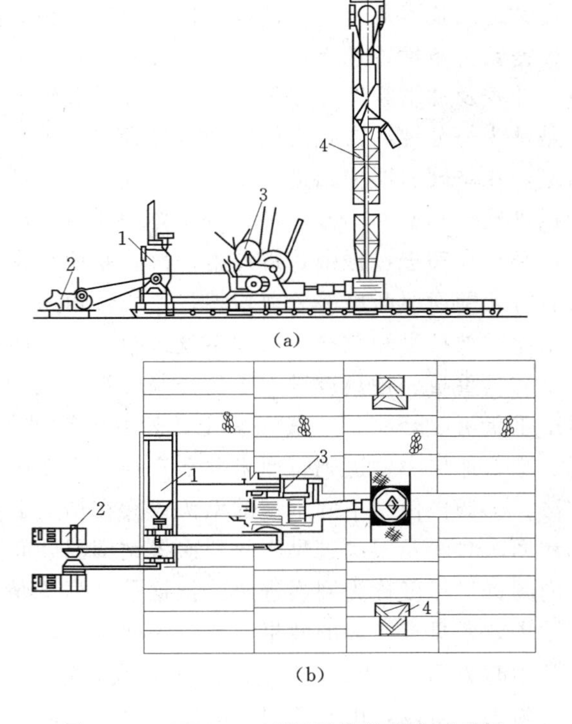

图5.19 SPJ-300型回转钻机构造示意图
(a) 侧视图；(b) 俯视图
1—柴油机；2—泥浆泵；3—主机；4—钻塔

2. 回转钻机的构造与性能

(1) 回转钻机的构造：回转钻机的类型不同，构造也不一。管井钻进中常用的有 250 型、500 型、红星-300 型、SPJ－300 型、SPC－300H 型。其 SPJ－300 型应用较普遍，其构造见图 5.19。

(2) 回转钻机的性能：在管井施工中应用的回转钻机为大口径钻机，最大开孔直径都在 500mm 以上，钻井设计深度达 300m。回转钻机在松散砂土层及坚硬的基岩中，钻进效率都较好，但在卵砾石中则钻进效率较差。常用回转钻机的机械性能规格见表 5.11。

表 5.11　　常用回转钻机的机械性能规格

项目	型号	250 型	红星-300 型	500 型	SPJ－300 型	SPC－300H 型
最大开孔直径/mm		560	560	500	500	500
钻井深度/m		250	300	250	300	回转 300，冲击≤80
主卷扬机	形式	摩擦式	摩擦式	游星式	游星式	游星式
	卷筒直径/mm			350	330	250
	卷筒容绳量/m	150	150	84	120	150
	钢丝绳直径/mm	19.5	19.5	19.5	20 或 19.5	回转 16，冲击 22
	单绳提升能力/kN		20	30	30	30
副卷扬机	卷筒直径/mm			200	170	250
	卷筒容绳量/m	300	350	250	330	100
	钢丝绳直径/mm	12	12	16	14 或 13.5	10
	单绳提升能力/kN		5	12	20	20
	塔架高度/m	15	14	15	13	11
	塔架承受最大负荷/kN	180	200	180	240	150
	泥浆泵型号	600/12	600/12	320/35	2 台 250/50	600/50
	泥浆泵最大泵压/N	117.6	117.6	343	490	
	泥浆泵最大排量/(L/min)	600	600	320	250	340
	钻杆直径/mm	89	73.114	89	73.89	89
	钻杆所需功率/kW	44.1	44.1	44.1	39.7	
	适应地层	各种土、砂层、砾石、基岩				

3. 回转钻进的技术规程

回转钻进的技术规程，主要包括钻压、转速和泵量等。钻进不同性质的岩层，采用不同的钻进方法；使用不同的钻机设备，则要求不同的钻进技术规程相配合，才能达到优质高效的钻进目的。

(1) 钻压。钻压指钻机加于钻头的轴向压力，它是回转钻进中一个重要技术参数。针对不同性质的岩层适当调节钻压，不仅可提高钻进效率，而且可避免一些不必要的故障和事故。因钻机不同，其钻压调节方式也各异。一般专用于岩芯钻探的钻机，其钻压是通过油压传动系统或手把等专门调节钻压的设备进行。而现用转盘钻机则是由钻具自重加压，通过钻具卷筒刹把的给进快慢来调节。

钻压的大小视岩层的可钻性大小来确定。松散岩层进尺较快，为保证钻孔质量，应控制给进适当加压。坚硬岩层则因进尺较慢，应在保证安全的条件下充分加压。

(2) 转速。转速对钻进效率影响很大，对研磨性小的岩层，其回转速度与钻进速度成正比。一般钻机的转盘转速，应控制钻头圆周转速在 0.8～3m/s 范围内较为合适。但如钻压不足，仅单纯增高转速，反而会造成钻头加速磨损，所以一般应保持中速钻进，如开孔 500mm 的钻孔，转数应保持在 60～70r/min。

(3) 泵量。泵量指钻进所配泥浆泵在单位时间的排水量。泵量的大小随岩层的可钻性和孔径大小而定。一般在松散岩层中钻进时，因进尺较快，岩屑较多，故应采用大泵量；反之，在坚硬岩层中钻进，因进尺较慢，岩屑较少，应采用小泵量。泵量过大时，易引起钻孔内岩层稳定性较差部位的坍塌现象。一般在大口径的井孔钻进中，泵量保持在 250～500L/min 左右。

总之，钻压、转速和泵量三者对提高钻进效率和保证钻孔质量是密切相关和有机配合的。一般在松散或松软岩层中钻进，宜采用“高转速、大泵量配以适当的钻压”；而在坚硬岩层中钻进，则应采用“高钻压、小泵量配以适当转速”；在开孔和浅孔段（一般在 15～20m 深度内），应注意采用“轻压、慢转、小泵量”的钻进规程，以防止发生孔斜。因在开孔和浅孔段，由于钻具重量不足，压力偏小，且钻具重心偏上，再加上水龙带的偏位，所以钻具易摆动造成孔斜。

5.1.6 成井工艺

成井工艺指井孔钻凿完成后，建造管井的其他施工程序和技术方法，主要包括：井管安装、管外填封、洗井等一系列工序。

5.1.6.1 井管安装

井管安装，简称下管。是管井施工中最关键最紧张的一道工序。为防止井壁坍塌，应在较短时间内连续作业直至完成。同时，在井管安装过程中，又要防止井管断落、错位、扭斜、损坏等事故的发生。为此，下管前应做好充分的准备工作。

1. 准备工作

准备工作包括技术、材料、人力等方面，下面就技术方面的准备工作做必要的简述。

(1) 破壁、换浆、疏孔。破壁是破除钻进时在开采含水层部位形成的护壁泥皮，以利地下水能畅通无阻地由含水层通过滤水管进入井内。生产中常用钢丝刷破壁，即在冲击钻头上缘加焊略小于孔径的金属圆环，圆环上焊接短钢丝或者在疏孔器的圆环上焊接短钢丝（疏孔器见图 5.20）。破壁时，将其下到含水层处，边反复上、下提拉，边送水冲孔，使井壁泥皮遭到破坏。

换浆是将孔内浓泥浆及沉淀物排出孔外，换入稀泥浆，便于填料及洗井。换浆可与破壁同时进行，即边破壁边送水换浆。换浆时一定要先浓后稀，逐步进行，否则便可能使孔底的沉淀物不易排出孔外。破壁后应将钻具下至孔底继续换浆，直至将孔内泥浆变稀。但换浆和破壁一样，要适可而止。

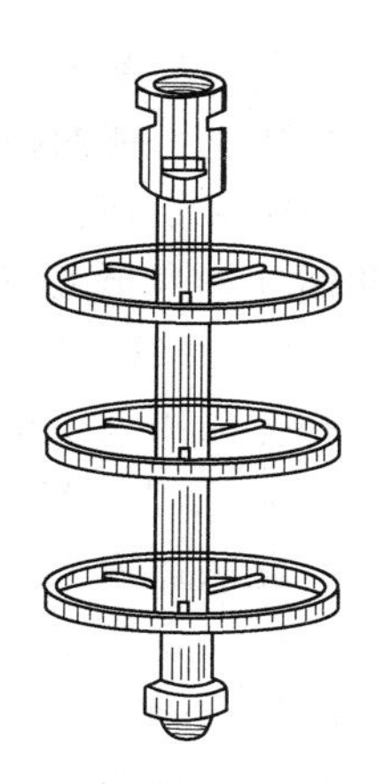
图 5.20　疏孔器构造示意图

疏孔的目的是为下管扫清障碍，保证井孔圆直，以顺利地安装井管。疏孔多用疏孔器，它是在一根钻杆上焊 3～4 个导正圈组成，导正圈直径应比井孔小 20～40mm。疏孔时将疏孔器下入井孔，上下提拉，直至通行无阻说明孔眼圆直可以下管。

（2）整理地层记录，确定含水层位置。在井孔钻进过程中，每个台班都应认真做好钻进记录，特别是地层岩性记录。在大口径全面钻进中，地层岩性记录主要靠钻进情况及排出孔外的泥砂物质等分析判断。下管前要对原始记录进行整理、确定出含水层位置。如对含水层位置不能准确确定时，要进行电测井，配合钻进记录准确确定含水层位置。

（3）排列井管顺序。排列井管是将要安装的所有井管、滤水管、沉砂管，从下到上按设计进行统一排列编号。钻孔含水层位置与原设计吻合时，按原设计排管，如有差别时，先调整设计再进行排管。

2. 钻杆托盘下管法

该法适用于采用混凝土等非金属井管建造的管井，因其易于保证井管下直，故使用较为普遍。

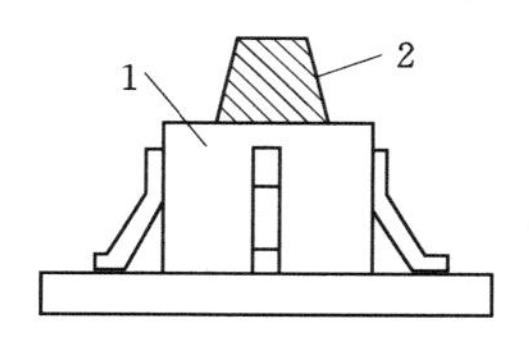

图 5.21　托盘示意图
1—托盘；2—反丝扣接头

（1）主要用具及设备。

1）托盘。托盘是承托全部井管重量的主要工具，多为金属制成，常用者如图 5.21 所示，上端为反丝扣锥形接头，借以与钻杆下端的反丝扣接箍相连，以便井管安装完毕后易于退出钻杆。

2）钻杆。除准备一根下端为反丝扣，上端为正丝扣钻杆，以便与托盘联结外，其余为正丝扣普通钻杆。

3）井架及起重设备。安装井管所用井架和起重设备，一般均用钻机原有配套设备。但须对卷扬机、钢丝绳、井架等根据井管全部重量的荷载进行校核，确认安全后方可下管。

（2）下管步骤。

1）把第一根带反丝扣接箍的钻杆吊至井口，用第二套提吊设备吊起 1 号井管并套于第一根钻杆上，第一根钻杆下端用反丝扣接箍把托盘联结好，第二套提吊设备徐徐落下 1 号井管，使其与托盘端正联结好，松开第二套提吊井管的设备。

2）把第一根钻杆带托盘上的井管放入孔内，把钻杆上端用垫叉卡在孔口枕木或垫轨上，摘下提引器准备吊第二根钻杆。

3）把第二根钻杆穿入 2 号井管内，并在其下端插一圆形垫叉，准备起吊（图 5.22）。

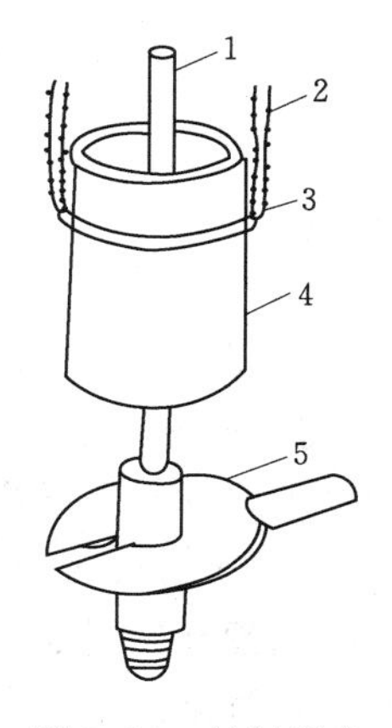

图 5.22　钻杆托盘下管法示意图
1—钻杆；2—大绳；3—大绳套；4—井管；5—圆形垫叉

4）把套有 2 号井管的第二根钻杆吊起，对准已放入孔内的第一根钻杆的上端接头。然后用第二套提吊设备吊起 2 号井管一小段距离，拔去圆形垫叉，将两根钻杆对接好。再将全部钻杆起吊一段高度，使孔内的 1 号井管上端露出孔口外。这样再将吊着的 2 号井管徐徐放下，使两根井管对正接好后，将接好的井管全部下入井内。第二根钻杆上端接头，再用垫叉卡在孔口枕木上，去掉提引器，准备提吊第三根钻杆与套在其上的 3 号井管。如此循环，直至下完井管。

5）井管全部下完后，先围填一定高度的滤料，使井管在井孔中稳定后，才允许按正丝扣方向用人力慢慢转动在井内的钻杆，使之与托盘脱离，然后将钻杆逐根提出井外。

3. 悬吊下管法

此法适用于安装抗拉强度较高的金属井管。方法简便，安全可靠，易保证下管质量。

（1）主要用具和设备。

1）井管卡子及钢丝绳套：主要是起吊井管时用。井管卡子构造如图 5.23 所示。钢丝绳套是一短节钢丝绳的两端用钢丝绳卡子卡住成一环套，以备套在井管卡子两端起吊井管。

2）井架及起重设备：井架及卷扬机等起重设备一般多用钻机原有设备，对其仍须按全部井管的荷载校核。

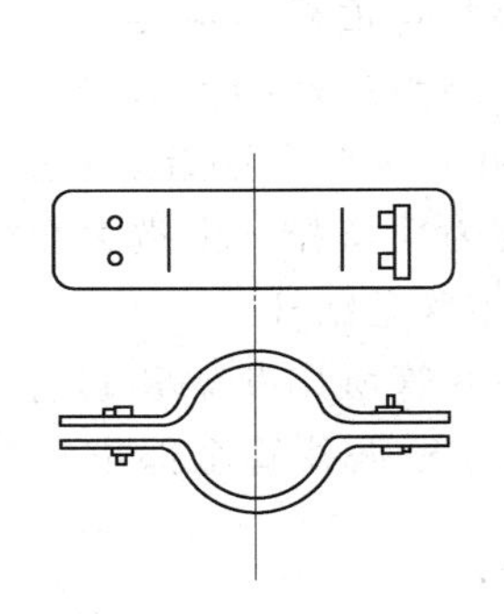

图 5.23　井管卡子示意图

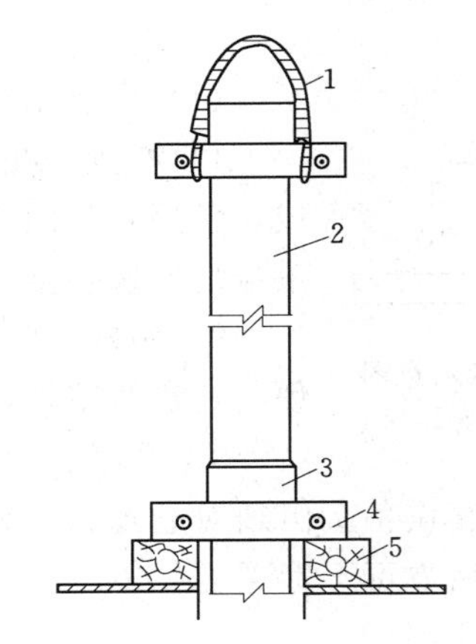

图 5.24　悬吊下管法示意图

1—钢丝绳套；2—井管；3—管箍；4—井管卡子；5—枕木

（2）下管步骤。

1）将 1 号井管底端安上木导向塞子，上端拧紧井管卡子准备起吊。

2）将 1 号井管套上钢丝绳套，吊入井孔内，井管卡子置于孔口枕木上。与此同时，2 号井管已上好井管卡子准备起吊（图 5.24）。

3）摘下 1 号井管上的钢丝绳套，起吊 2 号井管，将其下端管口对准已下入井孔的 1 号井管的接箍并旋紧丝扣。然后将其吊起一小距离，卸下套在 1 号井管上的井管卡子，即可将两根井管全部下入孔内，再将 2 号井管上端的井管卡子放在孔口枕木上。

4）卸下的钢丝绳套可起吊安装 3 号井管，依次安装，直至全部井管下入孔内。

5.1.6.2　管外填封

管外填封包括井管外围填滤料和止水封闭。如果取水层在下，止水层在上，则先围填滤料，后止水封闭；如果取水层与止水层交错，则需按设计部位交替进行。

1. 管外围填

管外围填是指下管后紧接着向井管外壁与井孔内壁之间的环状空隙内围填滤料的工序。由于滤料多采用砾石，故也常将围填滤料简称填砾。管外围填滤料的目的是利用填入的滤料在管外形成人工过滤层，借以增大滤水管进水面积，减少滤水管进水阻力，防止管外泥砂涌入井内，从而减少井水含砂量，增大水井出水量。管外围填的要求如下。

（1）围填滤料的质量要求。滤料质量应按滤水管设计时提出的成分、粒径、磨圆度等要求，严格进行筛分和冲洗，不能含泥土及其他杂物，不符合粒径要求的颗粒，最多不能超过10%。

（2）围填滤料的数量要求。在围填滤料前，应结合井孔直径，井管规格和井孔岩层柱状图，核实所备滤料数量是否满足围填要求。滤料数量按式（5.18）计算：

$$V=\frac{c\pi(D^2-d^2)h}{4} \tag{5.18}$$

式中 V——滤料体积，m^3；

D——井孔直径，m；

d——滤水管的骨架管外径，m；

h——围填滤料设计高度，m；

c——钻孔超径系数，一般取1.10～1.15。

（3）围填滤料的厚度要求。滤料厚度应按滤水管设计时提出的厚度要求围填。实际当井孔钻成下管后，滤料厚度即为孔壁到滤水管的骨架管外壁的环状空隙宽度，所以在选择开孔直径和骨架管直径时，应充分考虑到滤料厚度的要求。在特殊情况下，不能满足设计要求时，最小厚度也不能低于80mm。

（4）围填滤料的高度要求。应根据滤水管位置来确定，一般要求对所有设置滤水管的部位进行填料，其高度应高出最上一层取水层5～10m，以防止在洗井及抽水过程中因滤料下沉而产生骨架管涌砂现象。

（5）围填滤料的方法要求。填料应从井管四周均匀围填，并要经常量测填料高度，检查其是否达到计算位置。不论井孔深浅，填料必须连续慢速对称进行，不能太快，也不能中途停歇，以防滤料蓬塞和大小颗粒发生离析现象。有条件时，应在井孔内边循环水边围填，不仅能防止蓬塞，而且能将滤料中不合格的细小颗粒冲出井外。

2. 管外封闭

管外封闭是指对井孔内不宜取水或不应取水的含水层进行封闭，以达到隔离止水目的的一道工序。管外封闭的目的是为了保证井水的水质、水量和水压上符合要求而采取的一种止水措施。有的含水层因污染而成为有害含水层，需要隔离；有的含水层因含盐量或矿化度过高而不适宜灌溉或饮用，也需止水；在具有承压水及承压自流水的地区，由于各含水层的水头高低不一，如果混合开采，势必因水头平衡而削减水井出水量，或造成潜水位抬高而引起土壤盐渍化，故也必须对某些含水层封闭，以实行分层开采。此外为了在井管外防止地表污水沿管外渗入井内或承压自流水沿管外涌出地表，也需对井口管外部分进行严密封闭，以确保成井质量。

常用的封闭材料是水泥和黏土。水泥多用于基岩井的封闭，一般将水泥搅拌成水泥浆，用钻杆把水泥浆送至预定封闭位置。而松散层中的管井则多用黏土进行封闭，先将黏土制成直径 2～3cm 的黏土球，并凉至半干，封闭时采用类似填料的方法，把黏土球围填至预定封闭位置，半小时后黏土球彻底崩解，形成黏土隔离层。

5.1.6.3 洗井方法

当管外围填和封闭工作结束后，应立即进行洗井，以防管外泥浆固结而影响管井出水量。洗井是通过井内水流剧烈震荡或强力抽水而达到冲击和清除管外泥砂的过程。通过洗井可以洗掉井底沉积的泥砂、孔壁上的泥皮、渗入含水层中的泥浆及井孔附近含水层中的细颗粒物质，从而使滤水管周围形成良好的滤水层，以便增大井孔周围含水层的透水性和增加水井的出水量。洗井方法很多，最常用的有活塞洗井和空压机洗井，近年来二氧化碳洗井也已广泛采用。现分述如下。

1. 活塞洗井

活塞洗井是一种设备简单、效果显著的洗井方法，采用此法能缩短洗井时间，降低洗井费用，提高洗井效率，保证洗井质量，故已得到广泛应用。用活塞洗井先要制备合适井径的活塞，活塞可以木制，也可以铁制，构造见图 5.25 和图 5.26。

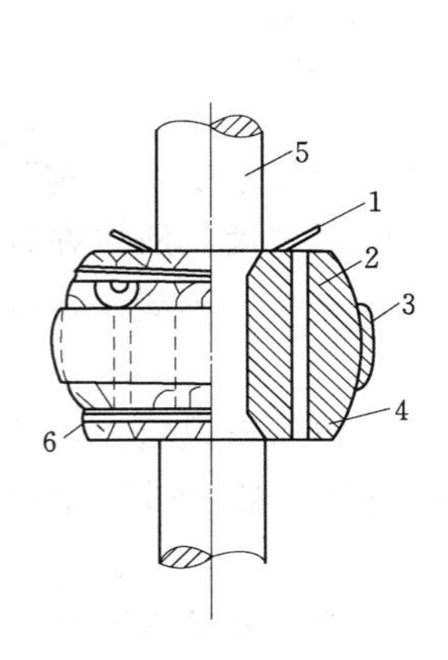

图 5.25 木制活塞示意图
1—活门；2—排水孔；3—橡胶带；4—木塞；5—钻杆；6—铅丝

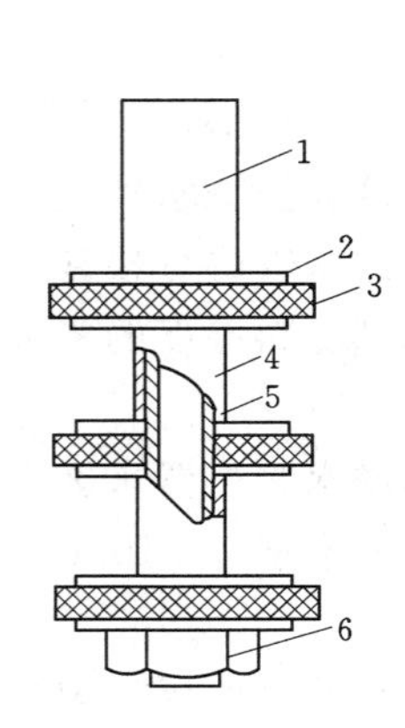

图 5.26 铁制活塞示意图
1—带花眼的钻杆；2—法兰盘；3—橡胶板；4—隔离木套管；5—钻杆；6—紧固螺母

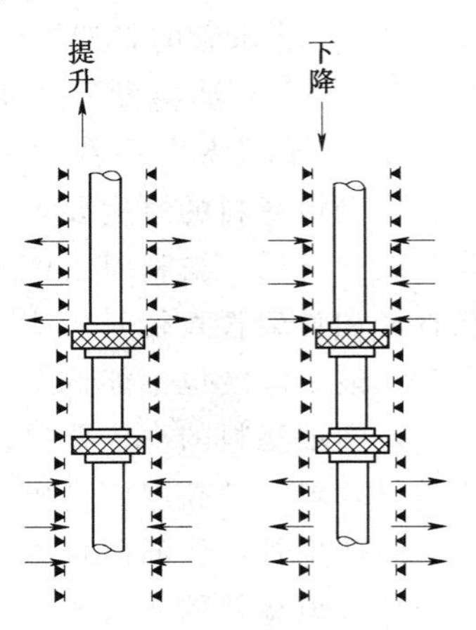

图 5.27 活塞洗井原理示意图
（箭头表示水流运动方向）

（1）活塞洗井原理。活塞洗井是用钻杆联接活塞下到滤水管部位，然后上下提拉活塞。当活塞上提时，在活塞下部形成很大的负压，含水层的地下水急速向井内流动，冲破泥皮并把含水层中的细粒物质带入井内；当活塞下降时，又将井中水从滤水管处压出，以冲击泥皮和含水层，见图 5.27。如此反复上下提拉，就会在短时间内将孔壁泥皮全部破坏，并冲净渗入含水层的泥浆和粉细砂粒，最后用抽砂筒或空压机将井底淤积物全部掏出或冲出井外。

（2）活塞洗井方法。活塞洗井方法较为简单，但洗井过程中应掌握和注意以下问题。

1）活塞提升时，下部形成的负压很大，一般混凝土井管不易采用活塞洗井，以防损坏滤水管。

2）活塞上下提拉时，运动速度不宜太快，一般掌握在0.5～1.0m/s左右即可。

3）活塞洗井时间不要太长，不要过分追求水清砂净，以防含水层内产生坍塌现象。

2. 空压机洗井

空压机洗井是利用空气压缩机和专门设备进行强力抽水的洗井方法。该法具有洗井彻底、安全可靠，并可代替做多降深抽水试验等优点。但因其安装设备复杂，洗井成本较高，且受井内水深的限制，故并非所有水井均可采用此法洗井。

（1）空压机洗井原理。空压机洗井是利用风管把压缩空气送入井下与水混合，产生水汽混合体，使其体积增大，比重减小。由于不断向井内送进压缩空气，水气混合体不断增多，便会沿出水管涌出井外，此时井内压力亦随之减小，水井周围含水层中的地下水在压力差作用下，通过滤水管急速流入井内，从而冲破泥皮，将碎泥皮和含水层中的细粒砂带入井内，并随水流涌出井外。如此连续不断即可达到洗井的目的。

（2）空压机洗井的方法。在空压机洗井技术中较关键的问题是抽水设备即风管和出水管的安装。按风管和出水管位置排列不同可分为同心式和并列式两种（图5.28、图5.29）。无论哪种形式，在风管的最下端都装有水气混合器，压缩空气通过带有许多小眼的混合器变为小股气流进入水中后，则形成水气混合体。混合器和出水管安装深度有严格要求，太深或太浅都可能造成抽不出水的现象。

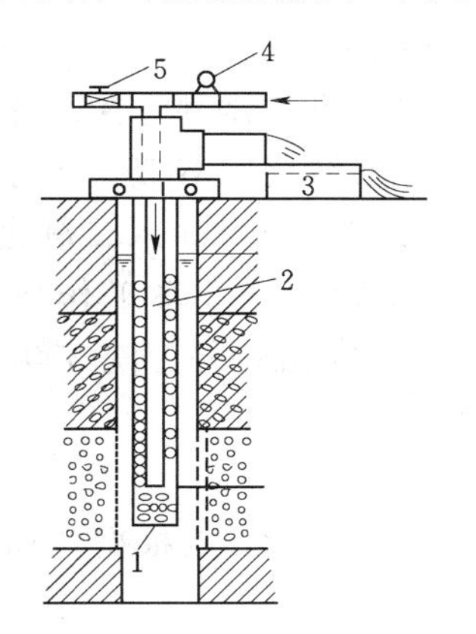

图5.28　同心式洗井安装示意图
1—出水管；2—风管；3—水槽；
4—压力表；5—放气阀

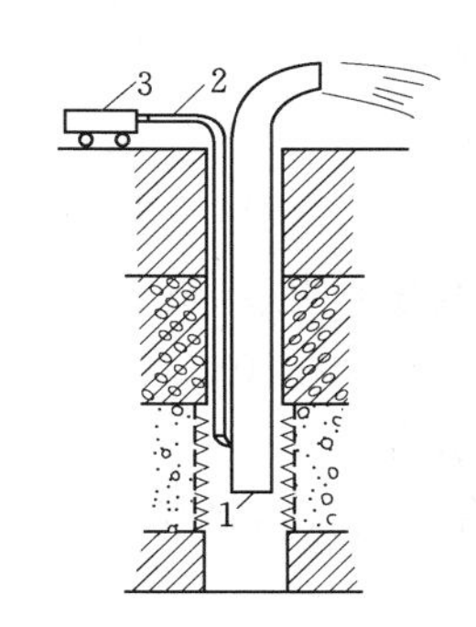

图5.29　并列式洗井安装示意图
1—出水管；2—风管；3—空压机

1）混合器安装深度。混合器安装深度也就是风管安装深度，必须符合下列要求。

按静止水位要求的最小安装深度是沉没比必须大于50%～60%，沉没比按式（5.19）计算：

$$a=\frac{h}{H}\times 100\% \tag{5.19}$$

式中　a——混合器的沉没比；

h——混合器到静止水位的距离，m；

H——混合器到出水口的距离，m。

按动水位要求的最小安装深度是，动水位到出水口距离与动水位到混合器距离的比应满足 1∶0.6～1∶1.5 以上。

混合器的最大安装深度则按空压机最大风压而定，如空压机最大风压为 7 个大气压，则理论最大深度为 70m，考虑管路损失，安装时应小于 70m。

2）出水管安装深度。出水管的安装深度最少应比混合器深 3～4m。另外要说明的是，空压机的送风量大小可以调节，改变不同的风量，则会改变井中的水位降深和出水量，这也是常用的多降深抽水试验方法。

3. 二氧化碳洗井

二氧化碳洗井是一种新的洗井方法，常用于机械洗井效果不好的井中，通过洗井可显著提高水井出水量，但其洗井成本较高。

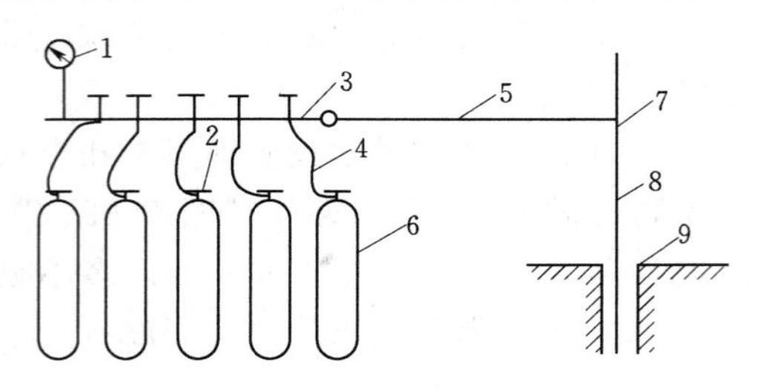

图 5.30　二氧化碳洗井设备安装示意图

1—压力表；2—高压阀门；3—管；4—高压软管；5—高压硬管；6—二氧化碳瓶；7—三通；8—钻杆；9—井孔

（1）二氧化碳洗井原理。二氧化碳洗井是将高压液态二氧化碳通过钻杆压入井内含水层部位，二氧化碳汽化后与水混合，形成水气混合物，使其体积膨胀，比重减小。不断输送二氧化碳则使井水上升而喷出井外。与此同时，含水层中的地下水迅速涌入井内，所携带的泥浆和细砂颗粒也随之喷出井外，达到彻底洗井的目的，见图 5.30。

（2）二氧化碳洗井方法。洗井前先将 50～100kg 多磷酸纳化成溶液，通过钻杆灌入含水层部位，浸泡 24～48h，以使固结的黏土颗粒及泥皮崩解。洗井压入二氧化碳时，应使启动压力达到 2.0～2.5MPa，即可出现井喷，井喷开始后，可将工作压力调至 1.0～1.5MPa。井喷高度可达 20m 以上，能将泥砂、小砾石喷出井外。洗 300m 左右的深井，一般需用液态二氧化碳 10～15 瓶。

5.1.6.4　成井验收

水井竣工后，当其质量符合设计标准时方能交付使用，故应根据各项设计指标进行验收。

1. 水井验收的主要项目

（1）井斜：指井管安装完毕后，其中心线对铅直线的偏斜度。泵段内倾斜度，对安装深井泵每百米不得超过 1°；对安装潜水泵每百米不得超过 2°。

（2）滤水管位置：滤水管位置必须与含水层位置相对应，深度偏差不能超过0.5～1m。

（3）滤水料及封闭料围填：除质量应符合设计要求外，围填数量与设计数量不能相差太多，一般要求填入量不能少于设计量的 95%。

（4）出水量：当钻孔地层与设计地层相符时，井的出水量不应低于设计出水量。

（5）含砂量：井水含砂量，在粗砂、砾石、卵石含水层中，其含砂量应小于 1/50000；在细砂、中砂含水层中含砂量应小于 1/20000。

（6）含盐量：对农业灌溉井，井水总含盐量不应超过 3g/L；对生活饮用水井，井水总含盐量不应超过1g/L；对工业用水井，则按设计要求进行验收。

2. 水井验收的主要图件和说明书

(1) 验收图件。验收图件主要是井孔柱状图，如果井孔做过电测井、井位测量，抽水试验、水质化验时，还应提供相应的图表（图5.31）。

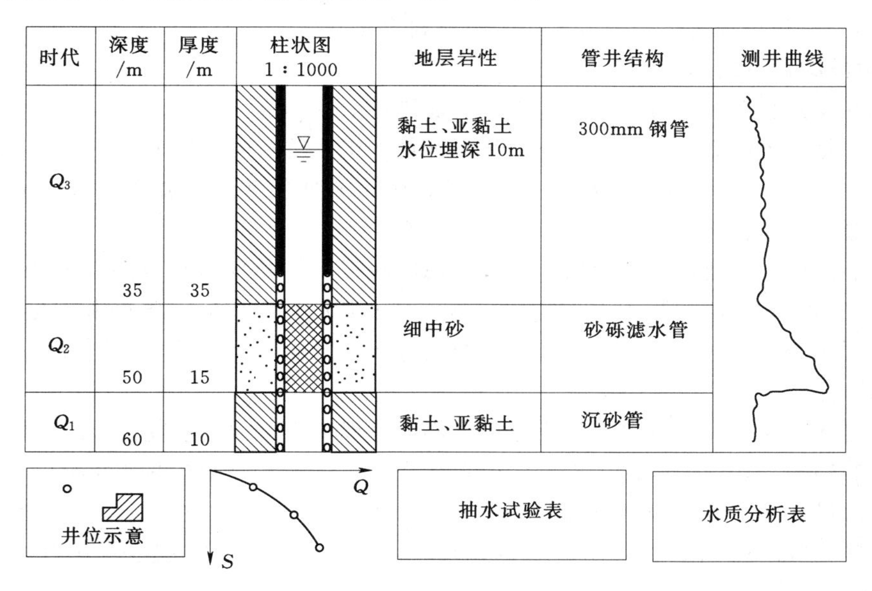

图5.31　××井孔柱状图

(2) 水井说明书。水井说明书应包括：施工情况、地层岩性描述、管井结构、水质水量分析以及对今后使用过程中的提水设备和其他应注意的问题提出建议。

5.2 渗　　渠

水平集水管渠（图5.32），一般直径或断面尺寸为200～1000mm，常用600～1000mm，长度十米至数百米，少数渠道的断面尺寸或长度可能很大，但主要是出于维护管理或施工需要（如西北的坎儿井）。受施工条件的限制，集水管（渠）埋深一般在5～7m，最大也不超过8～10m，因此，水平集水管（渠）适用于厚度小于5m、埋藏深度小于5～8m的含水层。水平集水管（渠）多用于集取潜水，也常敷于浅河床或水体下部，

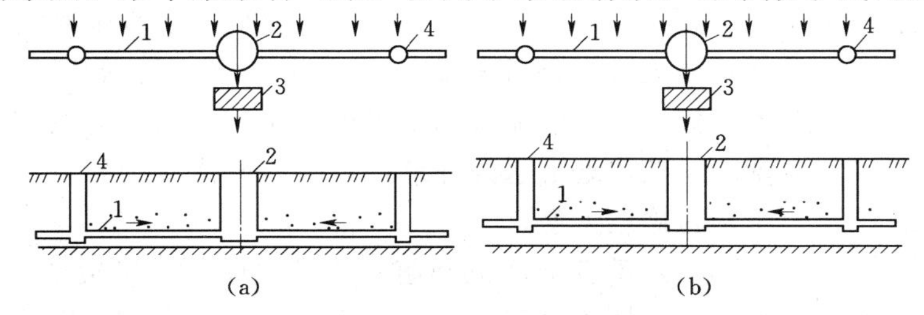

图5.32　水平集水管（渠）

(a) 完整型；(b) 非完整型

1—集水管；2—集水井；3—水泵站；4—检查井

或敷于岸边以集取河床地下水或渗取地表水。后一种集水管（渠）的计算情况和前者不同，为区别称为“渗渠”，习惯上有时也把水平集水管（渠）统称为“渗渠”。水平集水管（渠）或“渗渠”有完整式和非完整式之分，当管（渠）敷于含水层下的不透水层基底上时称为完整式，敷于含水层之中时为非完整式。在同样限制下，非完整式水平集水管（渠）可用于埋深与厚度稍大的含水层，但不利于充分截取地下水。

5.2.1 渗渠的位置的选择和布置方式

渗渠的规模和布置，应考虑在检修时仍能满足取水要求。

渗渠中管驱动断面尺寸，应按下列数据计算确定：①水流速度为0.5～0.8m/s；②充满度为0.4～0.8；③内径或短边长度不小于600mm；④管底最小坡度大于或等于0.2%。

水流通过渗渠孔眼的流速，一般不应大于0.01m/s。

渗渠外侧应做反滤层，其层数、厚度和滤料粒径的计算应符合《室外给水设计规范》（GB 50013—2006）第5.2.10条规定，但最内层滤料的粒径应略大于进水孔孔径。

集取河道表流渗透水的渗渠设计，应根据进水水质并结合使用年限等因素选用适当的阻塞系数。

位于河床及河漫滩的渗渠，其反滤层上部，应根据河道冲刷情况设置防护措施。

渗渠的端部、转角和断面变换处应设置检查井。直线部分检查井的间距，应视渗渠的长度和断面尺寸而定，一般可采用50m。

检查井一般采用钢筋混凝土结构，宽度一般为1～2m，井底设0.5～1.0m宽的沉砂坑。

地面式检查井应安装封闭式井盖，井顶应高出地面0.5m，并应有防冲设施。

渗渠出水量较大时，集水井宜分成两格，进水管入口处应设闸门。

集水井一般采用钢筋混凝土结构，其容积可按不小于渗渠30min出水量计算；并按最大一台水泵5min抽水量校核。

渗渠位置的选择是渗渠设计的一个复杂的问题，对于集取河床潜水流的渗渠位置要考虑水文地质条件、河流水文条件，其一般原则如下：①渗渠应选择河床冲积层较厚，颗粒较粗的河段，并应避开不透水的夹层（如淤泥夹层之类）；②渗渠应选择在河流水力条件良好的河段，避免设在有壅水的河段和弯曲河段的凸岸。河床变迁，主流摇摆不定，都会影响渗渠补给，导致出水量降低。

集取河床地下水的渗渠布置方式一般有以下几种情况。

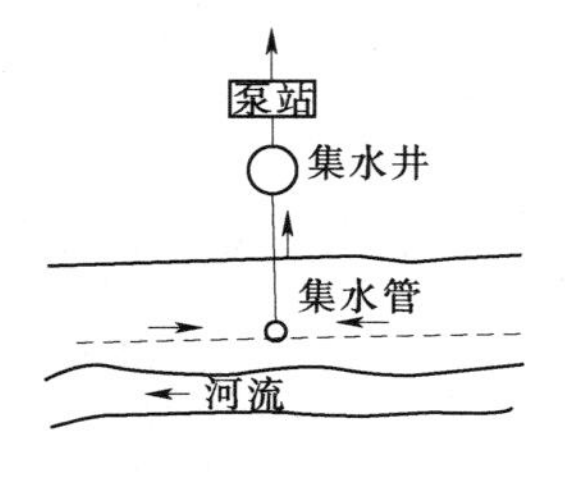

图5.33 平行于河流布置的渗渠

（1）平行于河流布置（图5.33）。当河床潜流水和岸边地下水均较充沛，河床稳定，可采用平行于河流沿河漫滩布置的渗渠，集取河床潜流水和岸边地下水。采用此方式布置的渗渠，在期时可获得地下水的补给，有可能使渗渠全年产水量均衡，且施工、检修较方便。

（2）垂直于河流布置（图5.34）。当岸边地下水补给较差，河流枯水期流量很小，河流主流摇摆不定，河床冲积层较薄，可采用此种布置方法，以最大限度地截取潜流水。此种布置方式施工、检修较困难，且出水量、水质受河流水位、水质影响，易于淤塞。

(3) 平行和垂直组合布置，平行和垂直组合布置的渗渠能充分截取潜流水和岸边地下水，产水量较稳定。

对集取地下水的渗渠，应尽量使渗渠垂直于地下水流向布置。

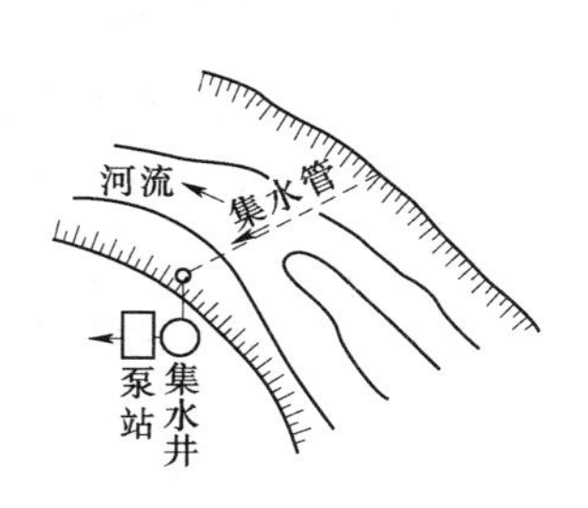

图 5.34 垂直于河流布置的渗渠

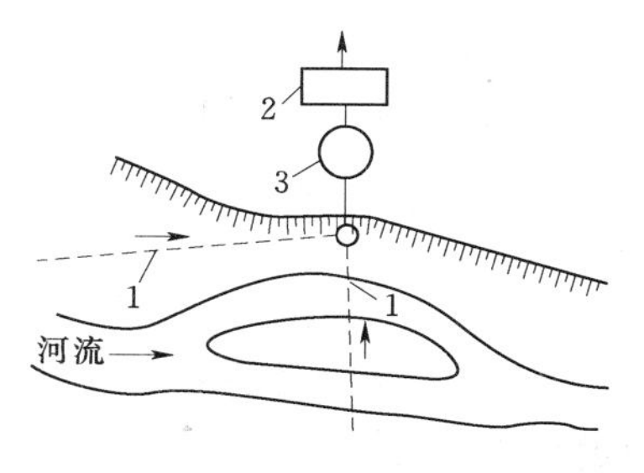

图 5.35 渗渠（集取河床地下水或河流渗透水）
1—集水管；2—泵站；3—集水井

5.2.2 渗渠的构造

渗渠通常由水平集水管、集水井、检查井和泵站所组成（图 5.35）。

集水管一般为穿孔钢筋混凝土管；水量较小时，可用穿孔混凝土管、陶土管、铸铁管；也可用带缝隙的干砌石或装配式钢筋混凝土暗管。钢筋混凝土集水管管径应根据水力计算确定。一般在 600～1000mm 左右。管上进水孔有圆孔和条孔两种。圆孔孔径为 20～30mm；条孔宽为 20mm，长度 60～100mm 左右。孔眼内大外小，交错排列于管渠的上 1/2～2/3 部分。孔眼净距满足结构强度要求。但空隙率一般不应超过 15%。

集水管外需铺设人工反滤层。铺设在河滩下和河床下，渗渠反滤层构造分别如图 5.36 所示。反滤层的层数、厚度和滤料井计算，与大口井井底放滤层相同。最内层填料粒径应比进水孔略大。各层厚度可取 200～300mm。

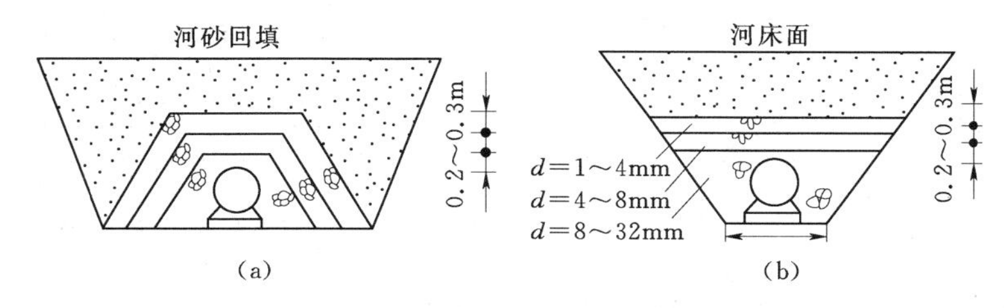

图 5.36 铺设在河滩下和河床下的渗渠反滤层构造
(a) 铺设在河滩下的渗渠；(b) 铺设在河床下的渗渠

渗渠的渗流允许速度可参照管井的渗流允许流速。为便于检修、清通，集水管端部、转角、变径处以每 50～150m 均应设检查井。洪水期能被淹没的检查井井盖应密封，用螺栓固定。

5.2.3 渗渠出水量的衰减及其控制措施

渗渠出水量衰减有渗渠本身和水源两方面原因。

渗渠本身的原因，主要是渗渠反滤层和周围含水层受地表水中泥沙杂质淤塞的结果。对于以渗取地表水为主的渗渠，这种淤塞现象普遍存在，而且比较严重，往往使投产不久的渗渠产水量大幅度下降。对于防止渗渠淤塞尚缺少有效的措施，一般可从下列几方面考虑：①选择适当河段，合理布置渗渠；②控制取水量，降低水流渗透速度；③保证反滤层的施工质量。

属于水源的原因是渗渠所在河段河流水文、水文地质状况发生变化，如：地下水水位发生地区性下降；河流水量减少水位下降，尤其是枯水期流量的减少；河床变迁等。防止此类问题发生的措施：设计时应全面掌握有关水文和水文地质资料，对开发地区水资源状况有正确的评价，对河床变迁趋势有足够估计。选择适当河段，如以渗取地表水为主的渗渠，其开发的水利，应纳入河流综合利用规划之中。有条件和必要时，可进行一定的河道整治措施，稳定水源所在的河床或改善河段的水力状况。如河道狭窄，两岸为基岩或弱透水层，可在渗渠所在河床下游修建截水潜坝。

5.2.4　渗渠的水力计算

常见的渗渠计算公式如下。

(1) 出水量计算。

1) 铺设在无压含水层中的渗渠。完整式渗渠（图5.37）出水量计算公式为

$$Q=\frac{KL(H^2-h_0^2)}{R} \tag{5.20}$$

式中　Q——渗渠出水量，m³/d；

K——渗透系数，m/d；

R——影响半径（影响带宽），m；

L——渗渠长度，m；

H——含水层厚度，m；

h_0——渗渠内水位距含水层底板高度，m。

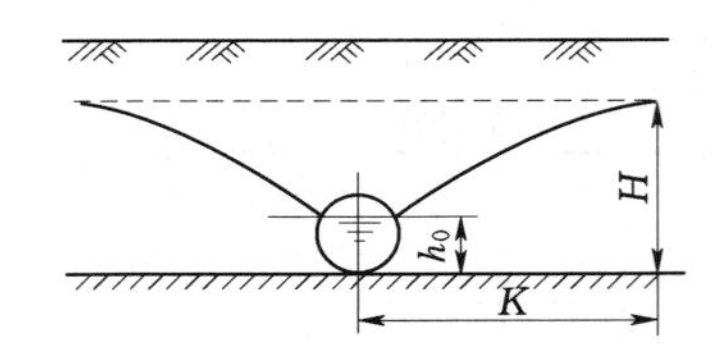

图5.37　无压含水层完整式渗渠计算简图

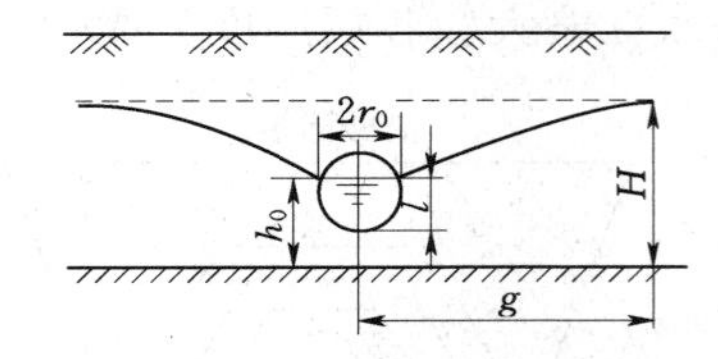

图5.38　无压含水层非完整式渗渠计算简图

非完整式渗渠（图5.38）出水量计算公式为

$$Q=\frac{KL(H^2-h_0^2)}{R}\times\sqrt{\frac{t+0.5r_0}{h_0}}\times 4\sqrt{\frac{2h_0-t}{h_0}} \tag{5.21}$$

式中　t——渗渠水深，m；

r_0——渗渠半径，m；

其余符号意义同前。

式（5.21）适用于渠底和底板距离不大时。

2) 平行于河流铺设在河滩下的渗渠。平行于河流铺设在河滩下同时集取岸边地下水和河床潜流水的完整式渗渠（图5.37）出水量计算公式为

$$Q=\frac{KL}{2l}(H_1^2-h_0^2)+\frac{KL}{2R}(H_2^2-h_0^2) \tag{5.22}$$

式中　H_1——河水位距底板的高度，m；

H_2——岸边地下水位距底板的高度，m；

其余符号意义同前。

非完整式渗渠，参见其他相应公式计算。

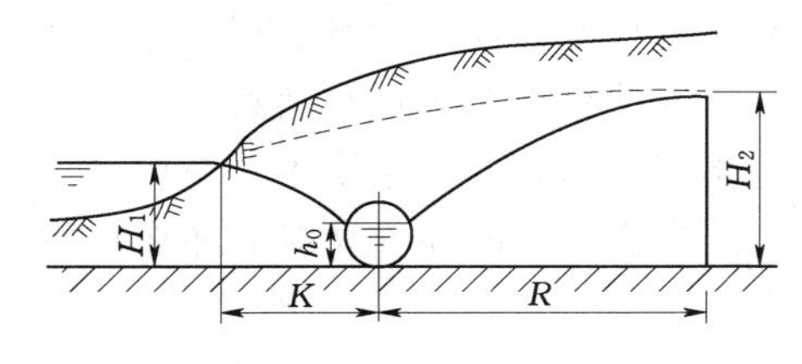

图 5.39　河漫滩下渗渠计算简图

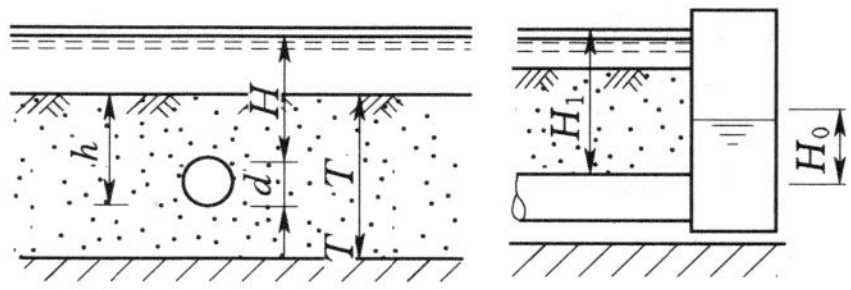

图 5.40　河床下非完整式渗渠计算简图

3）铺设在河床下的渗渠。铺设在河床下集取河床潜流水的渗渠出水量计算公式为

$$Q=\alpha LK\frac{H_Y-H_0}{A} \tag{5.23}$$

对于非完整式渗渠（图 5.40）A 值可由式（5.24）求得

$$A=0.37\lg\left[\lg\left(\frac{\pi}{8}\times\frac{4h-d}{T}\right)\text{ctg}\left(\frac{\pi}{8}\times\frac{d}{T}\right)\right] \tag{5.24}$$

对于完整式渗渠（图 5.39）A 值为

$$A=0.73\lg\text{ctg}\left(\frac{\pi}{8}\times\frac{d}{T}\right) \tag{5.25}$$

式中　α——淤塞系数，河水浊度低时采用 0.8，浊度很高时采用 0.3；

H_Y——河水位至渗渠顶的距离；

H_0——渗渠的剩余水头，m，当渗渠内为自由水面时，H_0 一般采用 0.5～1.0m；

T——含水层厚度，m；

h——床面至渠底高度，m；

d——渗渠直径，m；

其余符号意义同前。

（2）渗渠水力计算。

渗渠水力计算包括确定管径、管内流速、水深和管底坡度等。

渗渠水力计算方法与重力流排水管相同。当长度较大时，应进行分段计算。渗渠出水量受地下水位、河水位影响，变化较大。计算时，应根据枯水期水位校核其最小流速；根据洪水期水位校核管径。

集水管内流速一般采用 0.5～0.8m/s；管底最小坡度不小于 0.2%；管内充满度采用 0.5。管渠内径或短边不小于 600mm。

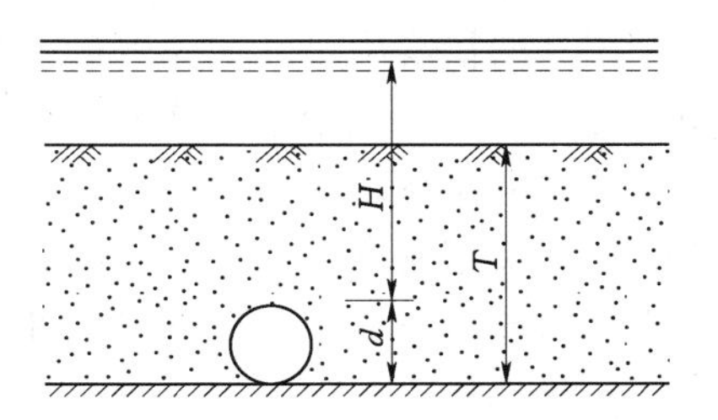

图 5.41　河床下完整式渗渠计算简图

5.2.5　渗渠模拟

模拟法（指物理模拟法）是用相似模型再现渗流动态和过程的实验方法。它能够模拟解析法难以求解的复杂问题。

利用物理模型再现地下水渗流区动态和过程的相似条件是原型和模型这两个系统中物理现象具有相似的数学模型。二相似的数学模型包括两个方面：微分方程形式的相同和定解条件的相似。

定界条件的相似主要包括几何相似，即在原型和模型的有限空间内，对应点的坐标或对应长度应满足固定的比值；时间相似，即原型和模型可以同步运行，但在渗流模拟中很少应用；参数相似，两个系统中的物理参数，必须保持线性关系；初值相似，两个系统中对应的物理量的初值，都应满足固定比值；边值相似，即在两个系统中，对应物理量及其导数在边界上分布的边值同样应当满足固定比值。当边值随时间变化时，还要保持边值的时间相似。

总之，在微分方程形式相同的情况下，所有的对应物理量保持固定比值，是原型和模型两个系统相似的充分和必要条件。相似的微分形式，相似的定界条件，可得出相似的解。正是利用模型的相似解，研究地下水的运动规律。根据渗流现象和其他物理现象之间的相似性，对地下水的渗流进行物理模型的模拟研究，主要有砂槽模拟、电模拟、热模拟、窄缝槽模拟、薄膜模拟等。

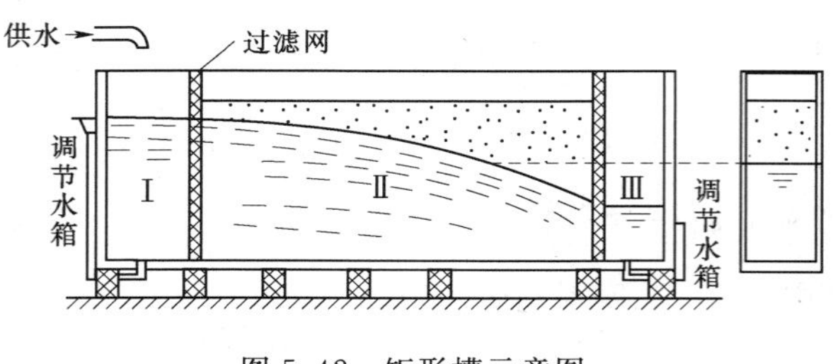

图 5.42　矩形槽示意图

砂槽模拟，也称渗流槽模拟。它是用多孔物质制作模型，在模型中研究原型的渗流动态。砂槽形状，取决于模拟的原型流畅。模拟井流时，因轴对称性，可用扇形槽；模拟一般的一维、二维和三维流时，常用矩形槽（图 5.42）。

矩形槽常用角钢、铁板和玻璃板组成。其结构由槽首Ⅰ、槽身Ⅱ和槽尾Ⅲ三段组成。各段之间由可移动的过滤网隔开。使槽身Ⅱ有伸缩性，以便适应设计模型大小的变化。槽首Ⅰ，同供水系统联结，用调整供水量和水位的方式，可以模拟补给区的边界条件。槽身Ⅱ，装有多孔介质模型，前壁为透明玻璃板，可以直接观察渗流现象；后壁和底部同测量系统联结，能记录模型中水头的分布和变化。槽尾Ⅲ同排水系统联结，用调整排水量和水位的方法可以模拟排泄区的边界条件。在槽身顶部，也可临时安装喷水装置，以便模拟入渗量。

模型的槽身中可装入天然砂、筛选过的砂或其他多孔材料。对多孔材料的要求：在结构上要稳定，在化学上有惰性。装填时应保持规定的均匀性或非均质性，不能残存气体。

采用的流体，在模拟饱和流，非饱和流时，常用均质水；模拟水驱油，咸淡水界面运移时，可采用密度、黏度不同的异质流体；模拟水动力弥散时；常用均质水加示踪剂。选择流体的基本要求，要避免侵蚀性，有毒性和易燃性。

5.3　辐　射　井

5.3.1　辐射井的概念

辐射井是由一口大直径的集水井和自集水井内的任一高程和水平方向向含水层打进具

有一定长度的多层、数根至数十根水平辐射管所组成。集水井又称竖井，是水平辐射管施工、集水和安装水泵将水排出井外的场所，水平辐射管是用来汇集含水层地下水至竖井内，又称为水平集水管，简称辐射管、水平管。由于这些水平辐射管分布成辐射状，故这种井称为辐射井。一般辐射井结构，如图 5.43 所示。

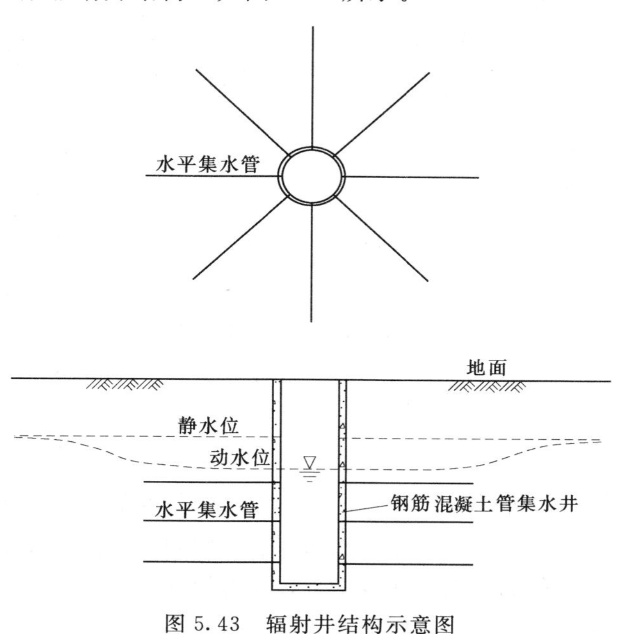

图 5.43 辐射井结构示意图

5.3.2 辐射井的型式

按含水层类型划分：潜水辐射井和承压水辐射井。

按照地下水的补给条件和辐射井所处的位置，划分为：河底型、河岸型、河岸河底型、河间型、潜水盆地型，见图 5.44。

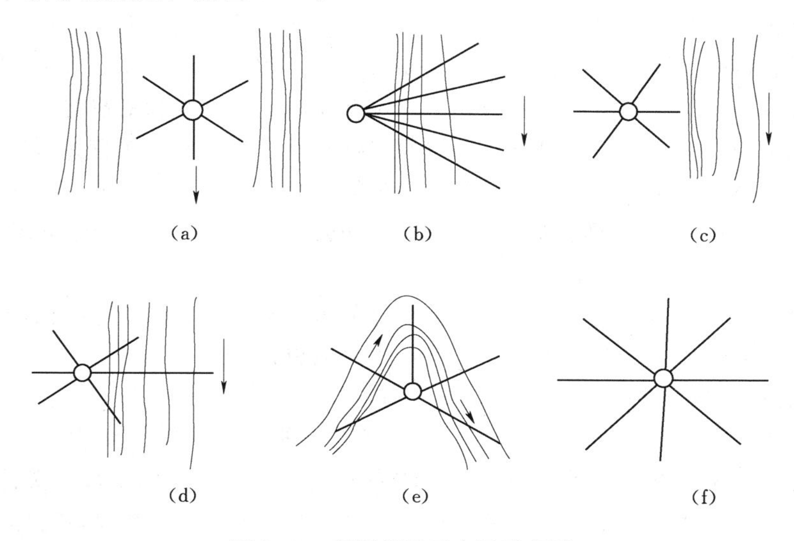

图 5.44 辐射管平面布置示意图

(a)、(b) 河底型；(c) 河岸型；(d) 河岸河底型；(e) 河间型；(f) 潜水盆地型按辐射管在立面布置划分：单层辐射管式辐射井、多层辐射管式辐射井，见图 5.45。

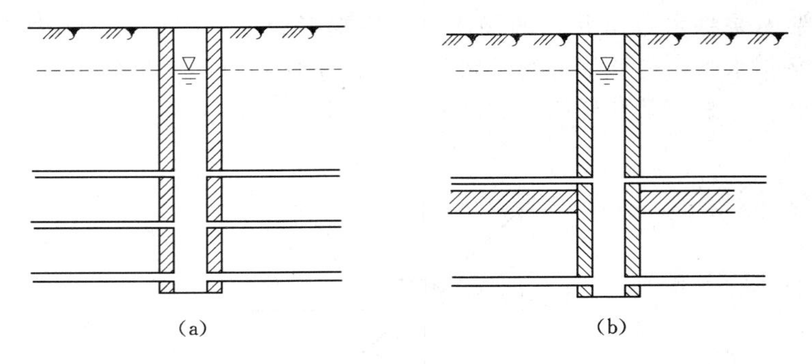

图 5.45　多层辐射管的辐射井示意图
(a) 含水层深厚；(b) 间有隔水层

按辐射管在平面布置划分：对称布设型［图 5.44 (a)、(c)、(f)］、集中布设型［图 5.44 (b)］。

5.3.3　辐射井的特点

辐射井与常规管井相比，有以下特点：

(1) 能有效地开发含水层水量，单井出水量大：辐射井的水平管是呈辐射状，近似水平地放置于含水层中，其取水长度不受含水层厚度的限制，即使在极薄的含水层中也可布设数根水平管，一根水平管的长度可达数十米，并可根据含水层厚度和层数设计数层，因而增大了取水范围，扩大了地下水向井中入渗的进水面积。另外，含水层中的水可以直接渗入就近的水平管，缩小了水在地层中的渗透路程和水头损失，增加水量十分显著。与相同深度的管井比较，一般相当于 8～10 个管井的水量，在透水性较差的含水层中，能超过管井的十倍甚至几十倍，素有“浅井之王”的美誉。

(2) 井的寿命长：地下水进入水平辐射管要比进入管井滤水管产生的水跃值小得多，不易淤堵。又由于水平辐射管随着运行时间的延长，滤水管周围的泥质和粉粒被排走，含水层中的大颗粒推挤到水平管周围，逐渐形成以滤水管为半径约 50～120cm 厚的天然环行反滤层，使井的出水量随着时间延长，不但不会衰减，还有增加的趋势。

(3) 节约动力，管理运行费用低：辐射井单位水量的管理费用较管井低得多。由于辐射井基本没有水跃值产生，减小了水泵扬程，也就减少了耗电量。另外，辐射井机电设备比较集中，减少了田间电力网的布设，既减少了电力投资，又减少管理费用，便于管理维护。

(4) 维修方便：一旦井有问题，可以关闭全部水平辐射管，抽干竖井内的水，人下到竖井内进行检修即可。水平辐射管可以冲洗，也可以更换。

5.3.4　辐射井的发展历史

辐射井产生于 20 世纪 30 年代初期，1934 年在英格兰打成第一眼为市政供水的辐射井。半个多世纪以来，在世界范围内辐射井的研究应用有了很大的发展。美国在 20 世纪 30 年代就引进辐射井技术，经过几十年的努力，辐射井的成井技术和渗流理论研究方面都取得长足的进展。在水平孔的掘进和辐射管的敷设等方面都居世界领先地位。日本是世界研究应用辐射井最早国家之一，辐射井的渗流研究和施工技术等均有重要突破，在地下水开发利用中发挥了巨大的作用。国外的辐射井尺寸大，成井工艺复杂、费用昂贵，并且只能在粗颗粒含水层中成井，辐射井只是在城市供水和工业用水方面得到广泛应用。

我国的辐射井研究与应用起步较晚，20 世纪 60 年代以前仅在铁路、城建方面有所尝试。70 年代有了较快的发展，陕西省在黄土塬区打成了许多眼辐射井，出水量比当地普通管井高出几倍，取得显著的经济效益，但是这种辐射井只适合于黄土和裂隙黏土含水层成孔。进入 80 年代，中国水利水电科学研究院开始针对农田灌溉排水的辐射井技术进行研究，经过多年努力，研究出适合我国国情的辐射井，并在农田灌溉排水、城镇供水、工民建基坑降水得到应用。

5.3.5 几种典型辐射井

国内外有代表性的辐射井技术有：以美国的威廉姆-卡尔为代表的欧美式辐射井、以日本清水钻井公司为代表的日本式辐射井、我国西北水科所和西安勘测设计队研究的黄土高原型辐射井和中国水利水电科学研究院研究的水科院型辐射井。现将这四种类型辐射井结构和技术，列于表 5.12 中。

表 5.12　典型辐射井比较表

项目		欧美式	日本式	黄土高原型	水科院型
集水井	井径/m	5.0～6.0	5.0～6.0	2.5～3.0	2.9～3.0
	厚度/m	0.50	0.50	0.15	0.15～0.20
	成井深度/m	15	15	＞50	40
	施工方法	机械冲抓沉井	机械冲抓沉井	人工倒挂壁挖；冲抓成孔、漂浮下管	反循环钻孔漂浮下管
水平辐射管	滤水管材料	8″合金钢管	3″合金钢管	土孔	ϕ89～ϕ127 钢管 ϕ60～ϕ78 波纹管
	水平钻机	两台各 150t 的水平推力千斤顶	一台 40t 油缸	电动旋转高压水冲人力推进	液压马达旋转双油缸推拉高压水冲洗
	水平钻机	8″合金钢管	3″合金钢管	电动旋转高压水冲人力推进	直接顶进法 套管钻进法
	施工方法	直接顶进，钻头前端水砂通过排砂管排出	直接顶进	旋转刮土、高压水冲土、人力推进	直接顶进法 套管钻进法
	打进长度	最长 90m 一般 30～40m	20m（前 10m 不带眼）	土孔最长 120m	钢管滤水管 30m 波纹管 50～70m
适用地层		粗砂、砾石、卵石		黄土裂隙黏土	粉砂、细、中、粗砂、卵石和泥层
造价		昂贵	昂贵	很低	较低
应用范围		供水	供水	农田供水	农田排灌、城镇供水、基坑降水和尾矿坝降低浸润线

从表 5.12 中可以看出，中国水科院型辐射井成井深度较深，适用于各类含水层成井，造价低，成井速度快，更适合我国实际。黄土高原型辐射井仅适用于黄土含水层。欧美和

日本的辐射井，施工技术复杂，成井深度浅，在粉砂含水层不能成井，投资昂贵。

5.3.6 中国辐射井技术

中国辐射井是1980年开始研究的，1984年底研究成果经过技术鉴定，1985年后开始应用，1992年获国家发明专利。在充分了解国外辐射井技术的基础上，吸收其先进部分，改进其不合理部分，目的是要研究出一种出水量大，施工简单，成本低，能为我国城镇供水和农田灌溉排水用得起的辐射井来。经过近30年的研究和应用，一种适合于我国城镇供水、农田灌溉排水和基础降水的辐射井技术已趋于成熟，它以成井深度深、适用地层广、成井速度快、成本较低等几个方面领先于国内外的辐射井。

该辐射井技术竖井井管为外径2.9～3.0m、内径2.6m的钢筋混凝土管，竖井施工用钻机成孔，漂浮法下管成井，细颗粒含水层中水平辐射管采用柔性的塑料波纹管代替钢管，也大大降低了成井费用，并研制成功竖井和水平辐射管施工的钻机。同时，针对粉细砂含水层普通管井成井难的特点，着手研究辐射井在这类地区成井工艺和应用问题，取得了突破性的进展，“粉细砂含水层打辐射井”的成井工艺通过国家技术鉴定，为开发利用弱透水含水层地区地下水资源提供了新的途径，把我国辐射井的研究和应用向前推进了一大步。

“九五”期间，又针对辐射井应用中的一些关键性技术进行研究，在适用于各种含水层的水平辐射滤水管的选型、大井深、高水头条件下辐射井钻井技术和水平辐射管敷设方面取得了突破，使辐射井技术更加完善。中国水科院辐射井除具有一般辐射井的特点外，还具有以下特点：

（1）井体积小、井壁薄。竖井井管为内径2.6m、外径2.9～3.0m的钢筋混凝土管，井管是事先预制的。国外的辐射井竖井井管为内径5.0～6.0m、壁厚0.5m的钢筋混凝土管，井管用材量大大减少。

（2）井深较深、施工速度快。由于竖井体积小，可以用钻机成孔，漂浮法下管成井，解决了用沉井法成井需要重量重的井管才能克服土的摩阻力，使井管下沉的难题，这也是沉井法成井不深的原因，最深只达15m左右，并且井管必须现浇，这样施工速度缓慢。我们的辐射井深度可达40m以上，成井时间一般为10d左右。

（3）适用地层和范围广。国外辐射井，至今没有解决在极细颗粒的粉砂含水层中打水平孔的难题。中国水科院辐射井研究出一种管滤结合的塑料波纹滤水管，或塑料波纹管与刚性滤水管结合的双滤水管，解决了高水头粉砂含水层成井的难题。同样，采用刚性滤水管解决了在中粗砂层、砂砾石层、卵石层成井问题。可以说辐射井可在各类松散含水层成井，再加上竖井深度可达40m以上，这就使得辐射井更适用于城镇供水和农田灌溉排水、井渠结合井灌井排、城市供水和基础工程降水等各种目的的地下水开发和利用。

（4）出水量大。由于我们的辐射井可以打深，能有效地开发较深部含水层的地下水，可以获得更大的水量。

（5）投资低。成井的用材少、设备少、施工速度快，出水量大，故成本低。

（6）辐射井竖井与水平辐射管的施工设备均为中国水科院自行研制或改造。竖井钻机为大口径反循环工程钻机，目前我们施工的最大口径为5.7m。水平辐射管是用具有扭力、推力、拉力和水冲力的全液压水平钻机完成的。

5.3.7 辐射井设计

5.3.7.1 集水井设计

井径：辐射井集水井的主要用途是在施工水平辐射管的场所，在成井后用来汇集由水平辐射管进来的地下水，安装抽水设备将水排至井外的场所。因此，集水井直径的大小主要取决于施工水平辐射管的设备大小和井下施工的要求，与出水量大小关系不大。

井深：集水井深度视含水层的埋藏条件和辐射井施工技术而定。根据水文地质条件，集水井的深度越深，含水层透水性越好，水量越大。也就是说，欲想得到较大的水量，井需要有一定的深度，深度越深，开采水量越大。集水井的施工采用反循环机械钻进成孔、漂浮法下管成井的施工工艺，井深可达数十米，但由于目前辐射井的技术水平，还不能在很深的竖井中施工水平辐射管，按目前的施工水平井深可达 40m。

根据试点流域水文地质条件，含水层岩性较颗粒较粗，地下水位较高，井深设计控制在 40m 以内，以井底座于相对隔水的第三系弱透水层为宜。

井管：集水井井管材料选用钢筋混凝土，一般设计壁厚 0.15～0.20m，可根据设计井深和土压力、地下水埋深等条件进行内力计算，求得壁厚和配筋。

5.3.7.2 水平辐射管设计

水管选择：辐射井水平辐射管在松散含水层中要放入滤水管，目前应用的滤水管，因地层不同，主要有两种：刚性滤水管和柔性滤水管。刚性滤水管主要有钢管、混凝土管、竹管和其他管材，管径一般为 ϕ50～ϕ250，孔隙率要大于地层的渗透率，常用圆孔和条形孔。适用于强透水地层，如中、粗砂、砂砾石、卵砾石地层。柔性滤水管由中国水科院研制，为双螺纹波纹 PVC（或 PE）管，外径有 ϕ63 和 ϕ75 两种，壁厚 0.8～1.1mm，在波纹管波谷打有矩形孔眼，孔隙率 1.4%，通常波纹管的波谷中缠有丙纶丝作为反滤料；适用于细砂、粉细砂、粉砂、粉土、亚黏土、黏土、淤泥土等弱透水性地层。同时，还研究出刚性滤水管和柔性滤水管相结合的双滤水管，以解决高水头细颗粒含水层辐射管成井问题。

根据试点流域水文地质条件，采用顶进法施工，滤水管材料设计选用双滤水管，即外为带圆眼的钢管滤水管，内插包有尼龙滤网的波纹滤水管。钢滤水管管径 ϕ89～ϕ108，波纹滤水管管径 ϕ63～ϕ75。

滤水管滤水效果与钢管的孔眼大小及孔隙率，内插 PE 管的外包滤网大小及其孔隙率密切相关。选择合适，即能减少顶进阻力，增加滤水管的顶进长度，又能使水平集水管的周围很快形成自然反滤层，使含水层的水通畅地汇集到水平集水管内，增加辐射井出水量。否则，辐射井的出水量成倍减少，或者长时间排出浑水，排出大量泥沙。滤水管要求的标准是顶进过程中排砂量最好，停止顶进后滤水管排水很快达到水清砂净。这个标准的掌握只能在现场试验。即使同一种含水层，由于密实度不同，水头压力不同，滤水方式也有很大差别。从已有的辐射井来看，设计宜采用钢滤水管孔眼为 ϕ8～ϕ10，孔隙率 5%～15%，波纹滤水管外包滤网的目数采用 20～40 目。可选用套管钻进法施工，滤水管材料选择 ϕ63 或 ϕ75 的 PE（PVC）双螺纹波纹管，外套尼龙网套作为反滤料，原理与上面介绍的一样，外套尼龙网套的目数宜选用 20～40 目。

辐射管层次、根数、长度：水平辐射管层次和根数以含水层厚度为原则，水平辐射管长度以技术能力为原则，力求越长越好，充分地开发含水层水量。

从我国已建成的辐射井来看，每眼辐射井水平辐射管布置 6～8 层，每层 6～8 根，每根辐射管长度 5～15m，单井涌水量可超过 250m^3/h。根据现有的施工经验，由于石佛寺水库区域水文地质条件较好，含水层较厚、补给条件优越，故一般要设计多层辐射管取水，辐射管沿井管周圈布置，每层 6～8 根。对常年蓄水区域，辐射管最下面一层宜距离井底 1.0～2.0m，向上每隔 5.0～10.0m 布置一层，布置层次根据要求出水量和水文地质条件确定。如果井深范围内有弱透水层，必须在每个含水层中均布置水平管，实现分层取水。

5.3.8 出水量计算

辐射井的水平集水管呈辐射状分布，辐射井的渗流运动与普通井完全不同，根据辐射井取水时含水层释水补给方式，辐射状的集水过程大致可分为两个阶段：第一阶段以上以释水为主，抽水初期，在集水管控制范围内的含水层中的水，在水头差的作用下，从上到下，再由两侧进入集水管。第二阶段以侧向补给为主。降落漏斗形成以后，水量主要来自集水管控制范围外的含水层。水从四周流向中心，再由各个方向汇入集水管。因此，辐射井的渗流运动是典型的多孔介质中的三维运动。多孔介质中的渗流运动是遵循质量守恒和能量守恒的基本原理。由此而得的椭圆方程（稳定问题）和抛物线方程（非稳定问题），可描述多孔介质中的渗流运动基本规律。在通常情况下，三维的空间渗流运动的求解是非常困难的，但在某些条件下，可将三维空间的三维问题简化为平面问题来处理，对于一些简单的边界条件，用数学分析方法可以得到圆满的结果。

到目前为止，国内外已经提出很多计算方法和公式，大体可归纳为以下几种类型：①建立在一元流和经验系数上的水力学计算方法；②简化为二维径向运动，建立在裘布依理论基础上的等效大口井公式；③采用排水计算理论的渗水管法计算出水量公式；④从三维出发，用稳定源汇势叠加原理推求的理论、半理论公式；⑤非稳定源汇势叠加原理推求三维非稳定渗流解析解；⑥数值模拟法求解三维非稳定渗流计算。

国内外的学者对辐射井出水量的研究做了大量的工作，取得了一定的成果，从现有的资料看，关于辐射井涌水量的计算公式已有二十多个，大致可分为两类：一是经验公式，二是半理论半经验公式。根据目前的施工情况和当地的条件，在设计中可选择经验公式中的“等效大口井法”计算辐射井涌水量。

潜水完整井：

$$Q=\frac{1.366KS_0(2H-S_0)}{\lg\dfrac{R}{r_f}}$$

式中　Q——辐射井出水量，m^3/d；

K——渗透系数，m/d；

S_0——水位降深，m；

H——含水层厚度，m；

R——辐射井影响半径，m，按经验公式计算，$R=10S_0\sqrt{K}+L$；

r_f——等效大口井半径，m，当水平辐射管等长度时 $r_f=0.25^{\frac{1}{n}}L$，当水平辐射管不

等长度时 $r_f=\frac{2\sum L}{3n}$；

n——水平辐射管根数；

L——单根水平辐射管长度，m。

潜水非完整井：

$$Q=\frac{2\pi KS_0r_f}{\frac{\pi}{2}+2\arcsin\frac{r_f}{m+\sqrt{m^2+r_f^2}}+0.515\frac{r_f}{m}\lg\frac{R}{4H}}$$

式中 m——水平辐射管距不透水顶部的距离，m；

其余符号意义同前。

当 $\frac{r_f}{m}\leqslant\frac{1}{2}$ 时，可简化为

$$Q=\frac{2\pi KS_0r_f}{\frac{\pi}{2}+\frac{r_f}{m}\left(1+1.185\lg\frac{R}{4H}\right)}$$

式中 各项符号意义同前。

集取地下水的辐射井涌水量计算：

当辐射井远离水体或河流，主要集取地下水时潜水辐射井涌水量 Q 的计算公式为

$$Q=\alpha qn$$

式中 n——辐射管的根数；

q——单根辐射管的涌水量；

α——辐射管涌水量干扰系数。

q 按下述两式计算：

当辐射管的位置 h_r 小于大井中的动水位高度 h_0 时：

$$q=\frac{1.366K(H^2-h_0^2)}{\lg\frac{R}{0.75L}}$$

当 $h_r>h_0$ 时：

$$q=\frac{1.366K(H^2-h_0^2)}{\lg\frac{R}{0.25L}}$$

在辐射管根数较少时，α 的经验数一般为 0.6～0.7。

集取河床渗透水的辐射井涌水量计算：

当大口井布置在岸边，辐射管位于河床下时，辐射井涌水量 Q 按下式计算：

$$Q=\alpha qn$$

单根辐射管涌水量 q 按下式计算：

$$q=\frac{KSL}{0.37\lg N_0}$$

$$N_0=\frac{4Mh_r'L}{b(M-h_r')(\sqrt{L^2+16h_r'^2}+L)}\cdot\frac{\sqrt{L^2+16(M-h_r')^2}+L}{\sqrt{L^2+16M^2}+L}$$

$$b=0.6125d$$

式中　d——辐射管的外径；

其余符号意义同前。

单根辐射管的涌水量 q 计算如下。

（1）集取地下水的辐射井涌水量时，单根辐射管的涌水量 q 按辐射管的位置 h_r 小于大井中的动水位高度 h_0 计算：

$$q=\frac{1.366K(H^2-h_0^2)}{\lg\frac{R}{0.75L}}=\frac{1.366\times45\times(20^2-15^2)}{\lg\frac{500}{0.75\times30}}=7933.33(\mathrm{m^3/d})$$

（2）集取河床渗透水的辐射井涌水量时，单根辐射管的涌水量 q 按上述公式计算：

$$N_0=\frac{4Mh_r'L}{b(M-h_r')(\sqrt{L^2+16h_r'^2}+L)}\cdot\frac{\sqrt{L^2+16(M-h_r')^2}+L}{\sqrt{L^2+16M^2}+L}$$

$$=\frac{420\times10\times30}{0.6125\times0.075(20-10)\times(\sqrt{30^2+16\times100}+30)}\cdot\frac{\sqrt{30^2+16\times(20-10)^2}+30}{\sqrt{30^2+16\times20^2}+30}$$

$$=188.95$$

$$q=\frac{KSL}{0.37\lg N_0}=\frac{45\times7\times30}{0.37\lg188.95}=11250(\mathrm{m^3/d})$$

集中布设型辐射井河底型单井涌水量计算：

$$Q=\alpha qn$$

式中　α 取经验数 0.6。

$$Q=\alpha qn=0.6\times11250\times5=33750.0(\mathrm{m^3/d})$$

集中布设型辐射井河岸河底型单井涌水量计算：

$$Q=\alpha qn$$

式中　α 取经验数 0.6。

由此可计算集中布设型辐射井河岸河底型单井涌水量为

$$Q=\alpha qn=0.6\times(11250\times3+7933.33\times2)=29770.0(\mathrm{m^3/d})$$

5.4　地下水取水建筑物的形式

地下水取水建筑物的常见形式见表 5.13。

表 5.13　地下水取水建筑物的常见形式

取水建筑物类型	名称	图　示	结构特点	适用条件
筒井	土井、砖井、石井、大眼井		直径在 0.5m 以上的潜水井，多用砖石衬砌	潜水比较丰富，上层为淡水的地区

续表

取水建筑物类型	名称	图　　示	结构特点	适用条件
沉井	座管井、沉泉井、沉箱	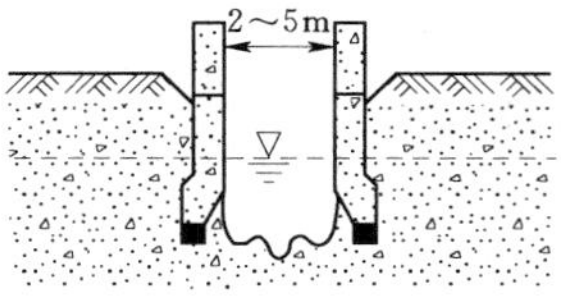 2～5m	一般直径为2～5m，井深6～10m，在自重或加压下，边挖边沉而成的井	含水层埋藏浅，涌水量大，明挖易塌方的砂砾卵石层或严重流砂地区
管井	机井、深井	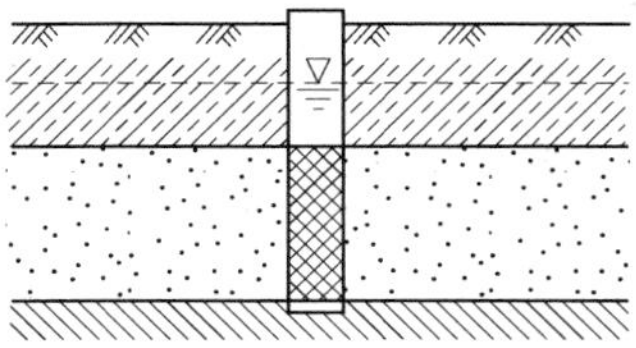	一般直径小于0.5m，用各种管子加固井壁的井	平原或其他地区，可以深潜水和承压水
真空井	对口抽井	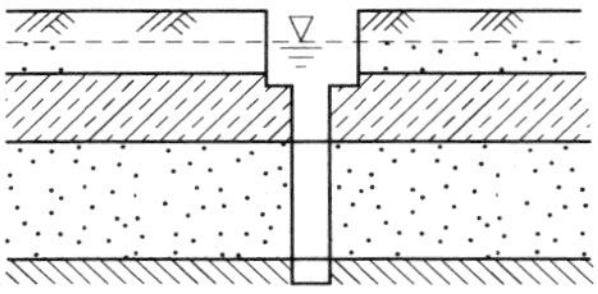	将水泵与进水管和井管密封连接	动水位需在水泵允许吸程以内
下泉井	筒管井、联合井、三吊井、改良井	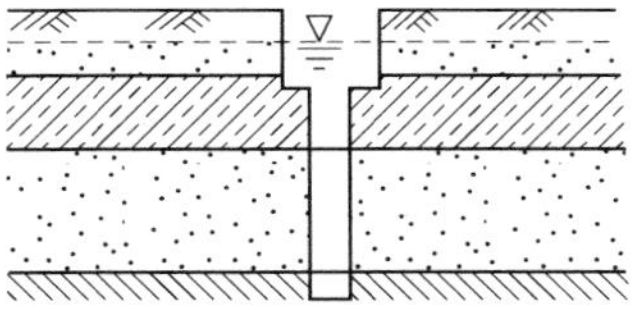	在井筒底部下泉管	潜水贫乏，承压含水层埋藏较浅，水头较高
横管填砾井	横管井、卧管井、辐射井	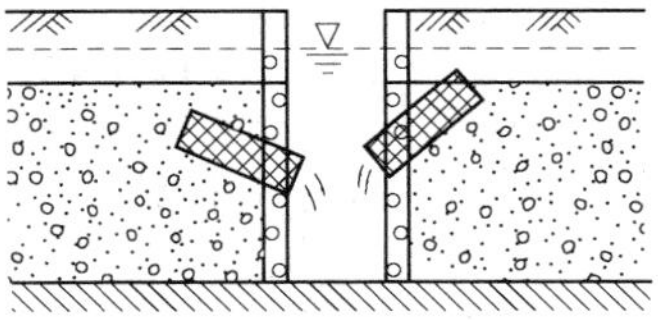	在井筒中向四外打横管，井管外围填砾料	为增大井的出水量时多采用此法
无管井	地下蓄水池、地下水库、大底井	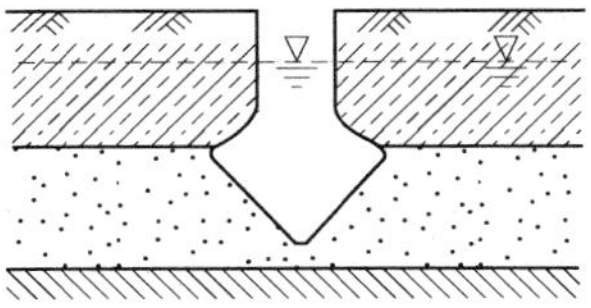	在井筒底部打洞或开巷道	用在潜水不丰富、岩层较牢固的地区
联井	井组、井群、梅花井、连珠井、虹吸联井、子母井	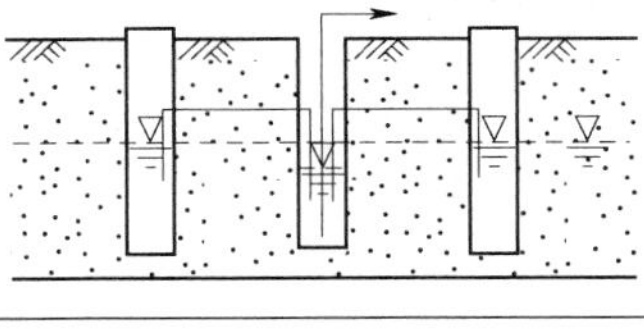	连通用虹吸管连接两个以上的井，抽水机可与虹吸管相连（吸水式）或不连（虹吸式），图为虹吸式	以利用潜水为主的地区
接力井	梯级井、深井带窖	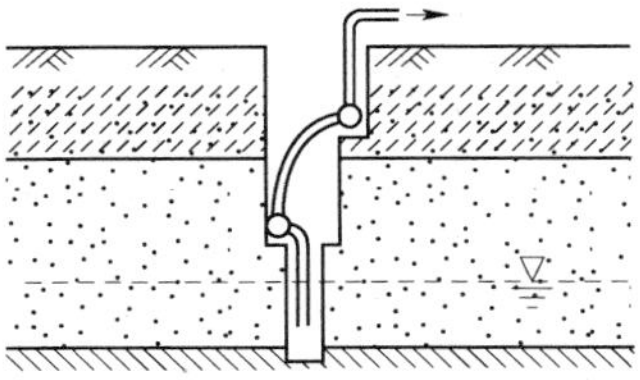	二级以上接力提水的筒井，井旁多有水窖以储水	山区、高原等地下水位较深的地区

续表

取水建筑物类型	名称	图　示	结构特点	适用条件
搬倒井	搬倒塘	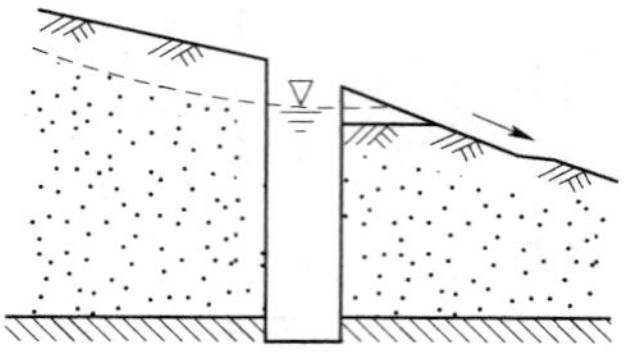	井、塘侧面开口将水引至下游	山区、丘陵地区
斜井		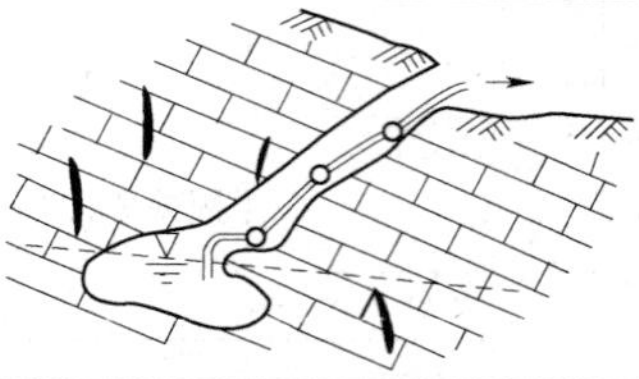		地下水位深，水量较丰富的基岩山区、丘陵区
方塘	泉水湖、大井、水潭、水柜	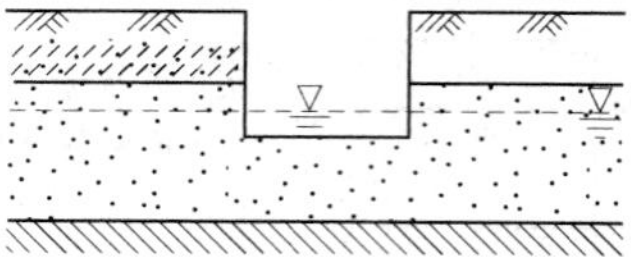	直径数米至数十米的圆形或文武的潜水井（储水塘）	潜水较贫乏而埋藏较浅的地区
坎儿井	串井、水巷	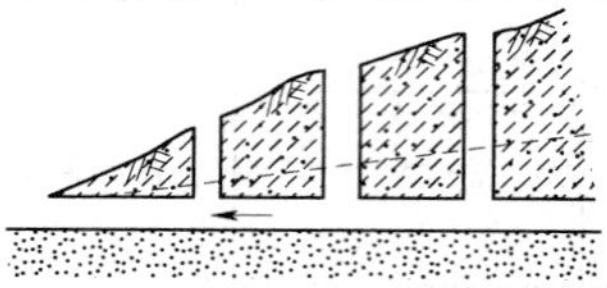	由一系列的筒井和坑道（暗渠）组合而成	地下水坡度较大的洪积扇，水位埋藏在50m以内
透河井		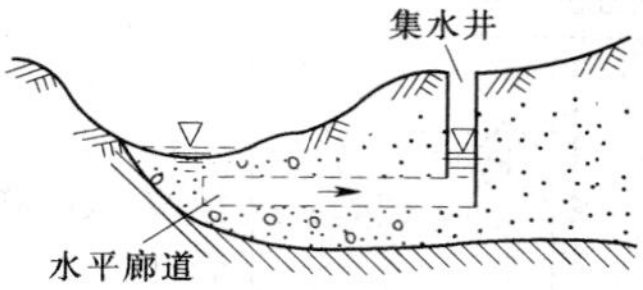 集水井 水平廊道	河床下的水平集水廊道与岸边的集水井联结组成的联合集水建筑	具有一定集水面积的河谷中
通河井		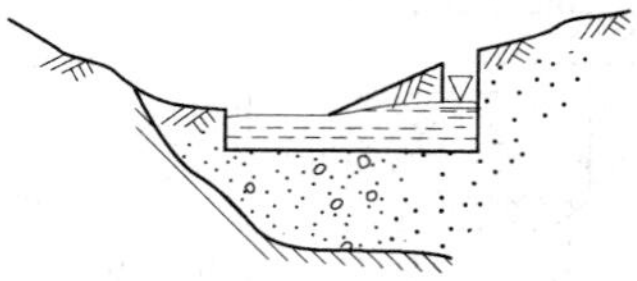	通河明渠与岸边的集水井组成集水系统	具有一定汇水面积、水量较丰富的河谷中
爆破连通井		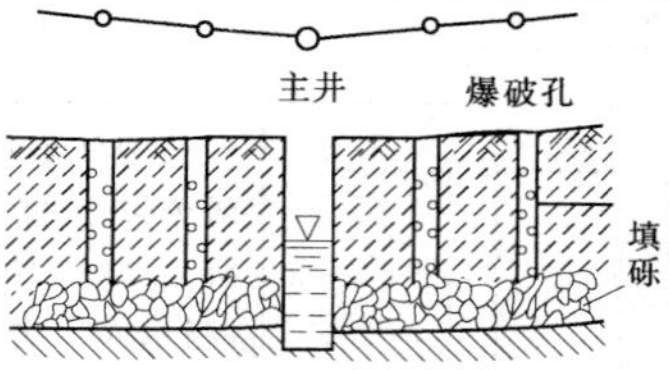 主井 爆破孔 填砾	从主井向四周呈辐射状爆破孔，于一定深度爆破连通，后填砾石而组成的集水系统	透水性、富水性较差的胶结、半胶结的岩层中
水平集水廊道	渗渠	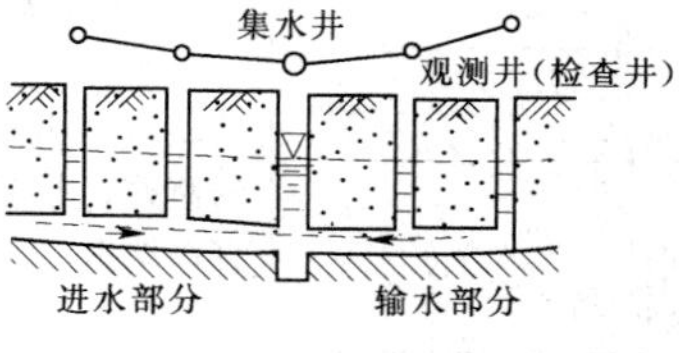 集水井 观测井（检查井） 进水部分 输水部分	由水平集水廊道与观测井、集水井组成的集水系统。可分明沟壕式（渗渠）与坑道式，前者由块石、壕沟、滤水管道或暗渠组成，后者为水平坑道	地下水埋藏较浅，补给条件较好的地区

续表

取水建筑物类型	名称	图示	结构特点	适用条件
截潜流	地下拦河坝	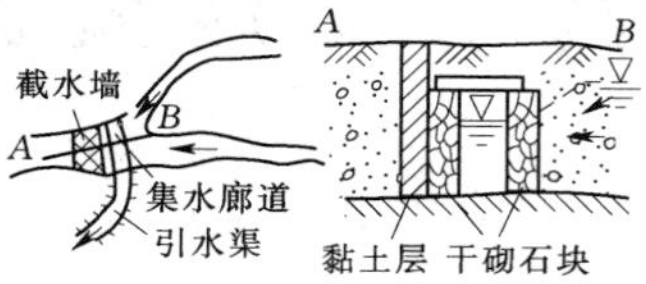 截水墙 A B 集水廊道 引水渠 A B 黏土层 干砌石块	横截河谷修建截水坝，拦截地下水流。据暗坝修建方式分心墙式、反滤式、廊道式和低坝混合式（图为廊道式）	具一定汇水面积的间歇性河谷狭窄地段
引潜	集潜流、漏水道、地垄（滇西地区）	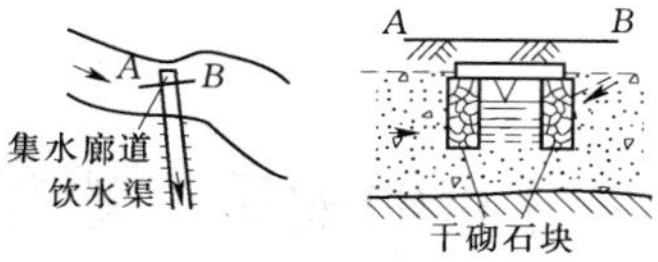 A B 集水廊道 饮水渠 A B 干砌石块	在河床或河岸下修筑地下廊道（或埋设滤水管挖截水沟）汇集地下水，它以没有截水墙区别于截潜工程	具有一定汇水面积的河谷中
引泉	上升泉引泉工程	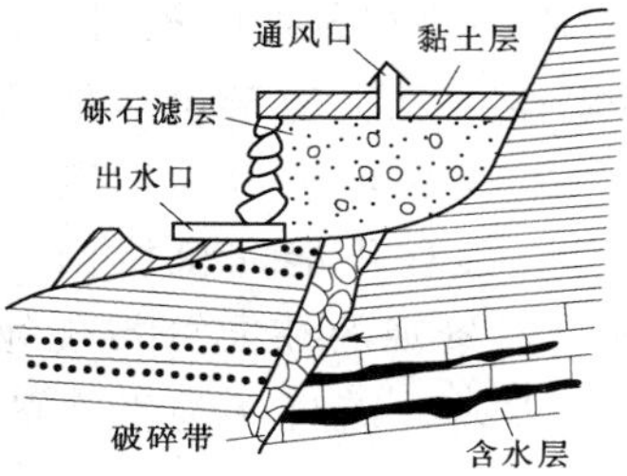 通风口 黏土层 砾石滤层 出水口 破碎带 含水层	在泉口周围筑桩墙或以石块加护坑底和边坡，将泉眼围起，清理后，铺设砾石滤层，其上铺黏土防渗层，并留通风口	有上升泉出露的地区
	下降泉引泉工程	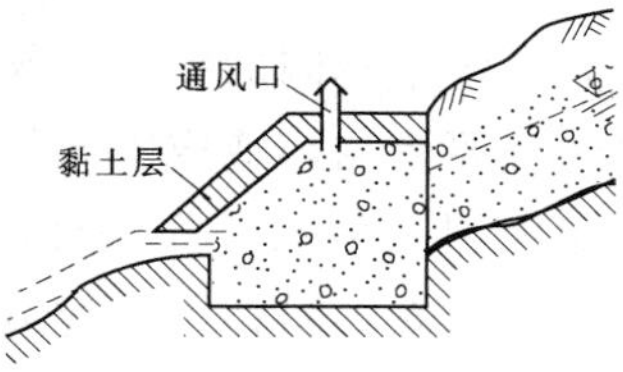 通风口 黏土层	在泉口清理到基岩或不透水层后，铺设块石和反滤层，其上铺黏土防渗层，并留通风口	有下降泉出露的地区

第6章 中国水文地质区划

为了使读者形成全国地下水态势的整体概念，根据陈梦熊、马凤山（2002）整理形成了本章内容。

6.1 中国地下水分布的地质、地理背景

地下水的分布主要受气候条件与地质、地貌条件的控制。地下水最基本的分类，一般划分为潜水和自流水。潜水的分布规律主要决定于自然地理条件，特别是气候、地质地貌和地表径流；而自流水的形成，首先决定于地质构造。由于两者的形成条件不同，因此关于潜水与自流水的区域划分，往往不能完全协调一致。俄国著名学者图克恰耶夫，于19世界末创立了关于各种自然景观的纬向分带规律。之后许多著名的苏联学者又把这一学说推广到地下水的研究方向，而且认为潜水的分布同样具有纬向分带的性质。

中国在亚洲东部占有广大面积，并分布各个不同的纬向气候带：但由于特殊的地理环境与地形条件，特别是山岭与海洋所起的重要影响，造成中国复杂的水文地质条件，使纬向分带现象常与经向分带交错出现。例如中国东部的气候条件，主要受海洋季风的控制，由于大兴安岭、太行山等近南北方向展布的山系，阻挡了季候风的西进，而形成反常的经向分带现象。中国西部的高山，例如天山、祁连山以及整个青藏高原，潜水的纬向分带规律，又显然被各种不同高程所表现的地理景观的垂向分带所控制。

应当指出，中国大地构造所表现的特性，是决定各个地区不同自然地理条件的重要因素之一。例如横亘中部的秦岭东西褶皱带，不论在自然地理条件还是在地层系统方面，均构成中国南北两部的天然分界。中国北部由南北构造形成的贺兰山系，又成为西北半干旱与干旱气候带的天然分界。纬向展布的南岭褶皱山系成为华中与华南地区南温带与亚热带之间的天然分界线，也是长江水系与珠江水系的天然分水岭。东南海岸具有强烈后期运动的加里东褶皱所构成的华夏古陆，其构成方向正与东南海岸线一致，不论在气候条件、水系分布、地形条件还是岩石性质等方面，均形成一独立单元。中国西部主要由喜马拉雅运动强烈隆升所构成的青藏高原，更加突出地形成一独立的自然区域。

以上分析足以说明，不仅中国地质构造的特质与中国自然区域的划分具有密切关系，而且各构造单元往往与自然区域彼此吻合。因此，中国的地下水，包括潜水与自流水，就完全有可能在此基础上进行综合性的区域划分（陈梦熊，1956）。

6.2 地下水区域划分讨论

从水文地质观点，结合自然条件与构造特点，可考虑把中国划分为三个大单元：中国北部地台（中朝地台）、中国南部地台（扬子准地台）和由喜马拉雅褶皱带（喜马拉雅山系）、海西褶皱带（昆仑山系与祁连山系）及其中间地块所组成的青藏高原。

中国北部及南部地台，以东西向展布的地槽相秦岭褶皱山系为界。秦岭以北年降水小于800mm，并自东向西，逐渐由半湿润气候带过渡到半干旱气候带和典型的内陆干旱气候带。河流分别属黄河水系、松辽水系和内流水系。秦岭以南降水突然增加，并逐渐由湿润气候带过渡到十分潮湿的亚热带气候区。河流分别属长江水系与珠江水系。由此可见，中国南北纬向分带现象仍甚显著，虽然地形条件极为复杂，但潜水的分布仍处处受到纬向分带的控制。然而占有广大面积的青藏高原，平均海拔4000m以上，气候干燥寒冷，破坏了纬向分带规律，形成苔原及冰漠，并且在高原四周先是自然景观上垂向分带的特征。因此它与中国东部完全不同，构成一独立的水文地质区域。

中国北部地台的地质背景具有下列各项特点：

（1）古生代地层主要为寒武-奥陶系以碳酸盐岩为主的海相沉积及上古生界海陆交替相盆地沉积，包括煤系地层。

（2）燕山运动在本区占主要地位，并由于许多深大断裂，造成块状构造；燕山期的花岗岩、喷出岩广泛分布，西部地区新构造运动十分强烈。

（3）古老地块多半形成巨大拗陷，如塔里木盆地、准格尔盆地、柴达木盆地等。并常为中新生界盆地堆积所掩盖。

（4）第四纪沉积十分发育，覆盖广大面积，特别如内陆盆地的山前洪冲积层、沙漠风成堆积，黄土高原巨厚的黄土堆积等。东北平原与华北平原均属新华夏系沉降带，分布广大和巨厚的第四季红基层与冲积层，以及海陆交替相堆积。

中国南部地台具有下列各项特点：

（1）自震旦纪至三叠纪均有极厚的以碳酸盐岩类为主的准地槽式的沉积，岩溶十分发育。

（2）印支运动与燕山运动构成本区许多北东-南西方向的复向斜与复背斜，以及许多槽状分布的第三纪盆地。燕山期的花岗岩与喷出岩大片分布于东南沿海地区。

（3）大部地区为丘陵或山地，第四纪沉积主要分布于长江中下游的湖沼平原，如江汉平原、洞庭湖平原、鄱阳湖平原，以及沿海地区的三角洲平原。

综上所述，我国大地构造骨架与气候分带存在密切关系，起到相互影响、相互制约的作用。特别是我国多条主要的巨型纬向构造带，如阴山-天山构造带、秦岭-昆仑构造带以及南岭构造带，与纬向气候分带基本吻合。我国的气候纬向分带，根据气温、降水及潮湿程度等要素，由北向南大致可划分为北温带、中温带、南温带及亚热带。上述三个巨型纬向构造带，正好成为各个气候带的天然分界线，同时也是我国主要水系的分水岭。例如秦岭山系是黄河水系与长江水系的分水岭，又是中朝地台与扬子地台的分界线；南岭构造带是长江水系与珠江水系的分水岭。

北方广大地区由于同时受北北东向的新华夏系构造带与南北向的贺兰山西构造带的影

响，以致自东向西，由半湿润气候带的东部大平原，过渡到半干旱气候带的内蒙古高原与黄土高原；贺兰山系成为半干旱气候带与以沙漠、绿洲景观为象征的干旱气候带的分界线，也是黄河水系与内流水系的天然分水岭。上述三条经向气候带，不仅气候条件不同，地质、地貌条件也存在很大差异。南方广大地区，除青藏高原外，各纬向气候带东西之间气候条件变化不大，但地质条件存在显著差异，成为划分亚区的主要依据。

根据我国气候分带，并结合大地构造与地质、地貌条件，全国共可划分为六个水文地质大区：东部大平原半湿润气候季风带水文地质区；内蒙古高原、陕甘黄土高原半干旱气候草原带水文地质区；西北内陆盆地干旱气候沙漠带水文地质区；华东、华中及西南丘陵山地潮湿气候带水文地质区；东南、华南海洋气候亚热带水文地质区；青藏高原冰漠及高山草原带水文地质区。

中国北方由东向西从半湿润气候带、半干旱气候带过渡到干旱气候带，出现比较明显的经向分带现象，但又与纬向分带互相交错。中国南方除以垂向分带为主的青藏高原外，大致以南岭为界，划分为潮湿气候带与沿海地区的海洋气候带，其受纬向分带的控制十分明显。

6.3 水文地质分区概述

基于水文地质条件，参考地貌特征和气候分区，可将中国划分为 9 个水文地质一级区和 13 个水文地质亚区（表 6.1）。

表 6.1　　中国水文地质分区名称

区号	分区名称	亚区名称
Ⅰ	东北大平原半湿润气候季风带水文地质区	Ⅰ1 松辽平原亚区 Ⅰ2 黄淮海平原亚区
Ⅱ	内蒙古高原、陕甘黄土高原半干旱气候草原带水文地质区	Ⅱ1 内蒙古高原亚区 Ⅱ2 黄土高原亚区
Ⅲ	西北内陆盆地干旱气候沙漠带水文地质区	Ⅲ1 河西走廊亚区 Ⅲ2 准格尔盆地亚区 Ⅲ3 塔里木盆地亚区
Ⅳ	华东、华中及西南丘陵山地潮湿气候带水文地质区	Ⅳ1 华东、华中丘陵山地亚区 Ⅳ2 西南岩溶丘陵山地亚区
Ⅴ	东南、华南海洋气候亚热带水文地质区	Ⅴ1 闽、浙丘陵山地亚区（包括台地亚区） Ⅴ2 粤、琼丘陵山地亚区（包括部分广西）
Ⅵ	青藏高原冰漠及高山草原带水文地质区 含水层	Ⅵ1 冻土高原亚区 Ⅵ2 藏东及藏东南山地峡谷亚区

6.3.1 东部大平原半湿润气候季风带水文地质区

由于地形、地质构造及海洋气候影响，本区呈北北东-南南西方向展布，可划分为松辽平原及黄淮海平原两个亚区。区包括外围相邻的丘陵山区，年降水约 500～800mm，湿度系数 1.13～1.38，南北部显然仍随纬向分带而变化。松辽平原与华北平原构成狭长的中、新生代沉降带，第四纪堆积常厚达数百米。大气降水及山区的地下径流与地表径流为平原地区地下水主要补给来源。由于地球化学作用，表现为潜水水化学的水平分带现象，尤以华北平原最为显著。山前洪积扇带形成巨厚的单层含水层，水质以重碳酸钙型的淡水为主。冲积平原演变为淡水与承压水组成的多层含水层，以重碳酸硫酸盐或重碳酸氯化物水为主。水质复杂，咸淡水交错分布，而滨海地带受海水成因影响，成为高矿化的氯化物水。松辽平原受山区花岗岩分布影响，水质以重碳酸钠型为主。松花江流域由于气温低，蒸发作用弱，潜水位高（1～3m），因而在低地形成大片沼泽。最北部的大兴安岭山地，属亚洲北部整个永久冻结的土带的一部分。潜水动态主要表现为冻结成因类型，埋藏深度一般为1～3m，冻结层的厚度一般为3～8m，呈岛状分布。

辽鲁山地以古老的结晶岩系为主，但有断块状分布的古生代碳酸盐岩构成的自流盆地；而兴安岭区则完全由燕山期花岗岩与喷出岩组成。在河北山地与山西高原，古生代与中生代地层构成燕山期褶皱带，其中奥陶纪石灰岩为本区最主要的含水层。山西高原许多山间断陷盆地，构成巨厚的第四系潜水、承压水含水层盆地，边缘常有岩溶大泉出露。

6.3.2 内蒙古高原、陕甘黄土高原半干旱气候草原带水文地质区

本区为介于东部半湿润气候带与西北干旱气候带之间的过渡带，可划分为内蒙古高原及黄土高原两个亚区。内蒙古高原亚区以大青山为界，又可分为北部以内流水系为主的典型内陆半干旱草原牧区，与南部以呼包平原与银川平原为主的黄河引灌区，包括黄河南岸的毛乌素沙漠。北部水资源较为贫乏，成为缺水草场；其东部牧区水文地质条件较好，而西部牧区严重缺水。南部黄河平原属第四纪断陷盆地，分布巨厚的砂砾石含水层，包括潜水与自流水。因此，黄河平原区，不仅有河水灌溉之利，地下水资源也较丰富。

黄土高原按黄土地貌与地质构造，可分东、西两部分。六盘山以东为陇东地区，属鄂尔多斯地台的一部分，包括陕北、宁南部分地区，黄土台塬分布较广，并普遍分布水位埋藏较深的黄土含水层，降水垂直入渗补给和水平径流排泄，以泉的形式沿塬边沟谷流出为其主要特征。黄土层下出露接近水平的中生代陆相地层，形成以白垩系为主的自流盆地。六盘山以西主要为第三纪堆积形成的陇西盆地，由于上覆黄土层厚达100～300m，被沟谷强烈切割，塬面支离破碎，形成沟豁梁峁地貌，黄土层除局部地区外，基本不含水。下伏第三系以红黏土或粉砂层为主，含盐量很高，直接影响地表水或地下水的水质。河谷盆地冲积层中可找到较好的含水层，但含水层厚度很少超过20m。

广阔的关中平原为一地堑式的断陷盆地，第四纪冲、湖积相堆积很厚，形成地下水十分丰富的自流盆地。兰州西北永登附近的乌鞘岭，以及宁夏近南北向展布的贺兰山脉，是第二大区与第三大区之间的分界线，即有半干旱的草原景观带过渡到典型的干旱沙漠带，两侧自然景观发生明显的变化，水文地质条件同样存在显著的差异。

6.3.3 西北内陆盆地干旱气候沙漠带水文地质区

在地理景观上，主要表现为戈壁、沙漠及干旱草原，成为亚洲沙漠带的一个重要组成部分，气候极端干燥。在地质构造上形成巨大的主要有中、新生界构成的断坳盆地。河流之内流水系为主。盆地四周主要为地槽褶皱带形成的高山，如祁连山、天山、昆仑山等褶皱山系。高山区降水及冰雪融水较为丰富，形成强大的地表径流，流入盆地后成为地下水的主要补给来源。本区地下水普遍具有以下特征。

（1）自山区流入盆地的河流径流量，基本代表全流域的总水资源。

（2）出山河流流经戈壁带，大部分入渗地下成为地下水，又在冲积扇前缘溢出地表，形成泉群，流入绿洲，成为绿洲的主要灌溉水源。

（3）每条河流从上游至下游要流经两三个盆地，地表水、地下水多次重复互相转化。

（4）山前平原自戈壁带（地下水补给带）→绿洲带（地下水溢出带过渡到径流带）→盐土带或沙漠带（蒸发排泄带），水平分带现象十分明显，河流最后流入终端湖。含水层的水量、水质，也呈现明显的水平分带规律。

（5）新构造运动强烈，对盆地结构与地下水起到重要控制作用。

全区按内陆盆地的分布，可划分为四个亚区：河西走廊、准噶尔盆地、塔里木盆地（包括吐鲁番、哈密盆地）和柴达木盆地。近10年来，由于人类活动的影响，特别是在河流上游地段大量修建水库、农业及工业用水大量增加，导致地下水补给减少，泉水衰竭，水位持续下降，下游河流断流，草场退化，植被死亡，湖泊干涸，沙漠扩大，生态环境严重恶化。

6.3.4　华东、华中及西南丘陵山地潮湿气候带水文地质区

本区分别以淮河与秦岭同Ⅰ、Ⅱ大区分界，并以南岭与Ⅴ大区分界，其界限明显地受纬向分带规律的控制。根据地质条件的差异，本区可划分为东、西两个亚区：华东、华中丘陵山地亚区；除丘陵山地外，还分布江汉平原、洞庭湖平原、鄱阳湖平原，以及长江、钱塘江三角洲平原等广大冲、湖积平原；西南岩溶丘陵山地亚区，广泛分布碳酸盐岩，岩溶十分发育，形成暗河水系；云南、贵州等省在地形上形成岩溶平原（川西平原），成为盆地中的盆地。

（1）年降水量1000～2000mm，湿度系数1.4～2.0。

（2）主要属长江水系。

（3）大部地区为山岳或丘陵。

（4）大部属扬子地台范围，褶皱强烈。

在上述条件下，地下水特征主要表现为如下特点。

（1）地下径流大于蒸发量。

（2）地下径流与降水、地下水形成强烈的交替带。

（3）潜水主要属雨水成因类型，潜水埋藏很浅，一般为1～3m，在长江中下游平原，潜水动态常受洪水影响。

（4）东部分布大片酸性侵入岩体，裂隙水发育，地下水以含硅酸高的重碳酸钠水为主，西部石灰岩区岩溶暗河十分发育。

（5）中、小型白垩系盆地广泛分布，常含裂隙、孔隙承压水。

扬子地台东部由于变质岩系与花岗岩体的广泛出露，自流水局限于中新生界盆地及带状分布的以古生代地层为主的褶皱带。在扬子地台西部云贵高原，巨厚的（准地槽式的）以石灰岩为主的古生代及中生代地层构成大复向斜，岩溶水广泛分布，形成暗河水系。广西地台部分以泥盆纪及石炭纪石灰岩为主，贵州高原以三叠纪石灰岩分布最广，云南高原以二叠纪石灰岩为主，岩溶十分发育。第四纪山间盆地为云贵高原的主要特色，不但具有丰富的潜水，并有自流水分布。四川盆地内厚达2000m以上、具有平行褶皱的中生代地

层，构成一独立的水文地质区域，地下水矿化程度随深度而加大，三叠纪地层中常具卤水。整个盆地处于抬升状态，形成剥蚀丘陵。成都平原则为第四纪沉降区，并于山前形成巨大的冲积扇。

6.3.5 东南、华南海洋气候亚热带水文地质区

本区主要特点是气候炎热潮湿，雨量丰沛，年均降水可达2000～4000mm。全区以山地丘陵地形为主，仅沿海地带形成狭长的滨海平原，或在河口形成三角洲。沿海地带潜水以咸水为主，浅层淡承压水为主要含水层。根据地质条件的差异，可划分两个亚区：闽、浙丘陵山地亚区，包括相邻的台湾岛。全区以侏罗纪火山岩系分布最广，裂隙水发育；水系一般源近流短，直接流入海洋，如瓯江、闽江等水系。台湾中央山脉海拔近4000m，垂直分带现象显著。粤、琼丘陵山地亚区，只要包括广东及海南岛。全区属珠江及韩江水系，主要分布古生代地层及大片花岗岩侵入体；除普遍分布裂隙水外，岩溶水也分布较广。琼雷地区主要为海陆相湛江群（N－Q1）构成横跨海峡的自流盆地，上覆第四纪火山熔岩，淡水资源丰富。本区北部近东西方向的南岭山脉，是长江水系与珠江、闽江水系之间的分水岭，成为两个大区之间的天然边界。

6.3.6 青藏高原冰漠及高山草原带水文地质区

本区主要的自然地理景观表现为特有的高山地形与极端干寒的大陆性气候。藏北高原海拔达5000m左右，年降水量小于100mm，河流很短并多闭流。土壤冻结常在8个月以上，可与极地冻土带相比，形成多湖泊与盐碱沼泽的苔原。因此，潜水以沼泽、冻土或冰川成因类型为主。藏南纵谷地带（主要属喜马拉雅褶皱带）因受印度洋季风的影响，雨量增加（400～1000mm）。雅鲁藏布江形成宽坦的河谷，潜水主要分布于冲积层、冰碛层内，但潜水动态随高程变化呈垂向分带现象，河谷上下游即可有很大差异。藏东山地包括滇西的横断山脉，许多重要河流如澜沧江、怒江等均发源于此，形成高山深谷，潜水主要受垂向分带规律控制。根据地质、地貌及气候条件的差异，本区可划分为两个亚区：冻土高原亚区和藏东及藏东南高山峡谷亚区。

第7章　地下水专论

7.1　地　热　水

7.1.1　地热资源主要调查内容

1. 地热田地质

地热田是指地壳中某一范围受共同地质因素所控制的，地温相对较高，具有开发价值的独立地热系统，调查主要包括以下内容。

（1）地热田的地层、构造、岩浆（火山）活动及地热显示、水热蚀变等特点，控制地热田的地质条件，热储、盖层、导水和控热构造的空间展布及其组合关系。

（2）对于受断裂控制的地热田，断裂构造特别是深大断裂常常是控制地热异常分布的主要因素。我国众多的温泉形成，大都与断裂构造有关。一般来说，切穿深度越大、活动越强烈的断裂越有利于形成地热异常，因此需要研究断裂的形态、规模、产状、组合配套关系等特点，查明断裂系统与地热的关系。

（3）对于层控的地热田，应详细划分地层，确定地层时代，区分储层和盖层。着重研究热储结构，热储的岩性、厚度及其分布范围，热储的孔隙、裂隙或岩溶发育情况等影响地热流体储存、运移、富集的地质因素。

（4）对地热田的外围有关地区应进行必要的地质调查和地球物理、地球化学工作。探索地热田的形成、地热流体的补给来源和循环途径。

2. 地温场

地温场是指地球内部空间各点在某一瞬间的温度分布。

研究地热田内的地温、地温梯度及有关物性参数的空间分布及其变化规律，圈定地热异常范围、计算热流密度，推算热储温度，并对地热异常的成因、热储结构特征、控热构造及可能存在的热源做出合理的分析推断。

3. 热储

地热田的热储结构，热储分布面积、岩性与厚度变化、产状、埋深及边界条件，查明热储结构、地热流体的温度、压力、产量及其变化规律及各热储间的关系，测定热储的孔隙率、渗透系数、传导系数、给水度（弹性释水系数）和压缩系数等。

4. 地热流体

（1）地热流体特征，包括地热流体在热储中的相态、温度、地热井排放时的汽水比例、蒸汽干度、流体化学成分和同位素组成。

（2）地热流体的化学成分、同位素组成、有用组分以及有害成分等。

（3）地热流体与大气降水、地表水和常温地下水的关系，地热流体的来源及其补给、储集、运移、排泄条件及地热流体运移过程中可能出现的相变和与冷水混合过程。

（4）高温地热田还应查明地热流体的相态、地热井排放的汽水比例、蒸汽干度、不凝气体成分。

7.1.2 区域浅层地热资源调查

浅层地热能是指地表以下一定深度范围内（一般为恒温带至200m的埋深），温度低于25℃，在当前技术经济条件下，具备开发利用价值的地热能。浅层地热能是地热资源的一部分，是赋存于地球表层岩土体中的低温地热资源。其分布广泛、资源丰富、温度稳定，是一种很好的替代能源和清洁能源。

1. 调查内容

区域浅层地热资源调查的目的是查明其数量、质量以及分布规律，进行开发利用区划，为浅层地热能可持续利用提供依据。

区域浅层地热资源调查要求基本查明以下内容。

（1）区域地热地质、水文地质、工程地质条件。

（2）含水层结构、厚度、埋藏条件、地下水水位、水量、水质情况及其动态变化等。

（3）地温分布、水温分布及其动态，确定恒温带的温度和深度、大地热流值；在冻土地区，确定冻土层厚度。

（4）岩土体的热导率、比热容等热物理参数。

（5）包气带岩土体结构、岩土体的孔隙率（裂隙率）、含水量、密度等物理力学参数。

（6）未进行回灌试验的空白地区，应选择代表性地段进行回灌试验，初步评价含水层的回灌能力并求取渗透系数。

（7）浅层地热能的热来源和热成因机制，地下水水热的补给、运移、排泄条件，包气带地热能的补给、运移和排泄条件。

2. 调查方法

（1）地温调查与试验。

1）地温调查采用槽探、坑探或钻探等手段进行，应边施工边测量地温，并按相关标准布点进行岩土体描述和取样测试，并同时测试岩土体的热物理参数。在岩土体取样位置必须测量地温，其他位置可视情况加密测点，使测量间距大致均匀。

2）地温试验点应选择在原有的包气带水分运移试验场，岩性及结构在区域上应具代表性和完备性；地温监测频率应与土壤含水量、土壤水势、气温等项目的一致。并坚持长期监测。

3）如果没有合适的包气带水分运移试验场，则应选择若干代表性地段建立简易的地温试验点。试验项目应包括地温、土壤含水量、土壤水势和气温等，监测时间应在一个水文年以上。

（2）回灌试验。

1）回灌试验应准确测定回灌井的回灌量、压力（水位）随时间的变化、回灌影响范围及影响区内地下水温度、压力（水位）和化学组分变化等，为确定合理回灌方案提供依据。

2）浅层地热能的回灌应为同层回灌，回灌试验分为单井回灌试验、对井回灌试验和群井生产性回灌试验。一般宜采用单井回灌试验，有条件的地区也可进行对井回灌试验。回灌时间不少于 4 个月（不含恢复观测时间）。

3）按回灌方式可分为真空回灌、自流回灌和加压回灌 3 种类型。一般采用自流回灌方式进行。

4）回灌试验应布设一定数量的观测井，试验前应实测回灌井和观测井的地下水温度、压力（水位）及化学组分。试验期间（包括回灌期间及恢复期间）应定期监测其变化，并分析这些变化与灌（采）量变化的关系，直至相对稳定。

（3）原位热传导试验。

1）是指采用人工冷（热）源对岩土体的热传导性能进行探测的一种试验。

2）其分为单孔热传导试验和群孔热传导试验。群孔热传导试验一般由一个主孔和一个以上的观测孔组成的。

3）试验应实测冷（热）源和观测孔的温度、压力（水位）或流量等变化，确定不同温度不同压力（或流量）的冷（热）源的影响范围及影响区内的温度、压力（水位）或流量的变化。

4）输入的冷（热）量应大到足以在观测孔中观测到温度、压力（水位）或流量等的变化，且试验时间不少于 30 日或直至温度、压力（水位）变化相对稳定。

5）探求冷（热）源的温度、冷（热）量与影响范围，以及影响区内的温度、压力（水位）或流量变化的关系，并采用数值法或解析法计算热导率或热扩散率。推荐采用数值法再现原位热传导试验过程。

7.2　矿　泉　水

7.2.1　天然矿泉水资源调查内容

天然矿泉水（包括饮用矿泉水和医疗矿泉水）是从地下深处自然涌出的或人工揭露的、未受污染的地下矿水，含有一定量的矿物盐、微量元素或二氧化碳气体；在通常情况下，其化学成分、流量水温等动态在天然波动范围内相对稳定。对矿泉水资源调查应包括以下内容。

1. 地质

（1）从地层、地质构造活动、地表及岩心观察到的近代地下流体引起的蚀变、沉淀析出物，研究其与水源地在空间位置上的联系。

（2）从岩石化学成分、矿物成分研究其与矿泉水组分间可能存在的联系。

（3）调查构造断裂-裂隙系统，基岩风化裂隙系统在平面和深部的延伸、分布，及其对水源地富水性的影响。

2. 水文地质

（1）调查矿泉水系统形成的区域水文地质条件，主要包括以下内容。

1）矿泉水补给范围的确定。

2）含水层、隔水层的划分，每层在平面和垂向的分布、组合特征。

3）矿泉水出水段部位（指矿泉水在基岩中上升流动的主要构造断裂带位置）的确定，

必要时辅以物探（电法、重力、磁法、地温测量、射气测量等）确定矿泉水的含水层位。

4）区域内矿泉水、地下水和地表水体的分布关系，水质特征和成因联系。

5）区域内可能的污染源及卫生保护区的评价和圈定，侧重调查通过矿泉水的补给区可能引起的污染问题。

6）采矿、隧道开挖、水利等工程活动对矿泉水水质、水量可能产生的影响。

7）对可能提供第二期开发的水源地远景区，在不投入专门工作量的前提下，进行预测和初步评价。

(2) 水源地调查。要求对水源地汇水范围进行比例尺 1：25000～1：5000 的综合水文地质测绘，必要时辅以钻探和坑探工作。查明矿泉水出露地的水文地质结构和卫生防护条件，并对可能的污染源、必需的卫生防护区做出评价。

(3) 水动力学试验。对适于井采的矿泉水水源地，应进行钻孔抽水试验，计算矿泉水含水岩层的渗透性等参数，确定井（孔）涌水量，并研究长期开采后出现越流补给影响矿泉水水质的可能性。

(4) 矿泉水动态观测。对泉（孔）及其周围地表水体，应布置动态观测点，观测矿泉水的水质、水量、水位、水温动态，确定其在枯、丰、平水期的动态特征，分析各类水体与矿泉水之间的联系。

(5) 水文地热工作。对水温大于 34℃ 的医疗矿泉水水源地，可参考《地热资源地质勘查规范》（GB/T 11615—2010）有关要求编制等温线图，进行温度测井，计算地温梯度，确定温度异常，用水化学温标估算储层温度和热矿泉水循环深度。

3. 矿泉水水质

(1) 研究矿泉水常量化学组分、微量化学组分及其变化；查明矿泉水水化学成分与流量、温度变化的关系；对锶含量在 0.2～0.4mg/L，偏硅酸含量在 25～30mg/L，且温度低于 20℃ 的饮用矿泉水，还须应用同位素方法测定矿泉水年龄。

(2) 对碳酸泉和医疗矿泉水，应测定水中溶解气体和逸出气体的组分和数量，研究水源地的原生环境（氧化作用、还原作用、变质作用）及气体的成因。

(3) 测定矿泉水的限量组分、污染组分、有机物组分和微生物含量，查明其与水文地质条件之间的关系。

(4) 测定放射性元素及其含量，查明其与水文地质条件之间的关系。

4. 矿泉水开发技术条件

(1) 利用钻井开采时应在查明含水层结构的条件下，提出合理的井孔结构、成井工艺、井口及含水层顶底板水质卫生防护措施，查明相邻地段已有开采井群对矿泉水开采的影响。

(2) 直接从泉口引用矿泉水的情况下，应着重查明泉口的卫生防护条件及取水条件、浅层地下水对矿泉水系统的污染范围或地段。

(3) 设立水源井专门档案，内容包括有关地层、井身结构、钻进、固井、洗井、修井等技术性资料记录，以及有关开采量、水化学和卫生学等定期监测分析结果。

7.2.2 天然矿泉水资源调查方法

1. 地质-水文地质调查

(1) 地质水文地质调查范围应包括矿泉水的补给区或卫生保护区。野外调查所用的地质地形底图比例尺不小于1∶10000。

（2）地质-水文地质调查，应详细查明以下内容。

1）水源地地层时代、岩性特征，地质构造、岩浆活动及其矿泉水形成的地质条件。

2）矿泉水赋存条件、含水层岩性和富水性、分布范围、埋藏深度及水源地卫生防护条件。

3）矿泉水的水化学特征和微生物指标。

4）矿泉水运动状态和动态特征。

5）矿泉水允许开采量及其保证程度。

2. 地球物理调查

（1）对埋藏型矿泉水，可针对主要含矿泉水的断裂构造或含水层进行地球物理调查，确定断裂构造的宽度、产状、含水层的埋藏深度与分布等。

（2）地球物理调查比例尺应与地质-水文地质调查比例尺一致；对所获资料，应结合地质-水文地质条件进行分析，提出综合解译成果，作为矿泉水勘探与布置开采水源井的依据。

3. 水文地质钻探与试验

（1）水文地质钻探。

1）钻孔口径。松散层中的勘探孔，口径不小于175mm；基岩中的勘探孔最小终孔口径不应小于110mm；勘探开采井，以能下人取水设备为原则。

2）钻孔深度。应以矿泉水含水层埋深为依据，覆盖层中宜建立完整井，以穿过含水层10～20m为宜；基岩中穿过主要富水段，延深深度应不小于10m。

3）对含矿泉水的层位或地段的顶底板必须严格止水。

4）必须采用清水钻进。严禁采用化学物质堵漏。

5）详细进行钻孔地质编录，应特别注意对裂隙发育程度、裂隙面性质，构造破碎带发育程度的观测和记录。

6）详细记录钻进中的涌水、漏水、逸气等现象的起止时间、井深、层位。

7）对埋藏型矿泉水，应进行综合物探测井，准确确定含水层层位、深度及其物性参数。

（2）钻孔抽水试验。

1）对只适于单井开采的地区，应进行单井抽水试验；适于井群开采的地区，则应依据具体情况进行多孔或带观测孔的抽水试验。

2）抽水试验地段，应以矿泉水含水层为目的层。当有多个含水层时，宜选择富水性最好、水质最佳的井段作为抽水试验段。当含水层水量小而又不易分层或分段时，可作为一个试验段进行混合抽水。

3）抽水试验应进行3次降深，确定涌水量与降深的关系和回归方程曲线，计算试验井（孔）在保证水质达标成分稳定条件下的出水能力。各次降深间距不小于1m。

4）抽水试验的延续时间，在水量丰富的地区，当抽水水位和水量易稳定时，稳定延续时间可选用24h。在水源补给条件较差而水位、水量又不易稳定时，稳定延续时间可选用48h或更多。群孔抽水试验，应结合开采方案进行，抽水稳定延续时间不少于96h。

5）抽水试验过程中，应连续多次采取水样，测定水中达标成分的含量变化。

4. 样品测试

（1）水样。

1）饮用矿泉水检验项目见《饮用天然矿泉水》（GB 8537—2008）中4.1～4.5条的感官要求、理化要求的界限指标、限量指标和污染物指标；医疗矿泉水检验项目见有关标准。

2）样品采集和保存见《饮用天然矿泉水》（GB 8537—2008）。

3）检验方法见《饮用天然矿泉水检验方法》（GB 8538—2008）。

（2）气样。

1）凡有逸出气体的井、泉均应采集气体样品。

2）分析项目包括 H_2S、O_2、CO_2、CO、N_2、NH_3、CH_4 及 Rn 射气。

3）样品采集和保存见《饮用天然矿泉水》（GB 8537—2008）。

（3）同位素样。

1）按研究矿泉水的成因、年龄、补给来源等实际需要采集样品。

2）分析项目按实际需要和水质情况确定，包括稳定同位素（^{18}O、^{34}S、^{2}H）和放射性同位素（^{3}H、^{14}C）。

5. 动态观测

（1）应及早建立泉（井）动态监测点（网），掌握矿泉水天然动态。对已开发的泉（井）应在已有观测点（网）的基础上继续进行监测，了解开采动态变化规律。

（2）观测内容和要求：水位（压力）、流量、温度可每月观测2～3次，连续观测一个水文年以上。

（3）应及时分析和整理观测资料，编制年鉴或存入数据库，绘制动态变化综合曲线图。

7.2.3　天然矿泉水资源评价与环境保护

1. 储量计算一般原则

（1）矿泉水储量计算，一般只计算允许开采量。

（2）储量计算应根据矿泉水形成的地质、水文地质条件、水动力特征及水质类型，选择合理的计算方法和各项参数，建立数学模型，提高计算精度。

（3）对于碳酸类型矿泉水的储量计算，在勘探阶段必须考虑伴生气体（游离 CO_2）的流量。

（4）储量计算应以水质稳定为前提并满足综合评价的要求。

2. 储量计算参数要求

（1）含水层体积的确定。①含水层的分布面积由水源地水文地质图上圈定，一般依据含水岩层分布范围确定；②含水层厚度由水源地控制性钻孔揭露的地层柱状图上确定。

（2）含水层特性参数。包括导水系数 T、压力传导系数 a、给水系数 μ、释水系数 μ_θ、越流系数 K/M 等，依据钻孔抽水试验资料选用相应的计算公式计算确定。

3. 允许开采量计算

（1）对于泉水，可依据泉水动态连续观测资料，按泉水流量衰减方程或频率分析推算允许开采量。

(2) 对于单井开采，可利用抽水试验资料，绘制 $Q=f(s)$ 曲线（含指数、对数、幂函数等类型）。依据曲线类型确定水流方程，用内插法计算允许开采量。或依据钻孔的水位、水量长期观测资料，用相关分析方法计算允许开采量。

(3) 对于群井开采，可根据水源地的水文地质边界条件，确定水文地质模型和计算模型，用解析析法或数值法预测允许开采量。

(4) 对于消耗型矿泉水，可计算探明区可利用的矿泵水储存量，按开采规模、开采年限计算允许开采量。

4. 允许开采量评价

(1) 对计算依据的原始数据、计算方法、计算选用的参数，及计算结果的准确性、合理性、可靠性等做出评定。

(2) 根据矿泉水的利用方向、开采技术经济条件，确定在保证水质稳定条件下的允许开采量，预测水源地开采动态的趋势，论证矿泉水允许开采量的保证程度及其级别。

(3) 指出矿泉水开采后的环境地质及资源保护等问题，提出相应的措施及要求。

5. 矿泉水水源地保护

(1) 矿泉水水源地卫生保护区的划分。矿泉水水源地，尤其是天然出露型矿泉水水源地应严格划分卫生保护区。

保护区的划分应结合水源地的地质、水文地质条件，特别是含水层的天然防护能力，矿泉水的类型，以及水源地的卫生、经济等情况，因地制宜合理确定。卫生保护区一般划分为Ⅰ级、Ⅱ级、Ⅲ级。

(2) 各级卫生保护区的卫生保护措施。

1) Ⅰ级保护区（开采区）。①范围包括矿泉水取水点、引水及取水建筑物所在地区。②保护区边界距取水点最少为10～15m。对天然出露型矿泉水以及处于卫生保护性能较差的地质、水文地质条件时，范围可适当的扩大。③范围内严禁无关的工作人员居住或逗留；禁止兴建与矿泉水引水无关的建筑物；消除一切可能导致矿泉水污染的因素及妨碍取水建筑物运行的活动。

2) Ⅱ级保护区（内保护区）。①范围包括水源地的周围地区，即地表水及潜水向矿泉水取水点流动的径流地区。②在矿泉水与潜水具有水力联系且流速很小的情况下，二级保护区界离开引水工程的上游最短距离不小于100m；产于岩溶含水层的矿泉水，二级保护区界距离不小于300m。当有条件确定矿泉水流速时，可考虑以50日的自净化范围界限作为确定二级保护区的依据。亦可用计算方法确定二级保护区的范围。③范围内，禁止设置可导致矿泉水水质、水量、水温改变的引水工程；禁止进行可能引起含水层污染的人类生活及经济-工程活动。

3) Ⅲ级保护区（外保护区）。①范围包括矿泉水资源补给和形成的整个地区。②在此地区内只允许对水源地卫生情况没有危害的经济-工程活动。

7.3 瓶装水

近年，中国和其他亚洲国家的瓶装水市场的强劲增长已确立了其领先地位，虽然美国仍然具有全球最大的国内瓶装水市场，但是这些地区目前成为遥遥领先的最大的区域市场。尽管西欧和北美这一第二大瓶装水市场，已经出现停滞状态，但亚洲/大洋洲的市场仍在增长。到2003年止，雀巢、达能、可口可乐和百事可乐四大公司，获得了全球瓶装水市场较大份额。

在1997—2008年，世界瓶装水市场从900亿L增长到了2180亿L。亚洲/澳大利亚市场的增长超过了4倍。即使是步入衰老期的西欧瓶装水市场也增加了50%，而活跃的北美市场增加了144%。然而，同是这些地区，2007—2008年度的增长模式却截然不同。亚洲澳大利亚市场增长了11%，西欧市场增长为零，而北美市场下降了1%，此期间世界市场增长了5%。

7.3.1 水源建设

1. 泉水

（1）保护。由于泉水在地面排出，因此往往非常容易受到周围的土壤污染。因此，开发泉水的第一步是确保泉水源头不受污染。由于水泉个体有差异，因此没有标准建筑指标，但是必须特别注意：①避免泉水突然堵塞或分流；②将泉水与任何潜在受污染水（如土壤水）分离。

在某些情况下，不可能防止所有浅水混入泉水流，因此有必要封锁可能有浅水影响泉水的区域，并严格控制该区域潜在污染活动。为了避免浑浊，泉水箱通常配备一个由洗净分级砾石沙子构成的过滤器，并带有沉淀罐及冲洗管道。为防止污染，应当直接从泉水头接管道到用水点；然而，必须包括一个带排水取水点的水质检测采样点，以供将来使用。

（2）产水量。由于泉水是自然形成的，如果不钻井孔，难以增加产水量。在同一区域出现几处泉水情况下，有可能通过引导将所有泉水流收集到同一水室，或通过筑沟渠使泉水流回水位。由于水流通常不能增加，因此需要正确测量自然水流，以便于确定可获得产水量，及每年变异性。

（3）可变性。深源泉可有相当恒定的产水量和质量。英国巴斯温泉（Bath Hot Springs）几百年来在质量或水量上未出现过明显变化。然而，浅源泉水在产水量和质量方面易出现变化，这可能使其不太适合作为天然矿泉水源。

2. 钻孔

应当在经验丰富的水文地质学家或工程师指导下，由专门钻井承包商进行钻孔钻探。以下讨论钻井和钻孔测试步骤。

（1）选址。某些情况下，通过含水层的水流量分布相当均匀并不意味着含水层所有钻孔将产生等量的水，因此无法准确预测精确产水量。钻孔的精确选址是地质因素和实际考虑之间的妥协结果，例如，既要寻找足够大的平地安装钻机，又要使钻机尽量靠近需水位置。

裂隙含水层钻孔的产水量特别易变，在靠近断层处钻孔可提高成功机会（断层可由地质图标出，通过航空摄影确定，某些情况下也可通过泉线确定）。表面地球物理调查对于寻找合适钻探位置也很有帮助。

（2）钻井技术。冲击钻最简单，但通常是钻井速度最慢的形式。一枚沉重凿头不断升高和下落，击破下面的构造。凿头缩回后将一平底捞砂器降入钻孔，将碎片捞出。随着钻井过程向下伸入的临时钢护筒，可保护钻孔侧壁，以防塌孔。

在旋转式钻孔时，在一节或多节钻杆端头连接有一个坚固钻头。转钻机使钻杆顶旋转，同时向下施加压力。这使钻头对岩石层产生研磨。钻液连续泵入钻杆，并使其再上升到钻孔上面，将钻屑携带出地面。钻井液可包括空气、泡沫，或水与黏土（称为“泥”的）混合物。钻井液的选择取决于孔的深度和所遇到的地层类型。旋挖钻井的一种变种形式是逆循环钻探，其中钻井液通过套管和钻杆之间的孔到达钻杆。通常，旋转钻井速度快，适用于大多数地下岩石构造。

旋挖钻机可配备井下振动锤（类似于风钻），它使用压缩空气驱动冲击钻头旋转，特别适用于硬质地层。然而，地下水位以下的钻井深度受到压缩机大小限制。

钻孔钻探会污染含水层。因此，钻探开始前必须确保钻机清洁，并且在钻探和试验过程中，要十分注意采取措施防止油或柴油溢出。燃料供应槽应有双层护围，并在停机时将其从钻孔旁移走。还建议使用可生物降解的润滑脂和钻井液。应在钻机及其他机械下方垫置承油盘和吸液垫。

（3）钻孔资料采集。对于地质十分清楚的区域，可预测钻孔所需的深度。对于进行过较多钻探调查的区域或变数较多的含水层，最好对钻孔岩石性质进行实际测量。为了进行这类测量，专门的钻探承包商会沿钻孔使用一套地质物理工具。通过对钻孔进行地质物理测量，可以对一系列性质进行测量，但最常用来检测存在的富黏土层、裂隙和流入区（流入水的温度和电导率 *EC* 可能会改变）。闭路电视监控也可用以调查裂缝性质和程度。

（4）钻孔完成。在坚实构造区完成的钻孔，可在没有任何支撑的条件下保持钻孔壁形状。但是，一般总是在井顶部安装管子，并用（耐硫酸盐的）水泥填充（灌浆）管子与孔壁间的环圈，以防近地表污染物进入井中。确保井口周围卫生密封、防止任何污染物通过浅层土壤区短路，对于保护水源至关重要。套管应延长至少 6m 或更长，具体长度取决于近地表地质性质、任何不稳定材料和最大深度，以及进入开发含水层顶部的最大浓度。将灌浆从钻孔底部向上泵送的压力灌浆法，虽然并不总是可行，但这种做法始终优于从上向下浇泥浆的做法。

固体外壳以下，钻孔既可以裸井形式完工，也可装割缝套管或筛网管，以防止构造层倒塌或防止抽入砂子。即使明显结实的含水层，为谨慎起见，也往往悬装割缝套管，以免倒塌岩石块对泵产生影响。构造层不结实，并显示崩溃迹象时，必须在含水层产水部分安装割缝套管。割缝或筛孔的大小，取决于含水层构造的颗粒大小。当含水层由细粒度构成时，在环形屏障与含水层壁之间可能需要安装填料过滤层（砾石充填），以防止砂粒通过筛孔。所有钻孔施工中使用的材料应耐腐蚀。不锈钢套管和筛网通常用于天然矿泉水钻孔。

（5）钻孔开发。钻孔过程产生细料会堵塞含水层的产水层。外壳和筛网已经安装后，应当马上开发钻孔，将松散物质冲洗掉。这可采用各式各样的技术，包括气举抽水、超限抽水和喘振抽水。石灰岩含水层钻孔，可采用酸化作用开发（将浓盐酸或氨基磺酸引入钻孔）。酸与石灰石反应，生成二氧化碳，并通过溶解扩大井眼周围裂缝。几个小时内所用的酸会被耗尽，然后用水冲洗钻孔内酸石灰石反应生成的松渣和余氯。

（6）抽水试验。钻孔完成并开发后，应当进行逐级测试和恒定速率测试，以确定井的产水量。

(7) 水质试验。由于施工过程可能已经影响水质，并且要经过相当长一段抽水期才能达到平衡，因此应在开发和测试过程中对水质进行监测。每天至少应在井口对 pH 值、电导率、温度和碱度进行测量。试验期间，每天也应对收集水样的主要离子进行分析，而微量离子每两天或三天检测一次。测试结束时，应采集样品进行整套完整分析。

(8) 钻孔再开发。钻孔状态随着时间的推移后可能恶化（通常表现出井效率下降），因此，可能有必要进行重开发。需要采用闭路电视进行调查，以便对套管和筛网状态进行检查，并调查因化学沉淀或生物结垢（如铁细菌）引起的堵塞。钻孔重开发可以结合洗刷、气泡泵、喷射和酸化作用去除水垢。有时已有套管受到损坏或泄漏，则可对钻孔套管重新装接。

(9) 泵要根据钻孔直径、所需产水量、抽水水位及水的质量来选泵。凡抽水水位离地面 7m 以内时，则可采用地面抽水泵，尽管这种泵会很快接近抽水限。如果抽水水位低于此深度，则必须使用潜水式泵和电机，或者采用电机安装在地面的长轴泵。也有其他类型抽水设备，但通常不用于瓶装水。选择深井泵时，应考虑其他一些因素。产水量下降时，由于水位下降可预料，应通过改变电机转速或对排水管节流方式来控制水流量。井口应留有监测或采样点，并考虑可能需要方便地进行地质物理数据采集。不锈钢通常是泵、抽水管和紧固件的首选材料。通常优先采用电力，因为噪音低、效率较高，并可实现最小程度的碳氢化合物处理。

3. 监测钻孔产水量

一个钻孔的产水量取决于三个主要因素：含水层、钻孔及泵，产水量下降可由这些因素中任何一个变化引起。为了通过水位-排水速率关系及早确定问题，必须对水位和抽水率进行常规监测。对单位出水率及可利用深降测量并不困难，也不费时，这些测量基于以下步骤。

(1) 静态（非泵送）水位：应至少每周测量一次，最好每天测量一次，在最长停抽期末（通常是周末结束）测量。

(2) 最大抽水水位：如静态水位一样，应至少每周测量一次，最好每天测量，在最长抽水期末进行。许多装瓶厂选择每小时自动测量抽水率和水位。

(3) 抽水速率应与最大抽水水位在同一时间测量，总抽水量应在同一个固定时间记录。

水位和抽水速率数据应连续收集和检查。这样可方便地及时发现问题，通过及时维修可使问题终止或出现逆转。

(4) 如果排水率保持在一个相对稳定水平，水位轻微但持续下降可能表明含水层水资源枯竭。

(5) 如果井网出现堵塞，会使抽水井的水位明显低于附近观察钻孔。

较为严格的钻孔性能可以通过计划地分段抽试验加以评估。测试时间应考虑含水层自然季节变化，这样，可以避免诸如高水位与低水位条件之间的比较。

虽然可以通过抽水变化监测钻孔状态，但最好用受抽水影响不大的钻孔水位来确定含水层状态。为了监测生产和观测过程水位，应当将若干钻孔整合到监测方案中。

7.3.2 产水量下降常见原因

1. 含水层

产水量明显下降伴随水位下降，但单位产水量没有变化，这类问题的可能原因是含水层条件发生变化。

产水量下降可能因水位下降引起，回灌下降（干旱）或过度抽水会引起含水层部分脱水。

最直接解决方案是降低抽水速率，虽然这种方法可能实用，但只能应对短期出现的问题，如夏季干旱。长远解决方案可能是将抽水面扩大至整个含水层（用更多钻孔，每钻孔少量抽水），甚至采取人为提高含水层回灌措施。

2. 钻孔

钻孔引起的产水量下降表现在单位产水量降低，但水位不发生变化。特别是出现的明显抽水水位下降没有在附近观测钻孔出现，最有可能是井结构恶化。这种问题常见原因：岩石颗粒、碳酸盐沉积或铁化合物将井筛网堵塞、钻孔产生生物膜，或者由于泥沙进入钻孔降低了裸井长度。

常见解决方法是通过物理（气泡抽水和脉动抽水、擦洗）或化学（酸溶解结壳、消毒消除生物膜）手段重新对钻孔进行开发。

3. 泵

由泵引起的问题，通常看不出水位和单位产水量变化。原因可能是泵叶轮、其他运动部件磨损，或电机功率损耗。解决方案几乎总是需要将该泵从钻孔取走，进行修理或更换。

4. 水质的变化

水质变化会从根本上影响瓶装水水源的可用性，所以水质监测也许是最重要的源头管理。

瓶装水生产监管几乎都要求定期对水质进行评估，以确保水质持续满足整套标准要求。然而，为监管目的所做的分析，通常不够频繁，难以及时确定是否发生变化，以便采取纠正措施。常规监测应侧重于条件指示的参数变化。水质变化可能因含水层或钻孔变化所致，从而可影响供水的生物学、化学或物理质量。

由含水层变化引起的抽水质量变化，可能涉及水中几乎任何物质的水溶性或活动性，并可能以各种不同形式出现。

因降雨和回灌季节性波动引起的水化学自然变化，通常很少引起瓶装水生产商关注，但这些变化却是必须认识的。某些法规（例如关于天然矿泉水的法规）要求水的组成稳定。这一要求必须考虑到自然波动限，这种波动限存在差异，但坚硬岩石区承压含水层几乎没有什么变化，而在浅层、非承压含水层会发生重大变化。重要的是要保证水源得到适当的定期监测，从而可以看出与“规范”之间存在的偏差。

水质的变化可因抽水而引发，并可能从若干途径发生。随着抽水速率增加，会从更为远离钻孔的区域抽水。这可导致从不同地层或不同断裂系统抽水。靠近海边，咸水会通过盐水层界面以倒锥形式进入钻孔底部。这种变化的解决方案，通常涉及限制抽水速率，从而可以始终抽到相同集水区的水，以确保不会抽到不良品质的水。

水源集水区意外性或人为污染物释放。瓶装水生产商特别关注的是经过长距离迁移出现的持久性物质，如除草剂、杀虫剂、其他复杂碳氢化合物、石油产品和一些微量金属。

生物学质量恶化包括发生在水中的细菌、病毒或与人或动物废弃物相关的寄生虫。这种恶化几乎在所有情况下都表现出地面和钻孔开放部分之间存在通过地面或通过钻孔本身的连接。

物理质量方面涉及外观、味道和水温度变化。味道和温度变化容易引起水质变化，并会因相同的原因而发生变化。外观或颜色逐渐变化可能因水中存在岩石颗粒所致，表明相邻井地层包含未在钻孔开发，充分除去的粒物质。针对问题性质，有若干可能解决方案，包括：①将泵移走，对钻孔重新开发；②降低抽水速率，降低流速并防止细粒运动；③在井口安装粗过滤器，将进入配水系统前的颗粒除去。然而，这种做法会使问题继续存在，导致水泵过度磨损和损坏，有可能损坏钻孔本身。

水中突然出现悬浮固体，往往意味着井筛网或套管出现问题，这种问题也许由于腐蚀引起。这种情况的解决方案，可能涉及拆除和更换旧套管和井筛网，或在原有套管内装一较小孔经的井筛网。前者往往不可行，而后者将限制可以安装泵的尺寸，因此，会限制可获得的最大抽水速率。通过周密监测可及时识别出现的问题，从而可避免灾难性故障。

开发新水源时，确定水质监测范围和频率，不仅要考虑含水层自然变化，还必须考虑抽水引起的人为因素变化，也要考虑历史和未来污染事故所带来的风险。缺乏定期和彻底监测，可能会导致最需可靠水源的场合检查不出问题迹象。

5. 水资源开发控制

源头管理的一个基本方面是确保可持续抽水，并且不会对含水层产生不利影响。要做到这些，需要符合以下要求。

（1）维持与需要水量相适应的抽水速率；确保长期抽水不超过可利用水源量（即避免过度抽水）。

（2）水源得到充分保护，从而避免或降低污染风险。

（3）对抽水数量和质量进行连续监测，并及时发现和纠正任何偏差。

（4）根据地方或国家规定进行常规分析。

越来越多的瓶装水来自受其他抽水商竞争及环境左右的地下水源。应当对其他抽水商的水源加以了解，并要经常与水资源监管者接触，了解法规变化。

7.4　农用地下水

7.4.1　农用地下水调查

农用地下水的影响因素主要包括土层质地、土层含水量、地下水埋深、灌溉定额、作物情况和气候条件等。进行农用地下水调查时，需要收集的主要资料和重点进行水文地质调查的内容分别见表 7.1 和表 7.2。

表7.1 资料收集内容表

专业	内容
气象	气温、多年降水量、水面蒸发量等
水文	区内主要河流、湖泊等水系统形态，多年平均径流量等
地质-地貌	区域地质资料、相应比例尺的地质（以第四系为主）-地貌图、地质构造图等
水文地质	已有的钻孔与机井资料，抽水试验资料，以及水文地质报告和图件等
农业	耕地面积、作物种类及产量、土壤特征等
农田水利建设	水利设施类型、数量、输水（排水）能力；水井类型、数量、提水设备、开采量；灌溉量、灌溉比例、灌溉定额及灌溉方式等

表7.2 水文地质调查重点表

不同地貌单元的水文地质区	调查重点
在以冲积作用为主形成的堆积平原地区	应重点查明浅层地下水的水量与水质分带。在有咸水分布地区，应着重调查咸水与深层淡水的分布与埋藏条件。在地下水与地表水补给关系密切的地区，应查明它们之间的补排关系
在以冲积、洪积作用为主形成的山间盆地、山间河谷、山前冲洪积扇等地区	应在调查不同成因类型堆积物地质特征的基础上，着重查明地下水补给条件与富水性
在黄土分布的黄土塬、河谷平原及丘间盆地等主要农业区	应以地貌、地层岩性及水点调查为主要内容，查明地下水赋存条件与水量分布特征
在滨海地区	应重点查明沉积物结构、海岸性质，以及咸、淡水分布与埋藏条件

灌溉定额的确定常用的有3种方法，即丰产灌水经验法、灌溉试验法和按水量平衡原理分析法。水量平衡原理分析法的计算可参考农田水利学的有关文献。水文地质计算中，常采用经验法。不同地区、不同年份、不同农作物的灌溉定额是不同的，应结合当地情况分析使用。我国北方地区几种农作物的灌溉制度见表7.3、表7.4。

表7.3 湖北省水稻泡田定额及生育期灌溉定额调查成果表（中等干旱年） 单位：m^3/亩

项目	早田	中稻	一季晚稻	双季晚稻
泡田定额	70～80	80～100	70～80	30～60
灌溉定额	200～250	250～350	350～500	240～300
总灌溉定额	270～330	330～450	420～580	270～360

表7.4 我国北方几种旱作物的灌溉制度（调查）

作物	生育期灌溉制度			备注
	灌水次数	灌水定额/(m^3/亩)	灌溉定额/(m^3/亩)	
小麦	3～6	40～80	200～300	干旱年份
棉花	2～4	30～40	80～150	
玉米	3～4	40～60	150～250	

7.4.2 专门水文地质实验

1. 专门水文地质试验的目的和任务

(1) 为了充分而合理地开发利用地下水资源，可在农业水文地质详查或勘探的基础上，结合农业需要，针对影响地下水开发利用的关键水文地质问题，选定典型试验阶段，开展增大出水量、咸水利用改造、土壤改良、地下水人工调蓄等专门水文地质试验工作，以指导或作为示范引导类似地区的工作。

(2) 试验地段、试验项目和目标的确定，必须经过充分论证，并应有明确的针对性，避免重复试验。

(3) 试验工程设施的布置，应满足试验的要求。

(4) 试验结束后，应根据所取得的资料，提出专题报告。

2. 增大出水量试验

(1) 在有一定地下水补给资源，由于地下水储存条件较差或比较复杂而使地下水开采困难的地区，可因地制宜地开展增大出水量、提高地下水开采能力的试验工作。

1) 在以黏性土为主，浅层（一般深度28～30m）的含水层厚度较小的地区，可进行改革井型试验，如构筑管井、大口井与辐射井相结合的地下水集水建筑物等。

2) 在山间河谷地带含水层较薄而地下水水力坡度较大的地区，可开展截取潜流的试验工作。

3) 在缺水的黄土区和沙漠地区，可根据水文地质条件，开展构筑垂直与水平相结合集水构筑物的试验。

(2) 增大出水量试验的技术要求。

1) 应详细查明试验地段水文地质条件。

2) 应对所试验的不同集水构筑物，进行水量与水位测定或小规模开采性抽水试验。

3) 应计算评价试验地段的允许开采量。

3. 咸水利用改造试验

(1) 在水资源紧缺而有大面积浅层咸水分布的地区，可开展咸水利用与改造的试验研究，提出可行的途径与方法。

1) 一般在矿化度TDS为3～5g/L的地区，应利用咸水直接对主要种植物进行生长期全过程与主要用水期的灌溉试验。

2) 对TDS大于5g/L的咸水分布区，在有一定地表水水源或其他淡水水源的条件下，应开展以抽咸补淡为主要形式的咸水改造试验工作。

3) 对埋藏较深的咸水，可开展与下伏深层淡水混合开采利用的试验工作。

(2) 咸水利用改造试验技术要求。

1) 应详细查明试验段的水文地质条件，并着重查明地下水水化学和地层土化学特征。

2) 在进行咸水利用灌溉试验时，应根据试验地段的条件，对不同TDS、作物、土壤、灌量、灌溉时间等设置试验对比工作。

应定期对试验地段的地下水水位与水质、土壤盐分与含水量，以及作物生产情况等进行监测。

3) 在以抽咸补淡为主要形式的咸水改造试验工作中，应根据水文地质条件和淡水水源条件，合理设计排咸补淡水利工程，做到“井、沟、渠”并用，“排、灌、蓄、滞”相结合。应按试验规模，对排咸补淡前后及其运行过程中的排水量、排咸量、补淡量进行定期监测，还应在试验地段设置一定数量的观测孔，对地下水水位、水质等进行监测。

4）在咸水与深层淡水混合开采利用试验工作中，应在先完成室内多方案配比试验的基础上，进行野外地面与地下混合开采利用试验。在地下混合开采时，应根据地层、含水层与水力特征，设计合理的水井结构，并应做到不使淡水含水层水质受到污染。

5）咸水利用改造试验工作，一般应连续进行3年以上。

6）咸水利用改造试验结束后，应根据所取得的资料，提出专题报告。

4. 盐渍化土壤改良试验

（1）在盐渍化土壤大面积分布的平原地区，可根据其成因类型与水文地质类型，选择典型地段进行盐渍化土壤改良试验工作，以提供可行的改良措施。

（2）盐渍化土壤改良试验的技术要求。

1）应详细查明试验地段潜水水文地质条件、土壤与包气带土化学特征，以及地下水临界深度。

2）应根据地区条件，以调控地下水水位为中心，以使土壤加速脱盐为目标，选定合理的盐渍化土壤改良试验方案。一般对于滨海型盐渍化土壤，宜采用冲洗盐分、水利工程与农业生物措施相结合的试验方案；对于内陆型盐渍化土壤，宜采用以水文地质与水利工程为主要措施的试验方案；对于内陆盐渍化土壤与浅层咸水分布一致的地区，宜采用同咸水利用改造相结合的试验方案。

3）在试验地段应布置土壤水分、盐分、养分、物理性质及地下水动态监测工作，并应对农作物生长情况与产量进行监测与记录。

4）土壤盐渍化改良试验工作，一般应连续进行3年以上。

5. 沼泽化土壤改良试验

（1）在分布有大面积沼泽化土壤，并且防治难度较大的地区，可选择典型地段，开展沼泽化土壤改良试验工作，提出可行的措施和办法。

（2）沼泽化土壤改良试验技术要求。

1）应详细查明地表下第一隔水层以上的水文地质条件，以及地表积水情况。

2）应根据沼泽化土壤的类型、地表积水情况、地下水水位埋藏深度、排水出路等，选定合理的试验方案，以达到排除或疏干沼泽地积水、降低和控制地下水水位的目的。

3）在试验过程中，应对地下水动态，以及土壤的含水量、盐分、养分等进行定期监测。

6. 地下水人工调蓄试验

在水资源紧缺并具有人工补给地下水条件的地区，可选择典型地段，开展地下水人工调蓄试验工作，提出可行的人工补给地下水的方法与措施。

7.4.3 农用地下水开发

1. 微咸地下水综合开发利用

宁夏、甘肃、内蒙古、陕西、河南、河北、山东等省（自治区）在微咸水灌溉和生产实践中，都取得了丰富的经验并获得作物的高产，关键是把握好满足作物对水分的需求与控制盐分危害的关系。农业方面大致有以下几种方式。

(1) 抗旱浇麦。在小麦拔节后，用 TDS 为 3～5g/L 的微咸水浇灌浇 1 次或 2 次，每次浇水 600～1050m^3/hm^2，比不浇的旱地可增产 10%～30%。

(2) 抗旱夏播。在小麦灌浆期浇 1 次或 2 次微咸水，既提供了小麦的需水，又满足了套种夏玉米、高粱的需要。

(3) 灌溉棉花。①用微咸水抗旱点播；②用于棉苗带土移栽补苗；③棉花出苗后，浇微咸水，可防止降 10mm 左右的小雨以后，棉花死苗。

(4) 利用微咸水冲洗盐碱土。

(5) 微咸水及淡水混合使用进行灌溉，可增加水资源量。

2. 土壤水的利用技术

(1) 提高土壤水系统调节能力技术。土壤水系统调节能力与土壤孔隙度大小、孔隙大小及其组成比例密切相关。耕作方式、施肥情况影响土壤水的调节能力。施用有机肥、秸秆还田及合理耕作可以提高土壤系统储存和调节土壤水的能力。长期施用有机肥可增加土壤有机质、团聚度和透水性，增大土壤孔隙度，提高土壤的储水能力和调节库容。

(2) 合理密植充分利用深部土壤水技术。小麦生育前期蒸腾作用较弱，主要以土面蒸发方式消耗浅部土壤水；从返青到开花期，小麦根系迅速生长，蒸腾耗水强度大，可吸收利用中、下部土壤水。因此，该技术的原理就是选用分蘖少、穗重型耐旱小麦品种，进行合理密植，增加种子根数量，减少灌溉定额，促使小麦根深扎，促进小麦利用深部土壤水，提高土壤水利用率。

(3) 优化土壤水流动模式技术。主要包括小麦沟播覆盖技术、小麦盖膜穴播膜上灌技术、玉米起沟培垄技术等。这些技术不仅可以改善土壤水分分布状况，而且可以改善土壤中养分、盐分、微生物及温度等要素的时空分布，使其有利于作物的生长和产量提高。

3. 节水技术的推广

节水技术是指从水资源调配、输配水、田间灌水和作物吸收等各个环节采取相应的节水措施，组成一个完整的节水灌溉技术体系，包括水资源优化调配技术、节水灌溉工程技术、农艺及生物节水技术和节水管理技术。其中节水灌溉工程技术是该技术体系的核心，已相对成熟并得到普及，其他技术相对薄弱，急需加强研究开发和推广应用。

(1) 灌溉水资源优化调配技术。主要包括地表水与地下水联合调度技术、灌溉回归水利用技术、多水源综合利用技术、雨洪利用技术。

(2) 节水灌溉工程技术。主要包括渠道防渗技术、管道输水技术、喷灌技术、微灌技术等。

(3) 改进地面灌溉技术。地面灌溉并非“大水漫灌”，只要在土地平整的基础上，采用合理的灌溉技术并加强管理，其田间水利用率可以达到 70%以上。

(4) 农艺及生物节水技术。包括耕作保墒技术、覆盖保墒技术、优选抗旱品种、土壤保水剂及作物蒸腾调控技术。目前，农艺节水技术已基本普及，生物节水技术尚待进一步开发。

（5）节水灌溉管理技术。包括灌溉用水管理自动信息系统、输配水自动量测及监控技术，土壤墒情自动监测技术、节水灌溉制度等。其中，输配水自动量测及监控技术采用高标准的量测设备，及时准确地掌握灌区水情，如水库、河流、渠道的水位、流量以及抽水水泵运行情况等技术参数，通过数据采集、传输和计算机处理，实现科学配水，减少弃水。土壤墒情自动监测技术采用张力计、中子仪、时域反射计（TDR）等先进的土壤墒情监测仪器监测土壤墒情，以科学制定灌溉计划、实施适时适量的精细灌溉。

（6）节水灌溉技术发展方向。激光控制平地、水平畦田灌溉技术、地下滴灌、“3S”技术应用、生物节水技术、土壤墒情自动监测、低耗能大型自动喷灌机等。

（7）治理旱、涝、盐、碱四大灾害进行土壤改良。可按以下4种基本方法：①充分开发利用浅层地下水，合理控制地下水位；②发展井灌为主，拦蓄各类地表水；③以渠灌为主，井渠结合、以渠养井、井灌井排，调控地下水水位；④以排为主，建立排灌两套系统。

4．与农业开发有关的环境地质问题

随着传统农业向现代农业的转化，农业生产的现代化程度不断提高，有利用污水灌溉缓解水资源紧张，利用农药、化肥、地膜等现代农业生产资料提高产量等；但也不可避免地产生了许多环境问题。

（1）污水灌溉。

1）对地质环境的影响。

a．污灌区土壤中的重金属Cu、Pb、Zn、Cd、As、石油类和有机物明显高于背景值，甚至严重超过国家标准，且有随着时间的增长呈逐渐加重的趋势。

b．灌溉污水中的污染物一部分被土壤吸附，而另一部分则经过土壤向下迁移，最终进入含水层，对浅层地下水水质造成一定的影响。污灌区浅层地下水中NO_3^-、总硬度、TDS及重金属Cu、Pb、Zn、Cd、As污染与污水灌溉明显有关。

2）污水灌溉对生物群落的影响。

a．污灌区土壤、蔬菜，地下水中细菌总数、大肠菌群、肠道致病菌的检出高于清灌区。

b．含油污水灌溉会刺激土壤中好氧异养细菌（AHB）和真菌的生长。

c．污灌会改变土壤中固氮细菌的种群数量和多样性，且这一现象在土壤表层尤为明显。

（2）农药。

1）首先表现在它对环境介质的污染，主要是对土壤、水体和大气的污染影响。

2）农药使用不当、任意加大药量、滥施乱用都会造成土壤污染，损害土壤的生产功能、调节功能、载体功能和自净能力。

3）据资料，喷施的农药是粉剂时，仅有10%左右药剂附着在植物体上。若是液体时，也仅有用20%左右附着在植物体上，1%～4%接触到目标害虫，其余40%～60%降落到地面，5%～30%的药剂漂游于空中。空气中的农药又可通过降水返回陆地，降落到陆地土壤上的农药随着降水和灌溉水流入地表水域，或随下渗水进入含水层，污染地下水。

(3) 化肥。

1) 长期大量和不合理使用化肥会导致土壤理化性变劣，造成土壤重金属污染、土壤板结，破坏土壤结构，土壤污染会毒害作物。

2) 超量或不合理使用化肥会造成水体的污染，使水体质量严重恶化，其主要后果是水体的富营养化。化学氮肥施用量与20m以内浅层地下水硝酸盐含量呈明显的正相关关系。其中还有一些致癌物质，危害人体健康。

3) 化肥中氮的逸失，硝态氮在通气不良的情况下进行反硝化作用生成的气态氮（NO、NO_2）逸入大气，会造成大气污染。

4) 影响生物多样性与生态平衡。

(4) 畜牧业生产对环境的污染。资料表明，一个千头奶牛场可日产粪尿50t；一个千头肉牛场日产粪尿20t；一个千只蛋鸡场日产粪尿2t；一个万头猪场每天排出的粪尿约20t。大量的排粪量若得不到妥善处理，不仅会危害畜禽的生存环境，还会严重影响人类环境。

1) 大气污染，其中对人畜健康影响最大的有害气体主要有氨、硫化氢、二氧化碳、甲烷等。

2) 水质污染，屠宰肉废水是较大的有机污染源，污染地表水和地下水。

3) 生物污染，还有饲料添加剂中重金属元素的污染，畜禽产品中抗菌素及药物残留污染，死畜污染及粉尘、垫料、饲料残渣及鳞片物污染等其他污染。

(5) 地膜。地膜的使用在推动现代农业发展的同时，也导致了土壤的“白色污染”。

(6) 污水灌溉、化肥及农药对人体健康的影响。污水灌溉、化肥农药可以间接对人体造成危害。间接途径就是对环境造成污染，经食物链的逐步富集，最后进入人体，引起慢性中毒。这类污染范围广，危害的人众多。

1) 造成土壤和作物污染，使得污染物在农产品中积累，通过食物链进入人体内积累，从而导致多种慢性疾病。

2) 导致地下水受到污染，通过生活饮用水而使人体产生急性和慢性中毒反应。有研究证明，污灌区居民的消化系统疾病、恶性肿瘤的发病率高于清灌区。

3) 带入农田的污染物大于农田的自净能力时，则其中的有害气体、病菌、寄生虫卵等会对环境卫生造成污染，对人体健康产生危害。

7.5 矿山地下水

7.5.1 矿山水文地质分类

主要根据我国水文地质问题较多的井下煤矿调查内容与方法等进行介绍。

为了有针对性地做好矿井水文地质条件的评价工作，根据受采掘破坏或影响的含水层性质、富水性及补给条件，单井年平均涌水量和最大涌水量、开采受水害影响程度和防治水工作难易程度等影响指标，把矿井水文地质划分为简单、中等、复杂、极复杂4个类型（表7.5）。

表 7.5　　煤矿矿井水文地质类型表

类型 分类依据		简单	中等	复杂	极复杂
受采掘破坏或影响的含水层	含水层性质及补给条件	受采掘破坏或影响的孔裂隙、溶隙含水层补给条件差，补给水源少或极少，如： （1）露头区被黏土类土层覆盖； （2）被断层切割封闭； （3）地表泄水条件良好； （4）属于深部井田； （5）在当地侵蚀基准面上开采； （6）属高原山地背斜地形，煤层底部灰岩无出露； （7）煤层距顶底板上下富含水层距离很大	受采掘破坏或影响的钻孔裂隙、溶隙含水层，补给条一般，有一定的补给水源	受采掘破坏或影响的主要灰岩溶隙-孔洞含水层，厚层砂砾石含水层（煤层直接顶底板为含水砂层），其补给条件好，补给水源充沛	受采掘破坏或影响的岩溶含水层，其补给水源极其充沛。 （1）矿井经常受煤层顶、底部直接或间接的灰岩溶洞-溶隙高压富含水层突水的威胁； （2）灰岩露头分布范围广，河溪发育，山塘、水库多； （3）在高原山地向斜地形，矿区灰岩岩溶特别发育，常形成暗河系统或汇水封闭洼地
	单位涌水量 Q	$q \leqslant 0.1$L/(s·m)	0.1L/(s·m)$<q \leqslant 2$L/(s·m)	2L/(s·m)$<q \leqslant 10$L/(s·m)	$q>10$L/(s·m)
涌水量	年平均 Q_2，最大 Q_3	$Q_2 \leqslant 180$m³/h（西北地区 $Q_2 \leqslant 90$m³/h）$Q_3 \leqslant 300$m³/h（西北地区 $Q_3 \leqslant 210$m³/h）	180m³/h $< Q_2 \leqslant$ 600m³/h（西北地区 90m³/h$<Q_2 \leqslant$180m³/h），300m³/h$<Q_3 \leqslant$ 1200m³/h（西北地区 210m³/h $< Q_3 \leqslant$ 600m³/h）	600m³/h $< Q_2 \leqslant$ 2100m³/h（西北地区 180m³/h $< Q_2 \leqslant$ 1200m³/h），1200m³/h$<Q_3 \leqslant$3000m³/h（西北地区 600m³/h$<Q_3 \leqslant$2100m³/h）	$Q_2 >$ 2100m³/h（西北地区 $Q_2 >$ 1200m³/h），$Q_3 >$ 3000m³/h（西北地区 $Q_2>$2100m³/h）
开采受水害影响程度		采掘工程一般不受水害影响	采掘工程受水害影响，但不威胁矿井安全	采掘工程、矿井安全受水害威胁	矿井突水频繁，来势凶猛，含泥砂率高，采掘工程、矿井安全受水害严重威胁
防治水工作难易程度		防治水工作简单	防治水工作简单或易于进行	防治水工程量较大，难度较高，防治水的经济技术效果较差	防治水工程量大，难度高，防治水经济技术效果极差

7.5.2　矿山水文地质调查

1. 极复杂型矿山

必须按照水文地质特点和开采需要进行补充调查、勘探和专门试验，建立井上、井下水动态观测网，坚持长期观测，建全观测资料台账和历时曲线等，还应做到以下工作。

（1）高原山地向斜的地形岩溶矿区，要注重岩溶调查、暗河探测和封闭汇水洼地的水均衡工作，研究分析探放、堵截暗河水的方案与措施。

（2）石灰岩露头分布范围广、河溪发育、山塘水库多的矿区，要注重地表水体、岩溶泉与井下出水点关系的调查分析，做好探放溶洞水工作，防止重大突水的威胁。

(3) 经常直接或间接受煤层顶底部石灰岩溶洞-溶隙高压富含水层水突出威胁的矿区(井)，要开展区域水文地质综合调查，研究岩溶发育规律，并采用大口径抽水、井下大型放水试验及连通试验，勘查岩溶水集中强径流带或岩溶管道带的分布。研究制订具有针对性的堵截水源、疏降等措施方案。要注重矿井突水与隔水层岩性、厚度、水压、构造及采矿等关系的研究，不断寻求突水规律。

(4) 岩溶矿区要注重地面岩溶塌陷规律的调查研究，寻求防治岩溶水的途径。

2. 复杂型矿山

根据各矿的特点和开采需要，参照中等型矿山的要求进行工作。

(1) 开采含水（流）砂层、厚砾石层及地表河、湖等水体下煤层的矿区（井），要分析研究煤（岩）柱的隔水性能，注重观测导水裂隙带高度，研究其规律。

(2) 开采煤层顶板直接为含水（流）砂层的矿井，进行开采应加强砂层水疏干和水砂分离方法的研究。

(3) 山区地表渗漏水较严重的矿井，要注重渗漏调查、实测并研究制订防渗措施方案。

3. 中等型矿山

根据开采需要，进行一些单项的水文地质补充调查、勘探、试验、动态观测和正常的井下水文地质工作。

4. 简单型矿井

根据矿井的具体情况，进行正常的水文地质工作。

7.5.3 井下水文地质调查

井下水文地质调查工作，是随矿井建设和采掘工作同时进行的，主要包括巷道充水性调查和涌水量调查两个方面。

1. 巷道、工作面充水性调查

巷道、工作面充水性调查应包括含水层、裂隙与岩溶、断裂带和出水点等的调查。

(1) 含水层调查。当井巷揭露含水层时，应详细描述其产状、厚度、岩性、构造、裂隙或岩溶发育与充填情况，以及揭露点的位置、标高、出水形式、涌水量、水温、水压等。

涌水量较大时，应取样分析水质，并进行水动态长期观测，及时掌握含水层在采煤过程中水量的变化规律，提出防范建议。

(2) 裂隙与岩溶调查。对巷道穿透的含水层，应选择典型地段进行裂隙调查，测定裂隙的产状、长度、宽度、数量、形状、尖灭情况，调查充填程度及充填物、地下水活动痕迹等。

在碳酸盐岩层中掘进时，对揭露的溶洞或大型溶隙，应详细记录其标高、长、宽、高、体积和形态，发育方向、有无充填物及充填物成分、充水情况、地下水运动痕迹，岩溶体沿构造面还是岩层面发育，记录岩性和周围地质构造特点，必要时可做岩溶率的统计。

(3) 断裂带调查。巷道、工作面揭露断裂带时，要详细记录断裂带的产状、断层性质、断距、断层带宽度，断层带内充填物成分、胶结程度及断层带两侧岩性特点，裂隙产状、宽度、发育程度；揭露断层带及裂隙带时的出水量、出水持续时间、水压、水温并采取水样。

对导水和富水断层应专门建立登记卡片。

(4) 出水点调查。对巷道、工作面所揭露的出水点，包括滴水、淋水、涌水，必须观测和记录其出水时间、地点、位置、标高，以及含水层层位、岩性、厚度，围岩破坏情况和地质构造特点，并要观测出水形式，测定水量、水压、水温及水质等。

如果涌水量较大，要求设测站观测其动态变化，绘制出水量变化曲线图和出水点剖面图。

2. 涌水量调查

(1) 涌水量观测站（点）布设。矿井涌水量观测站（点）分固定站（点）和临时站两种。

在一般情况下，矿井的每一开采水平，每一水平的不同开采区域及不同开采层，疏干石门或水文地质条件复杂的开采区域，长期涌水的突水点、放水孔等重要的水点，都要设立固定站，长期测定井下涌水量。采掘工作面的探放水钻孔、一般出水点、井筒新揭露的含水层等，通常都设置临时站测定涌水量。

(2) 涌水量观测站（点）位置。重要涌水点附近、水文地质条件复杂区域、排水井的下游、疏干石门水沟的出口处或各主要含水层水沟的下游、不同开采翼大巷水沟入水仓处等，都是设站（点）的位置。

设站处3～5m内的水沟要顺直，断面要规格，沟底坡度要均匀，流水要通畅稳定。特别是大巷入水仓处的测站，要远离水仓口20m以外，避开紊流段。

测站处要设有明显的站名和标志。

(3) 矿井涌水量观测。

1) 对井下新揭露的突水点、探放水钻孔，在涌水量尚未稳定和尚未掌握其变化规律前，观测时间间隔要短，一般应每天观测1次；对溃入性涌水，在未查明突水原因前，应每隔1～2h观测1次，以后可适当延长观测时间间隔；涌水量稳定后，可按井下正常观测时间观测。观测涌水量的同时，还要测量水压、水温，并观测附近可能有水力联系的其他测站水量（压）的变化，取水样进行水质分析。

2) 各固定站的观测间隔时间应根据各矿井的水文地质条件确定。一般情况下，高水位期（雨季）1～5d观测1次；低水位期（枯雨季），复杂矿井10～15d观测1次，简单矿井1月观测1次；平水位期，复杂矿井5～10d观测1次，简单矿井半月观测1次。

3) 矿井涌水量观测一般应分矿井水平设站观测，每月观测1～3次；复杂型和极复杂型矿井应分煤层、分煤系、分地区、分主要出水点设站进行观测，每月不少于3次；受降水影响的矿井，雨季观测次数应适当增加。

4) 当采掘工作面上方影响范围内有地表水体、井下富含水层、穿过与富含水层相连通的构造断裂带或接近老窑积水区时，应每天观测充水情况，掌握水量变化。

5) 新凿立井、斜井，垂深每延深10m，观测1次涌水量；掘至新的含水层时，虽不到规定的距离，也应在含水层的顶底板各观测1次涌水量。

6）矿井涌水量的观测，应注重观测的连续性和精度，要求采用容积法、堰测法、流速仪法或其他先进的测水方法；测量工具要定期校验，以减少人为误差。

7）井下疏水降压（或疏放老空水）钻孔涌水量、水压调查。在涌水量、水压稳定前，应每小时观测1～2次，涌水量、水压基本稳定后，按正常观测要求进行。

7.5.4 矿山充水条件调查

1. 矿山充水水源

不同地质、水文地质、气候和地形条件下会形成不同类型的矿井水害充水模式，有不同类型的矿井充水水源。

矿井充水水源主要包括大气降水、地表水、地下水和老窑积水。地表水又可分为河水、湖水、海水。地下水可分为第四系松散沉积层潜水、砂岩裂隙水、岩洞裂隙水等。不同的水源具有不同的特点和影响因素，不同的水源会给矿山带来不同的突水模式和灾害强度，见表7.6。

表7.6 矿山充水水源分类及调查内容表

主要水源	主要调查内容
地下水	地下水作为矿山涌水的主要水源时，主要调查：①充水层的空隙性质及其富水程度；②充水层的厚度及其分布面积；③充水层的补给条件
地表水	地表水作为主要充水水源时，主要调查：①地表水体的性质、规模及其动态；②井巷至地表水体间的距离及其岩层的渗透性；③采矿方法
大气降水	大气降水作为主要充水水源时，主要调查：①气象因素的影响；②矿床的埋藏深度；③降水性质、强度、连续时间及入渗条件
老窑水	老窑水作为矿床主要充水水源时，主要调查：①老窑水储存的体积大小；②老窑水是否与其他水源有水力联系

矿山涌水一般是由多种水源补给的，其中以某一种水源为主。进行调查时，应对矿床的充水水源进行全面的具体分析，区别主要水源和次要水源，并注意调查充水水源在开采前后的变化情况，为矿井防治水提供可靠的资料。

2. 矿山充水通道调查

（1）构造断裂带充水通道调查。调查断裂两盘的岩性特征、断裂形成时的力学性质、充填胶结情况、后期破坏程度以及人为作用等因素，其中以岩性特征的影响最大。

调查断裂带的导水性能时，既要调查构造断裂带在水平与垂直方向的变化，又要调查其在开采前后的变化。

（2）采空区覆岩冒裂带通道调查。调查煤层开采过程中采空区上方冒落带、裂隙带及整体移动带，调查实测控制冒落带及裂隙带的高度，及其与强含水层（段）、间接含水层、地表水体及风化带的接触关系，以避免冒裂带成为导水通道、造成井下突水或淹井事故。

（3）底板突破通道调查。调查在井巷下方或煤层底板强含水层水压及矿山压力的作用下，底板隔水层被突破而导致井巷突水的可能性。底板能否发生突水以及突水量的大小主要取决于底板承受压力的大小、底板隔水层的厚度及其稳定性等因素。在其他条件相同的情况下，沿矿床倾向，随开采厚度的增加，底板所承受的水压增大，易发生突水，突水量也大。

(4) 地面岩溶、采空区塌陷调查。调查岩溶、采空区塌陷的影响因素，岩溶发育程度、含水层的透水性、地下水位下降幅度、地表水与地下水间的联系程度、松散层的岩性及厚度等。还需调查以下内容。

1) 浅部岩溶发育地段及岩溶水活动强烈地段调查。包括抽水降落漏斗的中心及其附近，断裂构造发育带，河流两岸、河床、洼地及沼泽等岩溶水排泄区，可溶岩与非可溶岩接触带。

2) 塌陷在第四系覆盖较薄处。

3) 采矿中遇到的陷落柱。

(5) 煤层顶板“天窗”调查。有松散覆盖层的矿区，当松散岩层与矿床之间的隔水层因相变尖灭时便在某一部位形成“天窗”，致使孔隙含水层与下伏充水层直接沟通。在天然状态下，下伏充水层的水位较高，“天窗”可成为这部分地下水的排泄通道。开采状态下，当因疏干地下水而使含水层水位降至“天窗”以下时，“天窗”就成为矿山突水的通道，造成井下突水，河水断流或倒流。

调查“天窗”地段岩石透水性的强弱及其渗透断面的大小。

(6) 含水层露头区调查。调查充水含水层的出露面积及其透水性。

充水含水层出露面积越大，导致大气降水进入矿坑的量就越多；矿井岩溶充水含水层具有导水强的岩溶空隙，当矿床含水层裸露地表时，大气降水通过露头区直接渗入补给含水层或直接灌入井巷，使矿坑涌水量迅速增加或造成矿井突水。

(7) 封闭不良或未封闭钻孔调查。勘探阶段施工的各种不良钻孔可沟通各种水源。勘探结束后，钻孔未按要求进行封闭或封闭质量不高，井巷一旦揭露或接近这些钻孔时，便有可能发生突水事故。

对封闭不良或未封闭钻孔，主要调查钻孔的孔径、揭露含水层的标高及其规模等。

以上介绍了几种充水通道及其主要影响因素。充水通道同充水水源一样，一般是多种通道共同作用的，有主有次。实践中，应根据具体条件，分清矿床的充水是一种通道还是多种通道作用的。

7.5.5 矿山水文地质评价

1. 在建和生产矿山

(1) 在建矿山水文地质评价。

1) 评价主体工程地段的层位稳定性。查明影响施工的构造破碎带、岩性薄弱带、流沙涌泥段和岩溶强烈发育带等，强径流地带、强富水地段等水文工程地质问题。

2) 施工过程水文地质评价。

a. 根据原矿区物探资料，收集竖井、斜井、平巷、运输线路、供电线路、供水线路、尾砂坝、尾砂库等基建工程的水文工程地质资料，进行水文工程地质安全分区。

b. 对施工可能出现的水害做出预测，以便制订探、排水制度，和堵水材料设备准备、人员与设备安全保障措施等。

c. 要求进行井巷水文工程地质测绘，并绘制水文地质图。

d. 发现原水文地质勘探程度不够，不能满足在建施工需要时，进行补充水文地质调查或补充水文地质勘探工作。

（2）生产矿山水文地质评价。

1）评价矿床开采后水文地质条件的变化。

a. 查明矿床充水水源、通道及充水强度等充水条件的变化。

b. 矿床充水水源及其影响因素，主要来水方向，补给水源，补给边界，开采条件下可能发生的变化。

c. 矿床充水通道及其影响因素，通道类型及控制条件，强裂隙或强岩溶发育等赋存规律，岩溶发育规律，塌陷分布预测，采动导水裂隙带发育预测等。

d. 隔水层底板赋存规律及其隔水程度、稳固性、厚度、分布和埋藏特征及可能发生的变化等。

e. 查明实测矿坑涌水量，其与采深、采空面积或主要井巷长度等因素之间的关系；矿区水文地质长期观测成果所验证和新发现的矿区水文地质和工程地质问题等。

2）矿床疏干效果，疏干引起的不良后果，矿山采取的对策、经验与教训等。

3）矿坑涌水量的预测值和实测值对比，产生误差的原因分析；矿山防治水措施，完成的工作量，防治水效果，使用的设备和仪器，值得推广的先进技术和经验等。

4）历次重大灾害性事故及其处理方法、效果；矿山开采过程中所作的突水条件分析及突水预测，预测成功率，经验与教训总结。

5）矿坑水综合利用、矿山供水、复垦还田、矿坑酸性水处理等方面的技术措施和成果。

6）坑道水文地质编录，探放水钻孔、井巷编录，防治水工程水文地质编录等原始水文地质编录工作量和质量评价。

7）矿区水文地质长期观测工作的方法和工作量，以及质量评价。

8）矿山开展专门性水文地质工程地质研究、矿床水文地质综合性研究的成果。

2. 关闭矿山（尾矿）

（1）评价各个时期矿床水文地质。系统收集整理矿床水文地质勘探、矿山基建、矿山开采等各个时期所积累起来的水文地质、工程地质资料，包括实物资料、文字资料，各种图件和表格（台账）资料。

（2）评价矿山防治水。汇集各个时期矿山防治水工程设计资料，及其在施工、运行过程中所完成的技术总结和专题研究成果资料。

（3）评价矿坑水综合利用。收集和整理矿山各个时期所进行的有关矿坑水综合利用、复垦等方面的技术总结和成果资料。

3. 矿山排水、供水综合水文地质评价

（1）地下水位下降。过量抽排地下水导致地下水系统水位持续下降，水源枯竭，破坏天然平衡状态，形成地下水水位降落漏斗。当开发量接近或小于补给量时，水位降落漏斗只随季节性气候变化而周期性变化，漏斗中心水位基本保持不变或有回升；当系统的开发量超过补给资源量时，地下水水位就开始持续不断下降，有时在丰水年份也回升甚小。

（2）矿山供排水导致的泉衰竭问题。盲目不合理开采和煤矿山长期大流量排水，地下水系统的被超量开发，地下水水位降落漏斗的相互袭夺、干扰和破坏，轻则大幅度减小名泉的正常泉水排泄量，重则使它们干枯断流，严重地破坏了自然景观与生态环境。

（3）矿山供排水导致的地面岩溶塌陷地灾。矿山大量排水和矿区周围大流量地开采喀斯特地下水资源时，岩溶地下水水位会急剧大幅度下降；空隙等空间扩展到一定程度，导致松散层下沉、地表开裂和塌陷洞等；喀斯特含水层地下水位的周期性回升和下降，形成连续的地下动力水流，对上覆松散孔隙含水层不断产生冲刷、搬运和机械潜蚀作用，促使岩溶塌陷洞的进一步发展和扩大。

（4）矿井污水地面排放导致的环境地质问题。

1）矿山开采过程中，涌入矿井的地下水会受到与开采有关的各种因素的污染，污染物质主要包括废机油、废酸液、煤尘、煤粉和病源菌等。

2）矿井水接受地表水的补给时，还可能被农药液和工业废水所污染，工业废水主要包括有机磷、酚、醛等有毒物质。

3）矿井与储积酸性水的老窑相连通，矿井水将受到酸化的污染。

4）采煤层含有黄铁矿或为高硫煤时，矿坑水多变为酸性水。

7.6 永冻区地下水

关于永冻区地下水的论述在国内同类型教材中较少出现，本部分主要参考俄罗斯科学院西伯利亚分院麦尔尼科夫冻土研究所著名寒区地下水专家舍佩廖夫教授的相关研究成果，对永冻区地下水的类型、分布、影响及应对措施等内容进行简要介绍。

7.6.1 永冻区地下水的分类

H. И. 托尔斯基辛（1941）对多年冻土区的地下水做了第一次科学合理的分类，该分类以地质剖面中水的液相和固相间的空间相对关系原则为基础，将地下水分为三类（表7.7）：①冻结层上水，蕴藏在厚厚的永冻层上部表层，大多数情况下，对冻结层上水来说，永冻层是起隔水作用的底座；②冻结层间水，蕴藏在厚厚的永冻层中，这些水分为固态和液态，一定时期内是相对稳定的；③冻结层下水，蕴藏在厚厚的永冻层下面，永冻层是冻结层下水的上盘。H. И. 托尔斯基辛强调：“在某种程度上，这三类地下水相互联系，另外也与水圈、大气圈相关联。”

表7.7 冻土区重力地下水的分类

<table>
<tr><th>地下水的分类</th><th>地下水的类型（子类）</th><th colspan="2">相　位</th><th colspan="2">温　度</th><th>压力</th><th>补给和分布区域</th><th>水　质</th></tr>
<tr><td rowspan="3">冻结层上水</td><td>1. 活动层的水</td><td colspan="2">暂时的：固相，液相</td><td colspan="2">暂时的：负温，正温</td><td>暂时</td><td rowspan="3">补给和分布区域相符</td><td>含有大量有机物质。在居民点通常被污染</td></tr>
<tr><td>2. 第一层和第三层间的过渡水</td><td rowspan="2">（河床下的，移动的圆锥体）</td><td colspan="2">地表暂时固相，下层长期液相</td><td>暂时的：负温，正温</td><td>暂时</td><td>水质通常较软，含有碳酸氢钙</td></tr>
<tr><td>3. 冻结层上多年融区水</td><td colspan="2">稳定液相</td><td>长期较低正温，负温</td><td>无压或有压</td><td>水质通常较软，含有碳酸氢钙</td></tr>
</table>

续表

地下水的分类	地下水的类型（子类）	相位	温度	压力	补给和分布区域	水质
冻结层间水	4. 水：①冻土层上水补给；②冻土层下水补给	长期液相	长期正温或长期负温	长期有压	补给和分布区域不符	水：①与冻结层上水成分相近；②反映出了冻结层下水的成分
冻结层下水	5. 接近冻土区的冻结层下水	液相	较低正温或负温	压力稳定，有时无压	补给和分布区域不符	大部分很清澈，含盐，较淡
	6. 较深的冻结层下水	液相	一直正温，时而高温	长期有压，稳定的		永远清澈，含盐，较淡

随着水文地质学和冻土学的进一步发展，出现了一系列新的分类，H. H. 罗曼诺索夫斯基分类在托尔斯基辛分类的基础上又补充了透水融区水和冻结层内水，把它们一并归为重力地下水的主要类型，见表7.8。

表7.8　　多年冻层分布区域的地下水分类

水的类型	基本性质
冻结层上水	位于多年冻结层上盘的融化层水。分为季节性融化层水和不透水融区水
透水融区水	在透水融区和冻结岩层侧表面循环的水。分为渗透水、压力渗透水、透水融区的土壤渗透水，具有停滞性
冻结层间水	位于不冻结层，融化层，多年冻结层上部或下部的水。与其他类型的地下水有联系
冻结层内水	位于冻结岩层和透镜体各个方向的水。与其他类型的地下水无水力联系
冻结层下水	位于冻结层底部的第一个含水层或裂隙区的水。分为接触冻结层底部的水和不接触冻结层底部的水

7.6.2 冻结层上水的类型

在重点强调冻结层上水和岩层圈重力地下水相应类型间的联系的基础上，舍佩廖夫将冻结层上水划分为3种类型：冻结层上层滞水，冻结层地下水和季节性融化层水（表7.9）。

表7.9　　寒区冻结层上重力水的分类

主要子类	按冻土条件	按季节性冻结特征	寒区水文地质动力类型	形成和补给的水文地质条件
冻结层上层滞水	形成在活动层：①岩层季节性冻结区；②半包气带融区；③冰岩带融区	不冻结的	递减的	在河滩，河，沉积和海梯田，山坡，沙锥，分水空间，在饱和陆地形成
季节性融化层水	形成在活动层，季节性融化层和多年冻结层交汇的区域	不冻结的	递减的	
		冻结的	填积-递减的	
冻结层上地下水	形成在整个寒区不透水的半包气带和水下融区。在间断的岛屿和残存的冰岩带的多年不冻结的隔年层，晶状体，岛屿和沼地上形成	部分冻结的	填积-递减的	不仅在半包气带形成，而且还可以在水下（河床下水、湖床下水和其他融区的水）及海底
		不冻结的	季节-准静止的	

1. 冻结层上层滞水

冻结层上层滞水在稳固发展的季节性冻结层的活动层中形成，也在间歇的、岛屿的和残存的寒区半包气带不透水融区形成。作为隔水层，夏季时，随着季节性冻结层的融化，这些水在其顶部聚集。季节性冻结层融化后，冻结层上层滞水随之全部消失，只能在下一年暖季才能重新形成。

冻结层上层滞水有如下特点：①只出现在暖季的特定时期，消失在季节性冻结层全部融化时；②水层薄；③由于季节性冻结层融化的不均匀，水体不能保持固定的面状状态；④季节性低温隔水层顶部面积逐渐减小；⑤完全没有静水水压。

上述特点证明，冻结层上水是上层滞水本身的变异。而且，与后者的主要区别在于：冻结层上水不在岩层隔水层的透镜状晶体和夹层上形成，而是形成在融化的季节性冻结层的临时低温隔水层。冻结层上层滞水存在的时间长短由季节性冻结层的厚度、含冰率和岩层温度来决定，一般为春末夏初的几昼夜到1～2个月不等。

尽管存在的时间短，冻结层上层滞水在严寒少雪的个别年份却对地下水和地表水的水体状况影响很大。例如，1994年在西西伯利亚的许多河上发生了很大的春汛，由于1993—1994年冬天少雪，没有预测到洪水的发生，因此造成了很大的物质损失。洪水的发生和冬季的严寒使得该区域季节性冻结层土壤底土非常深厚。因此，季节性冻结层一直保持到积雪大量融化的时候，这时融化的水渗入到地下水层非常困难。其结果造成了所有的积雪融化水以冻结层上层滞水的形式流入河中，致使河流水位急剧上升。

2. 季节性融化层冻结层上水

当季节性冻结层和多年冻结层相融时，季节性融化层冻结层上水在活动层形成。依据自身的特性，季节性融化层的冻结层上水位于冻结层上层滞水和冻结层上地下水的中间位置。在暖季，冻结层上层滞水在低温隔水层的活动层上形成。由于季节性冻结层融化，低温隔水层的顶部沿剖面向下位移。然而，冬季时，由于季节性冻结含水层来自于地表，冻结层上地下水具有静水水压。除此之外，在暖季末期，尤其是冬初，这些水在季节性低温隔水层顶部形成，在活动层冻结层逐渐累积，自上而下位移。

按照季节性冻结层特点，季节性融化层的冻结层上水可以划分为两类：不冻结水和冻结水。

（1）不冻结水。通常在湿度不足或在明显的斜坡上形成，条件是夏季资源枯竭或形成强水流。在这类地形条件下，季节性融化层水只是在暖季的大雨后形成。临近冬初时，这些水或是完全消失，或是一定时间内继续起作用，但其水平面急剧下降，因此它们不会发生季节性冻结现象。所以不冻结水和冻结层上层滞水很相似。

（2）冻结水。通常在地势平坦、海拔较低的地段形成。由于其坡度小，季节性融化层的冻结层上水水流形成困难，一般形成在夏季初期的活动层。它们不但可以在整个暖期存在，还可延续大半个冬季。由于水位降低慢，致使冬季经常冻结，并具有低温水压。在低温水压的作用下，其排泄和水流强度增加。所以，冻结层上水和冻结层上地下水有很大的类似度。

3. 冻结层上地下水

冻结层上地下水在连续的或残存的寒区不透水融区形成。这些水在多年冻结层顶部形成，就面积和剖面来看，这是一个低温隔水层。重力地下水处于第一隔水层上，它属于地下水的一部分。该子类的冻结层上水具备一些特性。这类水不存在于岩层圈，而是在低温隔水层。在这种情况下，虽然低温隔水层是多年性的，由于冻结层顶部向上或向下发生位移，因此低温隔水层的上部边界也随之变化。除此之外，在含水层发生部分季节性冻结时，这些水可以获得短期的低温水压。因此，它们属于地下水的特殊变异。

按照在冬季时期的冻结程度，冻结层上地下水可以划分为两类：部分冻结水和不冻结水。冻结层上地下水可以在半包气带和局部水下饱和区（在河床、沼泽、湖床和其他水下不透水融区），及在北极海陆架上饱和的潜水区形成。必须指出，在冬季或在一定的多年期，矿化度升高的冻结层上地下水呈负温。这种特性与地下水有本质不同。

很少有孤立的冻结层上水，一般情况下，冻结层上水的各个子类和水系统存在紧密的联系，按照水文地质冻结条件，冻结层上水的蓄水池和水流动态发展特征复杂。

7.6.3 冻结层上水的分布规律

舍佩廖夫编制了欧亚大陆北部冻结层上地下水的分布图，图中划分出了三个主要的冻结层上地下水分布区：北部冻土区，过渡冻土区和南部冻土区。

北部冻土区包含了冻土区的广大区域，该区没有发生过全新世期多年冻结层的大面积融化。在全球气候大变暖时期，该区的冻土条件对冻结层上水的形成和分布发展十分不利。显然，在当前时期，该区的冻土区条件对冻结层上水的形成和分布发展也是不利的。这里的冻结层上地下水呈局部分布的特征，归属于水下不透水融区。

过渡冻土区包括这样的区域：在全新世气候变暖时期，多年冻结层顶部在此发生了大规模、很深的融化（达到120～200m），也就是说可以观察到冻土区状况的实质变化。该区域分为三个子区域。

第一个子区是仅在全新世期残存的半包气带融区的局部区域，由于冻结保留至今。类似的融区的形成，也是由于冻结，长久保存至今。这种情况是特殊的自然条件造成的，它通常在高渗透沉积层的表层埋藏（大颗粒风积沙或冲击沙，含碳酸盐的裂缝岩层等）。这使得类似地区的包气带岩层内水流快，对流传热和冷凝过程活跃。

第二个子区融化层面积大，岩层厚，这类融化层和岩层的残留聚合物形成在全新世时期，保存至今，表层普遍发生多年冻结。在这个子区中，冻结层上地下水在半包气带融区和水下融区的局部地段存在并发展。冻结层上地下水和冻结层间水有着紧密的联系，冻结层上水和冻结层间水以地下蓄水池或地下水流的形式存在，两者有统一的水循环系统。

第三子区是过渡区，它包括更新世时期的残留冻土区。在更新世时期形成的冻结层上地下水含水层和残留聚合物发展至今，分布广，岩层厚，表层没有遭受到多年冻结。

南部冻土区域内，更新世时期的多年冻结层在全新世时期完全融化。如今，基本上是全新世早期的多年冻结层的遗迹。通常，多年冻结层上地下水划归为新形成的多年冻结层区域内的不透水融区。

7.6.4 人类活动对冻结层上水的补给的影响

冻结层上水的补给条件，除了受自然因素的影响之外，还受人类活动的制约。后者主要包括：在（灌溉）耕作区部分灌溉水入渗；来自城市不同持压管道和蓄水系统渗漏，流向（土壤）活动层。

当农作区的灌溉量超过植物蒸腾和水分蒸发量时，灌溉水则成为冻结层上水的主要补给源。一些研究数据表明，灌溉水入渗量达到灌溉水总量的20%～50%。因此，为了提高灌溉量效率，灌溉入渗损失量常常被预先考虑。这就可能导致活动层冻结层上水的水量大大增加，而且一年之中水量充沛的状态持续更长时间。在一些灌溉区，由于受灌溉水入渗影响，冻结层上水形成固定的含水层。

由于农作区广泛使用矿物肥或有机肥料，以及入渗补给量的增加引起了灌溉区土壤盐渍化和矿化。有时，还会形成冻结层上湿寒土，地下水呈负温状态。由于地下水的矿化度较高，因此冬季不冻结。

在城区和其他拥有发达的供水供暖系统的大型居民区，持压管道（供排水管网）和蓄水系统（如消防池、化粪池）的大量渗漏成为该地区冻结层上水补给来源（管道、排水干路等），渗漏的程度与系统管道的使用年限、技术状况、工作条件等因素有关。在许多城市中，持压管道长期和事故渗漏的总量占总用水量的20%～30%，毫无疑问，这是地下水重要的额外补给。然而，这也给城区带来了受淹和土壤盐渍化的严重问题。

在多年冻土分布地区，受淹灾害和土壤盐渍化成为亟待解决的问题。由于该区域存在低温隔水层，包气带较薄，水量相对较少；除此之外，在严寒的气候条件下，长年昼夜气温大、土壤温度变化大，出现了低温灾害（冻胀，热喀斯特现象），使得持压管道严重变形。上述所有原因都增加了排水管道系统、化粪池等发生长期渗漏或故障渗漏的几率。

由于管道渗漏，以及生活、工业废水渗入到了岩层活动层，从根本上改变了冻结层上水的化学成分，同时也提高了冻结层上水的矿化度。这加剧了冻结层上湿寒土的形成，给城市中各种建筑物和结构物的使用造成不便，引起了热湿陷现象的发生。与此同时，也给城市绿化和公共设施建设、新项目施工等造成困难。

7.6.5 冻结层上水地区实用排水措施

冻土地区的许多居民区经历着被冻结层上水浸淹带来的诸多不便。

以俄罗斯雅库茨克市为例，这是目前建在永久冻土上最大的城市。在雅库茨克地区，土地受到浸淹已不新鲜。自20世纪60年代，从大规模开发建设开始，到设施完备砌体结构建筑投入使用后，这类问题就纷纷出现。由于生活、生产用水总量增加，外部供水、供暖系统、管网的扩大，导致每年持压管线发生故障渗漏的总量持续增加。随着多层住宅和工业建筑建设的规模和节奏加快，开发建设湖泊洼地的空地成为必然。这些湖泊洼地多为U形洼地。人们把填平洼地，建设房屋作为首要任务，这给城市内自然排水带来困难。

在建设大量砌体结构房屋的同时，人们还对道路进行改造，铺浇沥青路基，在雅库茨克市特殊的气候和冻土条件下，路基起到了低温阻塞物的作用，完全切断了城市区域冻结层上水的径流通道。这些水的分布呈点状。除此之外，道路铺浇沥青，建筑物四周与房屋下面的空地浇筑混凝土，这从根本上减少了水分的蒸发，大大减少了城市区域水平衡的支出项。雅库茨克市区发生浸淹，刺激了有害低温作用的形成与发展，如热潜蚀、热侵蚀、冻胀、热喀斯特等作用。它们对房屋、公路构筑物、地下管道、及其他类工程的地基稳定性造成负面影响。

在矿化的冻结层上水分布地区，低温作用发展得更为迅速。这些水在多年冻土层的以下的渗漏引发了湿陷现象，以面的形式发展，加大了市区沼泽化程度，并形成热喀斯特湖。因此，2003年以来的10年内，在城市西北，形成了一个很大的湖，被称为新湖。由于热侵蚀作用，这个湖底以每年2～4cm速度下降。而湖面则以1.5～2.0m/年的速度持续不断地缩小。矿化的冻结层上水的广泛分布也是城区无法进行绿化的主要原因之一，当植物根部生长到这一水位时，植物就会死亡。这些植物只在有排水的地方才能存活（沿城市防护堤；在铺设有地下疏水集管的街道上；在勒拿河第二阶地的高处）。

虽然雅库茨克市区浸润和受淹问题早在20世纪70年代就已出现，但这一问题没有根本解决。设置在城市街道旁的路面敞开式混凝土排水沟，由于在建设时没有考虑到气候特点、冻土水文地质、地貌条件的影响，导致这些排水沟不能实现排水功能，而很快就破坏掉，变成垃圾场。由于没有组织地收集和排出由房顶流下的大气降水，加剧了冻结层上水入渗，使居民区内受淹，出现房屋与建筑物地基不均匀沉降和变形。唯一被广泛应用的防止城区受浸淹的方法，是采用外运土来填筑。因此，在每一份总平面图中都有一条标准说明：当建筑时，必须全部或选择性地进行填筑。依照这一建议，施工人员采用外运土对场地进行填筑，而不考虑总的城市规划，不遵守统一标高，以及地表水、冻结层上水水流方向的坡度。因此一些旧建筑，特别是建在私人地块上的旧建筑，就处在了人为制造出的洼地上，冻结层上水加重了它们受浸淹的程度。在城市道路和设施完善改造时，也会大量采用外运土进行填筑的方法。例如，在一些道路的路基剖面，浇筑了多层沥青，这些沥青层之间被外运土层分隔。这就导致个别路面的高度相当于旧房屋屋顶一楼的高度。

目前，无论是在雅库茨克市，还是其他位于多年冻土区的大型居民区，防止区域受浸淹的工作变得越加困难，其主要原因如下。

(1) 由于严寒的气候条件和复杂的冻土水文地质条件，无法采用标准定型的排水结构物和雨水排出系统。

(2) 区内的工程建设，包括地下电缆设施，水持压管道、天然气和其他城市管网，大大增加了排出冻结层上水最优方案的应用难度。

(3) 按照保持冻土冻结状态原则建造的房屋、路基，及施工场地填筑对冻结层上水径流有很高的调节作用，这使得排水设施完成其正常的功能变得困难。

(4) 由于生活生产用水量的不断增加，使现有的城市排水管道疏水负荷过重，无法将水全部及时排出。

(5) 冻结层上水在所谓的“文化层”发挥着作用。“文化层”是指采用外运土覆盖在各种垃圾堆、污水坑、废弃的坑洞、甚至古老的坟地上。

(6) “文化层”土壤渗透性不均给排水系统的运行造成极大的困难。此外，其盐渍化程度高，腐蚀性强，被污染的有毒和含有细菌的冻结层上水不允许未经预先净化直接排向城市地表水流和水池中。

(7) 从冬季到春夏季，因持压管线的故障渗入到土壤中的水，额外补给了冻结层上水，并进行了再分配。冬季，几乎所有因故障发生渗漏的水全部聚积，冻结，形成人为的冰锥。在暖季，它们的融化增加了水平衡中的收入项，增大了城区浸润程度。根据观测结果，在雅库茨克市区，冰锥融化径流层厚度每年平均为55mm，个别区域达到200mm/年。

上述存在的问题表明，在冻土地区防治被建区域浸润和受淹工作具有极大的难度，同时也说明应从冻土、水文地质和工程地质角度综合考虑，提出合理科学依据，制定实用的保护措施。

弄清了在多年冻土中，包气带的水分变化具有特殊性，查清了冻结层上水形成规律和情势变化规律，建议在已建设区域采用综合的疏水系统。该套疏水系统把雨水排水和季节融化层冻结层上水排水相结合起来，同时考虑地表雨水径流和冻结层上水径流之间的密切关系。

实用综合疏水系统主要包括以下几个部分：总排水干管，主（街道）排水管和分区（街区内）排水管。

1. 总排水管

总排水管铺设总排水干管是第一步，目的是将水从疏水区域引出。总排水管应沿主街道，按着地面的自然坡度进行铺设。总排水管应采取暗埋形式，这是为了延长其使用年限，同样也保证安全有效地收集和排出疏水区域雨水和冻结层上水。暗埋式的总管可以设置在地下深处（达到4.5～6.5m），进而保证自流入和自流出。总管上面覆盖渗透性较好的土（碎石、砾石）。该总排水管的结构特点是直径不小于800～1000mm陶瓷管或聚合物管材。管子上半部分凿有圆形孔或条形孔，上面覆盖有过滤性功能的材料（玻璃纤维，岩棉）。这样的结构可以保证总管发挥其疏水功能。管子下半部分不用凿孔，便于水排出。春季时，当融化雪水进入总管内，而周围土温处于零度以下，为防止其在总管内冻结，应在总管内铺设加热电线。为了保证水沿着总排水管自由排出，必须配置专门的配给容器。配给容器的结构能够保证有必要的坡度，使水流在总管内顺畅通过。在暴雨期或当融化雪水径流加大时，可以抽出配给容器内的水。此外，利用这些配给容器，可以对整个排水系统进行冬期前维护。在冬季初，用泵将配给容器内的水抽出。配给容器之间的距离应保证水自流保持一定坡度（不小于0.005）。

2. 主（街道）排水管

主（街道）排水管收集雨水径流和冻结层上水径流，并将其引至总排水管。结构上，主排水管与总排水管可能相同，区别只是前者管径小些（300～500mm）。街道排水管应配有加热电线，用来熔化在冬季和春季时，可能在管内结的冰。沿着街道排水系统也可以配置小尺寸的配给容器，为雨水和冻结层上水流动制造必要的坡度。

3. 分区（街区内）排水管

分区（街区内）排水管收集街区和各个大型建筑物的雨水和该处的冻结层上水，并将它们引向主（街道）排水管。结构上无异于总排水管和街道排水管，只是分区排水管直径更小些（100～200mm）。分区排水管可以围绕单栋建筑物，这时分区排水系统不仅要排出来自屋顶的水流，还要排出持压管线可能因故障发生渗漏的水流。

总之，为了解决冻土地区疏水这一难题，建议形成统一的相互联系的收集雨水和冻结层上水的三级排水系统。这套系统的建立和正确使用可以有效地保护所有居民区或一部分区域免受浸润、水淹和低温灾害的威胁。应当指出，该套实用的排水系统可以运用到道路建设中，特别是在建设公路或铁路排水设施时。同样，这套排水系统也可在高含冰量的多年冻土分布地区和地下冰分布地区铺设使用。

参 考 文 献

[1] 王心义，李世峰，许光泉，等．专门水文地质学［M］．徐州：中国矿业大学出版社，2011.

[2] 曹剑锋，迟宝明，王文科，等．专门水文地质学［M］．3版．北京：科学出版社，2006.

[3] 郑世书，陈江中，刘汉湖，等．专门水文地质学［M］．徐州：中国矿业大学出版社，1999.

[4] 房佩贤，卫钟鼎，廖资生．专门水文地质学［M］．2版．北京：地质出版社，1996.

[5] 蓝俊康，郭纯青．水文地质勘察［M］．北京：中国水利水电出版社，2008.

[6] 水利部水资源管理司，中国水利学会，中国标准出版社第二编辑室．地下水标准规范与法律法规汇编［M］．北京：中国标准出版社，2008.

[7] 建设综合勘察研究设计院有限公司．城市地下水动态观测规程（CJJ/T 76—98）［S］．北京：中国建筑工业出版社，2012.

[8] ［美］罗斯珂·摩斯公司．地下水开发手册［M］．北京：中国水利水电出版社，2009.

[9] 武毅．地下水开发利用新技术［M］．北京：中国水利水电出版社，2011.

[10] 《工程地质手册》编委会．工程地质手册［M］．4版．北京：中国建筑工业出版社，2007.

[11] 王大纯，张人权，史毅虹，等．水文地质学基础［M］．北京：地质出版社，1998.

[12] 薛禹群．地下水动力学［M］．2版．北京：地质出版社，1997.

[13] 谷洪彪，迟宝明，姜纪沂．地下水科学与工程专业抽水试验教学基地建设的思考［J］．中国地质教育，2013，01：82-85.

[14] 国家技术监督局，国家环境保护局．水质采样技术指导（GB 12998—1991）［S］．北京：中国标准出版社，1991.

[15] 中华人民共和国国家质量监督检验检疫总局，中华人民共和国建设部．供水水文地质勘查规范（GB 50027—2001）［S］．北京：中国标准出版社，2001.

[16] 麻效祯．地下水开发与利用［M］．北京：中国水利水电出版社，1999.

[17] 肖长来，曹剑峰，卞建民．水文与水资源工程教学实习指导［M］．长春：吉林大学出版社，2005.

[18] 刘正峰．水文地质手册［M］．北京：地质出版社，2012.

[19] 周维博，施垌林，杨路华．地下水利用［M］．北京：中国水利水电出版社，2007.

[20] 李立武，吕安庆，周六福．水利水电工程地质手册［M］．北京：水利电力出版社，1985.

[21] 供水水文地质手册编写组．供水水文地质手册第一册（常用数据资料）［M］．北京：地质出版社，1976.

[22] 章至洁，韩宝平，张月华．水文地质学基础［M］．徐州：中国矿业大学出版社，2004.

[23] 古自纯，徐启昆．中等专业学校教材地下水动力学［M］．北京：地质出版社，1986.

[24] 李义昌．地下水动力学［M］．徐州：中国矿业大学出版社，1995.

[25] 林学钰，廖资生，赵永胜，等．现代水文地质学［M］．北京：地质出版社，2005.

[26] 陈崇希，林敏．地下水动力学［M］．武汉：中国地质大学出版社，1999.

[27] 于益民．农村水利技术人员培训教材地下水利用［M］．北京：水利电力出版社，1987.

[28] 虎胆·吐马尔白．地下水利用［M］．4版．北京：中国水利水电出版社，2008.

[29] 范高功，杨胜科，姜桂华．地下水实验技术与方法［M］．西安：西安地图出版社，2002.

[30] 刘德生．环境监测［M］．2版．北京：化学工业出版社，2008.

[31] 韩庆之，毛绪美，梁合诚．环境监测［M］．武汉：中国地质大学出版社，2005.

[32] Mengxiong Cheng，Zuhuan Cai. Groundwater Resources and the Related Environ - hydrogeologic Problems in China [M]. 北京：地震出版社，2000.

[33] 陈梦熊，马凤山. 中国地下水资源与环境 [M]. 北京：地震出版社，2002.

[34] 陈梦熊. 中国水文地质工程地质事业的发展与成就：从事地质工作 60 年的回顾与思考 [M]. 北京：地震出版社，2003.

[35] [美] Nicholas Dege. 瓶装水技术 [M]. 3 版. 许学勤，译. 北京：中国轻工业出版社，2013.

[36] 中国地质调查局. 水文地质手册 [M]. 2 版. 北京：地质出版社，2012.

[37] 陈南祥，屈吉祥. 灌区地下水承载力评价理论与实践 [M]. 北京：科学出版社，2012.

[38] 薛禹群，谢春红. 地下水数值模拟 [M]. 北京：科学出版社，2007.

[39] 宁立波. 地下水数值模拟的理论与实践 [M]. 北京：中国地质大学出版社，2010.

[40] 高占义. 气候变化对地下水影响研究 [M]. 北京：中国水利水电出版社，2013.

[41] 束龙仓，陶月赞. 地下水水文学 [M]. 北京：中国水利水电出版社，2009.

[42] 中华人民共和国水利部. 地下水监测规范（SL 183—2005） [S]. 北京：中国水利水电出版社，2005.

[43] 中华人民共和国水利部. 地下水监测站建设技术规范（SL 360—2006）[S]. 北京：中国水利水电出版社，2006.

[44] 中华人民共和国住房和城乡建设部. 城市地下水动态观测规程（CJJ 76—2012）[S]. 北京：中国建筑工业出版社，2012.

[45] 国家环境保护总局. 地下水环境监测技术规范（HJ/T 164—2004） [S]. 北京：中国环境出版社，2004.

[46] 吴正淮. 渗渠取水 [M]. 北京：中国建筑工业出版社，1981.

[47] Шепелёв Виктор Васильевич. Надмерзлотные воды криолитозоны [M]. Новосибирск：Академическ-ое издательство "Гео"，2011.